世界生态人类学译丛

人类大家庭：长期失去联系的表亲

——对灵长类学历史的透视

〔澳〕科林·格罗夫斯 Colin Groves／著

刘志霄／译

科学出版社
北京

图字：01-2014-1167 号

图书在版编目(CIP)数据

人类大家庭：长期失去联系的表亲：对灵长类学历史的透视／（澳）格罗夫斯（Groves，C.）著；刘志霄译．—北京：科学出版社，2014．6
（世界生态人类学译丛）
书名原文：Extended family：long lost cousins—a personal look at the history of primatology
ISBN 978-7-03-041024-5
Ⅰ．①人…　Ⅱ．①格…②刘…　Ⅲ．①灵长目-研究　Ⅳ．①Q959．848
中国版本图书馆 CIP 数据核字（2014）第 125383 号

责任编辑：侯俊琳　霍羽升　卜　新／责任校对：张凤琴
责任印制：吴兆东／封面设计：黄华斌　陈　敬

科学出版社 出版
北京东黄城根北街 16 号
邮政编码：100717
http://www.sciencep.com
北京厚诚则铭印刷科技有限公司印刷
科学出版社发行　各地新华书店经销
*
2015 年 1 月第　一　版　开本：720×1000　1/16
2025 年 2 月第七次印刷　印张：13 1/2
字数：228 000

定价：69.00 元

（如有印装质量问题，我社负责调换）

“世界生态人类学译丛”总序

到了今天，人类学经过一个多世纪的发展，有三大主题备受世人关注：一是文化与生态，二是文化的建构与社会运行，三是族际关系。其中，文化与生态互动共荣关系的探讨已经形成了一门新兴的人类学分支学科，即生态人类学。

生态人类学在国外的发展由来已久。20 世纪中期兴起的新进化论学派开始正面涉及特定文化与所处自然及生态系统的互动并存和延续，并将其提升为人类学研究的特定领域，从而开创了生态人类学探讨的先河。尔后，研究者层出不穷，研究机构亦如雨后春笋。相比之下，中国接受这一新兴学科的历程却倍加艰辛和曲折。时至今日，中国学术界对该学科依然缺乏整体性的把握，零星地介绍和研究实践都远远无法满足中国当代生态建设的需要。为了便于我国学人正本清源，从源头及其发展过程中去把握这门学科，我们决定将国外有影响的生态人类学专著陆续翻译出版，以飨我国读者。

建设秀美中华已经历史性地提到了我国未来发展的议事日程，但具体到生态建设中的理论与实践问题，我们尚缺乏可资遵循的指导。就这一意义而言，除了推动我国本土生态人类学的研究以外，规范的翻译和推介国外已有的研究成果自然成了当务之急。针对这一紧迫需要，我们就力量所及，规划出版了这套丛书，希望尽可能地展示生态人类学从发生到发展，再到繁荣的全过程，以推动我国与国外学术研究的接轨，也便于进一步健全与规范我国生态人类学的研究。

作为一门新兴的人类学分支学科，术语的规范自然很难一步到位，即使到了当代，国外对这一学科的名称依然纷繁复杂。除了生态人类学外，生态民族学、人类生态学、环境人类学、生态社会学，乃至医学人类学、健康人类学等都在国外权威期刊中不断出现，以至于中国学人，甚至在国外长期留过学的研究者都感到眼花缭乱、莫衷一是。这是一个亟待规范的现实问题。为了便于中国读者明辨国外有影响的经典名著在该学科发展历程中所处的地位，我们决议在我们所推介的经典名著中，以“题解”的方式对其所用术语和学术思想做原则性的述评，重点提示该著作所用关键术语与相似术语的区别与联系，以利于我国学人的理解。待本丛书初具规模后，我们将尽快推出《生态人类学词典》，为我国生态人类学术语使用的规范化略尽绵薄之力。

生态人类学研究的对象涉及面甚广，不同的国外经典名著所探讨的生态系统及相关民族文化各不相同，而其所形成的结论也具有不容忽视的针对性。我国读者如果没有相应的阅历和学科素养，那么就很难把握不同经典名著探讨对象的特异性。为了给我国读者排除阅读和认识上的障碍，本丛书推出的译本将以“注释”或“译后记”的方式，做简明扼要的生态学背景提示，以免我国读者误解和误用。

民族文化是生态人类学研究的切入点和独特视角，但在具体的学科发展过程中，人类学的先驱者们所做的民族志工作与生态人类学定型后，基于对“文化生态”的理解所做的民族志工作，其间并不具有必然的重合性，以至于中国的读者单凭一本书去把握书中所讨论的民族文化会遇到很大的困难，甚至在工具书中亦很难查对。为了帮助读者排除这一障碍，本丛书所推介的经典名著也将以“注释”或“译后记”的方式，对该书所涉及的民族文化做简略的说明，尽可能地提示该种民族文化与所处生态系统之间的衔接关系，以利于我国读者真正做到从“文化生态”观念入手，去把握来自国外的经典名著。

生态人类学的理论建构也有它自身的发展历程，不同的研究者对文化与所处生态环境之间的关系在认识和理解上也经历了一个不断深入的过程。其间不乏精深的理解，但也肯定存在着过时的偏见。为了帮助读者尽快把握所推介经典名著在世界生态人类学发展历程中的地位与价值，我们推介的每一本经典名著都要辅以编译者的“序言”，重点提示所推介专著的时代及学术背景、所取得的成就与不足，以及在我国当代生态假设中的借鉴价值。由于问题的复杂性，我们的推介当然会存在诸多的问题和不足，仅仅是考虑到有这样的推介总比让读者自己去摸索略胜一筹，因而才将这样的做法作为一种规制去加以推行，意在引导读者的阅读并接受读者的批评和指正。

随着中国的崛起，生态人类学的中国化也必然要提到议事日程，但这些工作做起来却困难重重，原因在于此前类似工作做得不多，基础薄弱。事实上，生态人类学问世虽然很迟，但文化与生态之间的制衡互动关系在我国却是一个由来已久的思想观。其间的关键问题正在于外语基础好，对生态人类学理论理解精深的学人，往往对中国传统的学术思想认识有所欠缺，甚至对中国的文化生态实践也缺乏了解。这是客观社会背景所使然，短期内万难做得尽善尽美。可是，考虑到对国外思想消化和吸收的紧迫需要，我们在推介每一本经典名著之时，都将尽可能以“注释”的方式给读者一定的提示，希望我们的读者能够在这样的努力下，在关注国外学术成果的同时，不至于忘却中国自己的学术传统，以此避免盲目的机械搬用和模仿。

生态人类学与传统的民族志编写很不相同，它不仅是对文化生态共同体的如实整合和报道，更重要的还在于借以探讨人类社会与生态环境之间的哲理。荷载着不同文化的人群对自然与生态系统进行认识、加工与利用，其行为主体虽然是人类，但生态系统显然不会遵从任何民族自己的理性。它有自己的应对范式，也绝不会遵从人类的意志。这就需要我们将文化与生态都视为具有自组织潜力的并行生命形态去考量。也就是说，生态人类学的核心命题——"文化生态共同体"既相互依存又相互制约，如果不揭示其间的辩证统一关系就很难达到准确把握事实真相的境界。然而，在生态人类学发展的历程中，每一个成功的研究者，哪怕是本学科的权威，就终极意义上来说，也会由于受到时代背景的限制而只能在某一个侧面做出突出贡献，得失利弊也总是互见长短。为了避免对某一名著或某一研究者的过分倚重，我们在推介相应的专著时，都将尽可能对那些具有直接影响的得失，以"注释"的方式做必要的点评，特别是揭示不同研究者在见解上的关键分歧所在。相信通过这样的努力，会更有助于我国生态人类学的健康发展。

生态人类学作为一门新兴的分支学科，自问世以来除了专业的研究者外，还有不少从事其他领域研究的学人也会不同程度地触及生态人类学的研究，其中一些非专业的学人所提供的资料和相应的见解还可能超越专业的生态人类学工作者。为了尽可能地反映国外生态人类学研究的全貌，这套丛书除了全译推介经典名著外，还将选编生态人类学的论文及相关著作的章节，同时以"述评"的方式加以推介，务使我国的学人能准确地把握这门学科的发展历程、学术影响及其现状。

鉴于这是一项至关重要却又极其艰难的工作，我们尽管对整套丛书的规划做了力所能及的努力，但仍然感到力不从心。为此，诚挚吁请海内学人不吝赐教，帮助我们做好此项推介工作，也恳请有实力的学人和我们一起参与到翻译推介工作中。希望在我们的共同努力下，我国学者不再对国外的生态人类学研究感到陌生。这是我们大家共同的事业。

罗康隆

2013 年 11 月 15 日

序

几年前，在我们访问阿德莱德期间，一位记者对珍·古道尔说，他认为她可能是世界上最顶尖的灵长类学家。“哦，不！”她很快回答，“你弄错了，世界上最顶尖的灵长类学家是科林·格罗夫斯，他就住在澳大利亚。”也许除了格罗夫斯教授本人以外，很少有人不同意她的评价。的确，这个移居他乡的英国人的谦逊同他在分类学领域，特别是在猴类、猿类、原猴类和人类的系统分类研究方面的崇高威望一样著名。

格罗夫斯教授的职业生涯久远而卓越。早先，他求学于已故灵长类学奠基人之一的约翰·纳皮尔门下，并获得伦敦大学博士学位。此后，他的大部分时间都致力于学术，先是在加利福尼亚大学伯克利分校，而后在剑桥大学教书，最后于1974年移居澳大利亚，在堪培拉拥有高雅讲坛和先进完备实验设施的澳大利亚国立大学任职至今。应该注意的是，或许他本人也同意，他在非洲和东南亚丛林中的野外工作，哪怕是短期的和零星的，对他所取得的成就都具有某些重要的意义。例如，1972年，他在肯尼亚的开拓性探险弄清了塔纳河土著种白眉猴和疣猴的生存状态，由此引发的对这两个极危物种的研究，时至今日仍在继续。之后，他深入伊朗、斯里兰卡、越南和印度尼西亚中部的苏拉威西岛等偏远地区进行野外考察，研究工作不限于灵长类，还涉及其他动物类群。

有关他个人的著作，格罗夫斯自己最为清楚。这么多年来，他独著、合著或编著了数百篇科研论文及一些学术性著作。2001年，《灵长类分类学》专著的问世把他推向了学术顶尖。这是一本及时的经典名著，汇集了他个人常年累积的形态学研究经验（几十年来，他在世界各地博物馆检查了大量沾满灰尘的标本），以及他对常被人认为是晦涩难懂的命名法术语和最新的遗传学信息的独到而精湛理解，以试图更充分地了解这个我们人类也属其类的灵长类群。可是，任何开创性的工作都不会没有争论。“当我写《灵长类分类学》的时候”，于今他说，“我认为非常重要的是写第一部分——灵长类分类学理论，因为我想认真地阐述我将要在第二部分做出分类安排时的理论基础。可是，不幸的是，没有人读第一部分，没人读！每个人都直接翻到第二部分他喜欢的那个类群，而后带着个人偏好随意评论，却没有询问如此分类的理论基础是什么。”真是气人！对他来说，关键之处在于，他提出的所有分类都有理论依据，而分类本身并非关键（当然会根据新的研究资料继续加以改进）。

格罗夫斯的思想一点也不僵化。真的，正是因为他完全乐意包容不同的观点，并具备整合新信息于现有理论的能力，使得他与另类科学家有天壤之别。例如，20 世纪 90 年代后期，他能够全面思考整个物种问题，从而完全改变了他以前的观点，为此他感到相当自豪。他的这种开放心态得益于健康的怀疑主义思想。他不仅是澳大利亚怀疑主义者学会会员，而且广泛地演讲，试图揭穿所谓的“智慧设计”和其他各种阴险的伪科学，因而成为颇受关注的像赫胥黎一样的理性倡导者。他淡泊荣誉，从不故步自封，继续教书，参加学术会议，与同事商讨，直截了当地回答每一个问题，回复每天频频而来的每一份咨询邮件。无论是琐碎的小事，还是复杂的事务，他都以愉悦的心情平等相待，高高兴兴地认真处置。

幸运的是，他如此繁忙和细致，却能找到时间写更多的书。像许多灵长类学同行一样，他也早就感觉到该对灵长类学有一个全面的梳理，既要考虑灵长类学的灿烂历史和主流思想，又要涉及诸如行为学、保育学、心理学甚至伦理学等其他重要分支学科的发展。对于如此知识浩瀚、工作量繁重的一本书，他个人最终还是乐意承担。真是幸运，因为很难想到其他哪一个人更有资格做这件事。的确，除了他对主题拥有渊博的知识以外，他犹如一本活宝典，他个人几乎熟悉现代灵长类学的所有“大家”——奥斯曼·希尔、黛安·佛西、约翰·纳皮尔和普鲁·纳皮尔，不胜枚举。所以，极其高兴，最后能够读到该书，并且我们发现格罗夫斯已经成功地融汇了文献，而且在上下文中恰如其分地贯彻了这个错综复杂、技术性强、有时还带有政治性的主题。该书雅俗共赏，不仅能够给予专业人员以行话及对各种相互矛盾的理论解读方面的实际指导，而且在叙述过程中设法点缀一些奇闻逸事和时常令人捧腹大笑的题外话，使普通读者也能欣赏。总之，诙谐、幽默是他的个性，特别是，他颇具感染力（通常是自谦性的）的幽默感确实闪烁在字里行间。带着这本书，我们感觉旅途轻松、愉快，似已加速行程。因此，该书注定会与《灵长类分类学》一样成为精选和必读的课本。至于作者本人，无疑会继续安静地扮演他业已熟悉的角色——资深政治家、哲学家和灵长类学家。

拉塞尔·米特梅尔　马修·理查德森

致　谢

本书是对灵长类学历史的个人透视，试图展现西方文明中灵长类知识的渊源和积淀历程。我怀着惊奇、愉悦、沮丧、消遣和兴致的复杂心情衡量着不断演变的事件。或许有人会觉察到，我把历史看作是被一系列革命间断的过程：亚历山大征服年代、牛顿时代、法国大革命时期等。每一次革命都会引发人们对于非人灵长类的认识的颠簸，产生新的震动。

可能，有人会失望，我或多或少地把自己的笔力限定于西方的灵长类学。这不是民族主义在作怪，而是我们所说的现代意义的实证科学首先出现在西方，并大体是在西方发展起来的。我还真对印度的情况进行了简要的考证，因为简略说来，印度在人种和文化方面与古西方有密切的渊源。当然，也检视了日本，因为日本的灵长类学在一定程度上有相对独立的渊源。有一段时间，日本和西方思潮并流。今西所著的《日本人的自然观：生命世界》的英译本已于 2002 年出版，帕姆·阿斯奎斯予以鼎力推介。对中国文明史中有关灵长类的检视，目前所见莫过于作家罗伯特·范·固利克于 1967 年出版的经典著作《中国长臂猿：中国动物知识随笔》。

我所有的灵长类学领域的朋友和同事，都在深化我对灵长类动物的认知和理解方面颇有助益，他们总是贡献他们的智慧。值此成书出版之际，感谢黛比·阿苟、罗伯特·克里伯、杰克斯·酷参、丽比·凯恩、安吉拉·米德、艾里克·梅加德、马修·理查德森和约翰·查姆佩给予的特别帮助，他们中有些是灵长类学家，但个个都知识渊博。我一直都非常感谢约翰·纳皮尔和普鲁·纳皮尔，他们总是提醒我：灵长类学很有趣！

衷心地感谢文斯·伯克最早建议、鼓励和引导我写这样一本书。感谢拉塞尔·米特梅尔有兴趣出版本书并提供精美的图片。多恩·阮予以照片研究方面的协助，金姆·米克在设计和布局上给予支持。我还要感谢斯蒂芬·纳什的鼎力帮助，通过他自始至终的杰出劳作，我才如愿以偿，使书稿得以顺利出版。

最后，我要感谢菲尔给予我的一切。2003 年，灵长类学对她来说是最有趣的，当时尽管我们的确曾设法抓住点滴机会在伦敦和威尼斯相聚，但我却接二连三地消失于斯里兰卡、印度尼西亚、刚果民主共和国、直布罗陀和越南。她容忍了我 30 年，还声称喜欢灵长类。无论如何，是非人类的那些！

科林·格罗夫斯

目　录

《世界生态人类学译丛》总序（罗康隆） …… i
序 …… v
致谢 …… vii
第 1 章　黑暗之心 …… 1
　1.1　查理·马洛在欧洲 …… 2
　1.2　查理·马洛在非洲 …… 6
　1.3　查理·马洛在南半球 …… 10
第 2 章　猴神 …… 12
　2.1　青铜器时代的猴 …… 14
　2.2　迦太基人的幕间短剧 …… 18
　2.3　古典时期的灵长类动物 …… 20
　2.4　印度人所知道的 …… 30
　2.5　学名含义溯源 …… 32
　2.6　收场故事：俄狄浦斯（*Oedipus*）和斯芬克斯 …… 33
第 3 章　灵长类动物的复兴时代 …… 35
　3.1　动物寓言之艺术 …… 35
　3.2　走进猴群时代 …… 38
　3.3　过渡期：格斯纳所描绘的猿猴世界 …… 47
　3.4　进入真正的猿类时代 …… 52
第 4 章　林奈的“异端”学说 …… 60
　4.1　旧传统的谢幕人 …… 61
　4.2　新做法的第一人 …… 71
　4.3　第一批林奈学者 …… 87
第 5 章　探险家的时代 …… 93
　5.1　有趣时代的法国灵长类动物 …… 93
　5.2　横跨莱茵河的地理学和自然哲学 …… 104
　5.3　不列颠的灵长类动物：集邮者会弄得你无所适从 …… 109

5.4 屠杀我们的亲戚：比赛第一 …… 119
5.5 灵长类动物拥护进化 …… 124
第 6 章 丛林蔓道与学府术坛 …… 131
6.1 灵长类学领域国家优势的终结 …… 131
6.2 诡异的哺乳动物学 …… 135
6.3 大猩猩、巨龟及意想不到的财富 …… 140
6.4 最后的主分派学者 …… 143
6.5 灵长类行为学起飞 …… 145
6.6 我们正要说时，却被无礼打断 …… 149
6.7 融合：现代灵长类学的诞生 …… 151
6.8 灵长类行为学的第二次革命 …… 156
6.9 灵长类学的未来？ …… 159
第 7 章 我们最亲近的表亲 …… 162
7.1 猿的语言 …… 164
7.2 猿的心智 …… 167
7.3 猿的权利 …… 169
7.4 猿的分类 …… 170
结语 保育危机 …… 173
注解与参阅 …… 179
参考文献 …… 190
译后记 …… 201

第1章 黑暗之心

我本人对非人灵长类动物的冒险探寻，受约翰、史密斯、黛安，以及无数没有留下姓名的人的影响。在维龙加、塔纳河和苏拉威西岛，灵长类动物总使人着迷，赋予人幻想。

约瑟夫·康拉德的小说《黑暗之心》出版于1902年，我们可以从两个层面去理解和欣赏。它是主人翁马洛进入被称为“刚果自由邦”（实际上是比利时利奥波德王的私人封地）中心地带的一本游记，由此首次揭露了在那里持续发生的剥削和人权滥用。同时，那也是深入人类灵魂的一次游历，是对人类心灵深处隐匿的黑暗的一次探究。

乔治·巴萨拉于1967年把西方科学向其他陆地传播的过程分为三个阶段。首先，科学研究是欧洲人对外探究的延伸性工作。在这一阶段，欧洲科学家要么快速游猎一个新的区域，离开时随身带着赃物，要么就端坐在家里等着探险家们把标本送上门来（这年头，科学家非“他”莫属）。其次，“殖民地的科学”出现了。西方的科学传统被移植到新的国家，但已经被实际生活在那里的人们（移居者或本土居民）所运用和传习。最后，一个独立的科学传统建立起来，也就是说，科学被内化了。（或许，当内化的科学传统本身被输出的时候，我们可以把它称为科学传播的第四个阶段。如今，哪个国家的科学尖端卓越？美国！那么科学是在那里诞生的吗？不！）

直到最近，灵长类学似乎大都还限于第一个阶段。像任何一位善行①的人类学家一样（大多数灵长类学家也一样善行），灵长类学家要么从探险家那里接收信息和标本，要么背着照相机和望远镜去野考，观察记录灵长类动物，然后离开。一般来说，灵长类动物的栖身之处就是灵长类学家最黑暗的地方。就像康拉德小说里的查理·马洛一样，灵长类学家陷入陌生领地，离他的（偶尔她的）目标越来越近，直到最后遇到库尔兹先生。小说中，马洛一路赢得了其他背井离

---

① 此处将“good”译为“善行”是双关语，既有“善于行走，擅长野外工作”的意义，更主要是指“道德品质优秀”。——译者注

乡的人们的信赖和对他这个神秘人物的钦佩。但是，当快到达他的目的地的时候，他发现库尔兹先生对象牙贪婪得发了疯，像个魔鬼，阴险邪恶。

我感觉人们对于灵长类动物学的追求是一种内在的追求。我们对与我们相貌相似的人着迷。我们渴望通过他们找到有关我们自己的东西。我们是马洛，不是库尔兹。我们要冒险进入未知领域，名副其实做个像马洛一样的人。然而，库尔兹离我们并不远。当心！

我个人的旅行始于5岁，那时我祖父送给我一本有关动物的书。

1.1 查理·马洛在欧洲

“你对大猩猩感兴趣吗？”约翰·纳皮尔问。我感兴趣！“英国博物馆收藏着几百个大猩猩的头骨”，他告诉我，“这里是我和普鲁所做的卡片目录。想必其他国家也有100多个。研究大猩猩的分类已有30多年。我这么想，你用这么多年累积起来的大量材料，能够比前人对任何有关灵长类动物的研究做得更为精细。那么，有趣吧？”

我刚刚获得伦敦大学学院人类学理学学士学位。人类学，感觉是介于文科和理科之间的，如果你学人类学，你可以拿文学学士学位，也可以拿理学学士学位，全看你参与的是什么样的A级科目。我参与的A级科目主要是科学主题，所以修完人类学课程后我混了个科学家的美名，而其他大多数同学参与的是他们所擅长的艺术性的A级科目。我们所有的同学学的课程其实是一样的（那时候你没有任何的选择），但他们拿到的是文学学士学位，而我却获得了理学学士学位。

他们大多似乎渴望成为社会人类学家。他们最感兴趣的是礼仪和宗教、聘礼的效用，以及卢格巴拉族的巫术。我却另类，对灵长类和人类进化感兴趣。事实上，那时候我是唯一的体质人类学苗子。的确，最后我希望得到理学学士学位，也似乎是适当的。

奈杰尔·巴尼科是一位体质人类学教授。可想而知，在英国的科学体制中一个教授是什么样的。从高级辅导员（或相当于某个更完全的科学体制中的示范教师）到讲师、高级讲师、读者，步步升迁到了顶峰。在北美，任何一个上了年纪的大学教师都被称为教授，而在英国及大多数以前的殖民地，包括澳大利亚，这个头衔却是梦寐以求的。因此对于我们来说，巴尼科起初是个令人敬畏的人物，但是他非常善良，给予我们慈父般的爱（有些女同学认为他很亲切）。当我拿到理学学士学位后，他把我叫到他的办公室，建议我继续深造，拿更高的学位。“我一直把体质人类学看成是有关骨头或血的事”，他说：“我认为你对骨头更感兴趣，是吗？我要给纳皮尔博士打个电话，给你安排一个见面的时间。”

我周游欧洲和美国寻找大猩猩头骨，还顺便测量了一些犀牛和瞪羚的头骨，因为我已经渴望成为一个博学的人（哪怕我最终还是一个业余爱好者）。我去的一个地方是柏林的洪堡动物博物馆。它不在西柏林，而在东柏林，或者是在他们所说的DDR柏林首都的轻轨线上。（还得提醒您，DDR即“德意志民主共和国”。“轻轨”把柏林分为两半，贫穷的一面可以通过它看到富裕的一面。啤酒、公共交通和歌剧很便宜。里戈莱托的产品非常棒，啤酒也好喝！）

我下榻在西柏林的一家免费提供早餐的私人旅馆（它位于被称为“西柏林”的“轻轨”线上，你可能推断该轻轨是由民主德国运营的），每天都要在弗里德里希车站跨过边界。那些一本正经衣扣闪闪发光的边防卫士每次都要过来认我。显然，我成了怀疑对象，因为有一天我被带进一个有一张木桌的小房间，他们问我老是来来去去想干什么。哎呀，我是不是要脱掉鞋，好让他们看看鞋子里面是否藏有东西？我没有脱鞋，拿出钱包递给他们，你可能预想到，我递给他们的不是钱而是博物馆给我的一封邀请信。那么很好！他们把信还给我，打开门让我走了。当时我甚至觉察到他们中的一个人给了我一个幽灵般友好的微笑。

遗憾的是，我没有在柏林找到大猩猩 *Gorilla beringei* 的模式标本。战争期间，一颗炸弹落在博物馆院内，炸烂的玻璃碎片20年后还撒落在四周。在此期间博物馆变成了人民的博物馆，同时这些碎玻璃片也成了人民的碎玻璃片，但是一切都原封未动。的确，人民的大猩猩的头骨也无人查对，没有人看见大猩猩是不是被风刮走了。（多说一句，它的确在博物馆中，只是我在那里时，不知怎么就错过了？）

那年头，我并不像现在这样对于早期具有历史性意义的标本着迷，但确实也有几次异常高兴的时候。在哈佛大学的比较动物学博物馆，我找到了萨威奇命名的“*Troglodytes gorilla*”的模式标本——大猩猩的模式真品，完好无损，这真是一件非常令人愉快的事。我真想托着这件战利品冲进馆长的办公室，展示给他们看，可骨骼的标签和馆藏记录都很好，无论如何他们已经知道了这件宝物。

而后，当我要回特林博物馆，匆忙经过一排大猩猩剥制标本时，突然获得了意外的收获。我认出了很久以前我祖父给我的那本书讲的大猩猩。

那是一件非常大的剥制标本，标注为“马奇大猩猩”。那本书中的图片不是这么叫的，只是说是一幅安装好的巨型大猩猩标本的特写。20世纪50年代以前，这张照片几乎是唯一可靠的大猩猩照片：在一间村舍前，几个非洲人以坐姿托着一只死亡的大猩猩。照片标题：它是被雅温得附近的帕邢先生打死的。

名声不好的恩斯特·海克尔在他的《人类学》第五版中也描绘了这只巨猩猩：长 207 厘米（可能是皮张在地面展开时的量度，所以其站立时的高度要扣除几厘米），宽 280 厘米。真正的“巨猩”！随后海克尔把它当作一个独立的物种，命名为“巨猩猩”（*Gorilla gigas*）。其遗骸先被送到汉堡博物馆，但后来被罗斯切尔德花 2 万马克买走了。罗斯切尔德以为这次获得的标本是一个新亚种，并不知道海克尔已经给它取名，因而将其命名为马奇大猩猩。当我测量其头骨时发现，就其最大长度（全长 327 毫米）来说，无论如何不是我所看到过的最大的头骨。

在约翰·纳皮尔的“灵长类动物学与人类进化研究组”的那段时光极为有趣。那时的博士生，有些现在已功成名就，日子过得潇潇洒洒，什么都有。约翰的秘书巴巴拉·迪克逊慈母般地关爱着我们，还请我们喝雪利。沮丧时，我们就把柯利弗·卓莉最近写出的博士学位论文从书架上拿走，并提醒自己类似的事情也可能发生在自己身上。

一天喝两次茶，上午茶和下午茶。每当喝茶的时候，大家都把工作停下来，解剖学系的大多数职工都过来喝茶。喝茶也有点等级意味。解剖学系的教授露丝·鲍顿喜欢坐在桌子 的主席位置，如果她不来，约翰就坐那里。话题涉及生物力学（有一个专门的生物力学研究组），或能人（*Homo habilis*，它是 1964 年约翰参与描述的），或医科生方面的事。约翰有时玩点魔术把戏。也有顺便过来走走看看的，迈克·戴和唐·布罗斯威是常客。奥斯曼·希尔和雪丽·沃什伯恩偶尔来。路易斯·利凯一来就打开罐头，拿出采自奥杜威或特南堡的新标本，哇啦哇啦像背书，一个人说一大通关于标本的事而从不让人近看，之后把标本放回罐内，盖上，走了，这一连串的事在 10 分钟之内完成。我们更喜欢艾温·西蒙，他带来的标本都让你真实地查看。有一次，珍·古道尔过来和约翰一起翻看她做的影片。我来以前，她在这个研究组待了好几个月，她带着宠物。此后，每当有人被绊倒或跌翻在地的时候，就会有一串欢笑的叫喊“小心猫鼬！”。如此往事，记忆犹新。

有一天，只有威尔弗雷德·李格罗斯·克拉克先生过来和我们一起喝上午茶。我有点畏怯：他的《人类的祖先》是我们大学学院的教科书之一。可他没有一点盛气凌人的样子。他告诉我们，他最近的研究是关于悬吊解剖学的。我这里说的“悬吊”，意指用绳子执行死刑，而非用绳子悬挂图片。如果你像那样打结，身体落下的时候，绳结就会绕到前面去，猛地把头向后一拉，脖子就断了，马上就死。但是如果你像这样打结，结就会绕到后面去，这个该死的人就还得踢踏几分钟，被慢慢勒死。18 世纪的那个时候，刽子手并不仁慈。只有当被绳绞之人不再踢踏了，这个人的朋友才可以割断绳子把人解下来，把尸体带走埋掉。可是，朋友也可以收买看守监狱的人，叫他们给这个即将被吊死的人先喝些蒙汗酒，使他（很少的时候是她）在上吊时感觉麻木不知疼痛，所以很快就不踢了，朋友马上把他解下来，救活他。据说，这种做法是为了救一个叫杰克·雪佛德的名偷而设想出来的。虽是小偷，但他却被认为是罗宾汉式的人物，所以当一个士兵冲上前去用剑割断绳子把他解下来的时候，群众涌上前去把他抢走了，他们认为尸体一送去解剖就一切都完了，而抢回尸体后朋友们还可以把他救活。

显然，我们不应打断威尔弗雷德先生的趣说，而要他谈灵长类解剖学。况且，我们都听得入神入味。

我读过弗雷德·默菲德的《大猩猩是我的邻居》。他曾是鲍威尔-柯顿少校在喀麦隆狩猎时的常伴。从某些方面来说，真是屠杀成性，但时过境迁，他慢慢地对大猩猩和黑猩猩产生了感情。关于这一点，我在碰见时任伦敦动物园猴舍主管的史密斯时得到了证实。默菲德在书的致谢中提到“博学文雅的朋友劳里·史密斯”。史密斯告诉我，当默菲德最后从喀麦隆回到英国时，已成了一个善行的人，害怕“文明”，甚至不敢过马路。史密斯把我引见给了伦敦动物园的著名大猩猩——盖。它几乎从幼小时就被养在这里。盖小的时候很好玩，耐心地等着史密斯清理完笼舍后和它玩。如果它玩得太粗野，史密斯就用手背在它的鼻梁上轻轻地敲一下，让它平静。或许那一天，盖认为史密斯玩得太粗野，因为它用手背在史密斯的鼻梁上轻轻地敲了一下。不仅仅是敲鼻子这么简单的事。“它是有血有肉的，也有自己的情感和冲动。”想起来，史密斯有些悲叹，盖周期性的情感冲动无法发泄。

可是，动物园并没有给盖找一只雌的配对。动物园从查理斯·柯迪尔那里得到了两只格罗尔大猩猩幼体，另外还有人送来了一只山地大猩猩的幼体，都一只接一只死了，最后死的一只是因为动物园的官员们要求冬天粉刷猴舍，当时浓雾阴冷弥漫，门整个晚上都开着以使油漆风干。但动物园从来没有考虑过要为盖找个雌伴，主管拒绝了所有的提议。所以盖被孤零零地关在一处，如孤寡人一般孤僻、郁闷。好久好久以后，旧式的猴房被推倒了，代之以更宽大更为绿色的背景，还从布里斯托尔运来了一只雌性大猩猩。但盖已经忘记了它曾经是一只大猩猩，没有在意它的新伴侣，坐望着玻璃隔板那边的人，或许它正在思念史密斯，他死了很久。

史密斯曾把默菲德介绍给哈利·米勒。哈利·米勒帮助默菲德写作《大猩猩是我的邻居》，使得该书生动迷人。20 世纪 70 年代后期，我极其惊讶，在马德拉斯随处都可不期而遇地见到哈利·米勒，几年前他就是在这里退休的。我们一起重温伦敦的故事，特别讲到了史密斯，他曾和他保持着联系。去世前不久，史密斯被授予了一枚由英帝国颁发的勋章，他到白金汉宫接受了这枚奖章。他送给哈利·米勒一张他自己进入宫殿广场的照片，当时他戴着大礼帽，穿着大礼服，上面写着“人人都有得意时”。

我试图在大猩猩的头骨上寻找到一些区域性的差异，就我所掌握的有限材料从头后骨着手分析，看能否反映任何生态抑或行为上的差异。我查阅了大量文献，如美国海军部的地理手册系列丛书，当然最重要的圣典是乔治·夏勒的《山地大猩猩》。而后，传闻一个女人正在同一个区域对山地大猩猩进行长期的野外研究。

直到约 1969 年，我在美国工作两年又返回剑桥大学工作四年之后，才遇见了她。那晚，她要在伦敦召开的动物保护学会的会上发言。我们一群人挤进一辆汽车，从剑桥直奔会场。学会的事务在会议的第一阶段讨论完了。晚饭随便吃一点后，安排的就是第二阶段黛安·佛西的报告。我们都喝了点酒，迷糊中，罗伯特·希法斯特别地挪近戴维·奇弗，低声问：“哪个是黛安·佛西？”戴维指了指站在我们跟前，背朝我们，身高 6 英尺①以上的一个人。罗伯特深受感动：“天啊！”他试图压低声音，却喊出了一声：“她个子这么大！”

1.2 查理·马洛在非洲

黛安听说我要去坦桑尼亚和肯尼亚待几个月，调查黑白疣猴，就主动提出要帮我从英国地理学会获得经费，以使我能到她在卢旺达的营地，研究她已经收集的那些大猩猩的头骨和骨骼：有些是被人猎杀的，有些则是自然死亡的。当然，我要去！

神经心理学家尼克·汉弗莱比我先到那里。“有好多骨头等着你”，他回去的时候告诉我，“不过，主要的吸引力不是这些死的东西！”太对了！

黛安的营地，当时还没有取名为“卡瑞索科”，但对它的布局，我感到很奇

---

① 1 英尺=0.3048 米。

怪。她的营房内设两间，外间是工作间，每晚她都在这里给我倒杯啤酒并听取我的工作汇报，内间是她的私房。前门有一条约50米长的石径，通向右边是鲍勃·坎贝尔的营房，左边是“男孩们”的住所，参访人员的住所也在旁边，我就被安置在那里。营房隐藏在浓密的植被间，彼此看不见。我很快悟出，黛安喜欢独处，不愿意别人乱糟糟地挤占她的空间太久。她更乐意让她的小狗辛迪和蓝猴凯玛陪伴在她的身旁。

我有一个煤油炉，晚上我从黛安的营房回来后，经常用它煮些罐装食品来填肚子。但我一直不太会用这个煤油炉。有一个晚上，还差点把营房烧了。营地主管康雅拉根进来，给我演示煤油炉的用法。我对机械的东西一窍不通。如果它们靠火力运行，我就更弄不好。后来，我又一次把房顶烧焦了，康雅拉根又来耐心地给我示范。

我写过一份关于这些骨头的报告，除了其形态学特征外，还包含了我发现的病理学信息，但英国地理学会似乎对此没有做任何的反应。算了，由它去。稍后一些，南希·洛弗尔同样基于这批材料，增添了一些新收集的骨头，也写了一篇报告。我的报告并不赖，甚至其间还反复阅读过，但她的报告比我的好得多。

每天，除非我待在营房研究骨头，否则尼迈都会随我外出追踪大猩猩。每当发现大猩猩，我都会爬到高处或一个树桩上，有意让它们看见我，以免它们突然发觉我时惊慌失措。而尼迈却躲着。我问黛安为什么尼迈要躲藏。黛安说，因为猩猩看见的大多数黑人对它们都是危险的，她不想让猩猩习惯于黑脸。我可以明白其中的一点逻辑，但不知道为什么猩猩不能像识别白人一样分辨出不同的黑人？我没有告诉她我的疑问，而当她告诉我她曾带公园管理员或某位政府部门的首长去野外看过大猩猩时，我背地里感到很惊诧。我在高处，时而看看下面，时而瞧瞧身后，都能看见尼迈躲在植被里面，出神地注视着猩猩。这使我深受感动。他不只把追寻猩猩当作他的工作，他还实实在在地喜欢这些大猩猩。

有一两次，我们在不知不觉中遇上了大猩猩，它突然“呜啦啊啊啊哈”地大叫，使我毛骨悚然。但我从来没有被大猩猩吓着多严重，虽然曾被一头大象如触电般地吓着过。(在被大象吓着的几年以前，我还被印度狮、爪哇野牛和爪哇犀牛吓过好几次。动物越罕见，越可能把人吓着？后述的几次惊吓，我妻子也在身边，回述这些经历，她也津津乐道，或许是当时被吓得不那么严重。)

关于野生动物有这么一条规则：你带着相机时，它们跑开藏了起来；没带相机时，你可以清清楚楚地看到它们。真是这样！有一两次我半路上碰到了很好的拍摄机会，拍到年轻的猩猩正从灌木丛的那边向我窥视。可是，我与猩猩最好的

生活在刚果民主共和国维龙加自然保护区的一只雄性银背山地大猩猩

接触当然还是在没有带相机的那天。当时，第5猩猩群正在一个开阔地带取食，这里的植被仅有一米高。我爬上一个树桩，仔细观察。当天气变热的时候，他们就在离我约10米处围成一个半圆，开始安静地打瞌睡。实际上，一群山地大猩猩从来就不会完全地安静下来，因为消化道在不停地蠕动——肚子饿了要吃，吃饱了要拉。

幼猩猩不打瞌睡，它们爬进蔓藤的灌木丛中玩耍，爬上爬下，还不时地盯着我看。其中一只光顾看我，一不留心手没抓稳，结果倒栽下去，一只脚还挂在树上。我忍不住大声笑了出来，毛发蓬松的黑头领即刻闪现，注视着我，一看没事，就走了。

一只青年猩猩，我认为它是伊卡洛斯，决意近前摸摸我的底细，但有点鬼鬼祟祟。它站起来，悄悄地穿过植被，爬上了我对面约2米处的一个树桩。

回到内罗毕，我决定去海岸玩几天，以结束这次旅行。我带了本关于肯尼亚哺乳动物的简装书，翻到关于塔纳河白眉猴和红疣猴的那一页，这两种灵长类动物激起了我很大的兴趣。书中附有小型彩图。有关白眉猴的那一幅，画的是一只淡褐色猴手里握着一只香蕉，而香蕉并没给它带来信心。书中说，这只白眉猴可能就是在马林迪郊外的阿拉布口-索科克林区发现的。所以，我想去看个究竟。去海边最快的办法是乘坐“裂谷标致”汽车。去车站候车或找到“裂谷标致”车的停靠点等车，全随你便。司机不管什么人都拉，尽可能多地往车里塞人，必要时打电话与其他车联系。人坐满后，我们就以协和式飞机的速度直奔蒙巴萨，横穿察沃国家公园时，迂回绕过漫步大路的象。5小时内确确实实跑完了450千米。我们只在苏丹的哈姆德镇停了几分钟，买了些萨莫萨三角饺。

还好，几个小时的极速颠簸真没有颠死！然后，我们在蒙巴萨租了一辆沙滩摩托车开往马林迪。到了马林迪，我开着摩托绕着阿拉布口-索科克林区转，既没有发现白眉猴，也未见任何疣猴的踪迹。我在马林迪的一个法国人家里落宿，见到了这家人的一些朋友，一个时装摄影师及他的模特。吉恩·科罗德受雇于一家杂志社，所以好像他只给卡蒂娅一个人拍照，一套套地拍：卡蒂娅穿着狩猎装的丛林照；卡蒂娅穿着肯加女服裹至脚踝的海边照；卡蒂娅穿着法国时装在一家咖啡馆的啜茶照。他是否喜欢观看，或许拍摄动物、舞蹈、民房、村舍、渔船？噢，当然喜欢，只是时间太紧，他们去不了察沃那么远，就得返回。我有了主意，塔纳河就在向北100千米处，我知道那里确实有白眉猴和红疣猴，如果运气好，我们可以看到一些。我告诉吉恩·科罗德这些猴子的特别之处，以钓他的胃口。“卡蒂娅”，他喊道：“科林给我建议好玩的事……”次日清晨7点，我们就上路了。

穿过加森镇，就到了塔纳河。虽说它是肯尼亚最大的河流，却不怎么壮观。但谁知它从上一个分叉口流来，跨越广阔的洪泛平原，路遥盘曲，一路多少蒸发，水小至此。一艘可装载几辆小汽车的小型渡轮靠“索-滑轮机制”往返两岸。过了河，左方几千米处就是一片大森林。停好车，我们就进了林子。林中阴凉，开阔，易于穿行。我一抬头，就看到了红疣猴。我一直期望着看到疣猴，但从没想过这么快就能看到。

吉恩·科罗德和我一样激动，他使劲地拍照。林间仅能看到猴子的大致轮廓，但可分辨那就是红疣猴。同时，卡蒂娅有点紧张。“什-什么东西啊？”她结结巴巴地问，突然间一阵轻风刮过，棕榈树叶哗啦作响。“呜，狮子！”。当她习惯后，我们进到了林子的深处。忽然，一阵呼噜呼噜、尖叫刺耳的声音传来，一些黄褐色的猴子纷纷从树上跳下来，顺着林地消失在我们的眼前。我开始认为那是狒狒，当时真来不及认准那一定是白眉猴。

次年，我回到这里做小范围考察，沿塔纳河调查疣猴和白眉猴的分布，尽可能地弄清其数量。这个地方魔幻般地吸引着我——海风习习、棕榈沙沙；洪积平原上转角牛羚和水羚兴致悠闲，偶然可见大象漫步；林中猴群嬉耍欢闹；河中河马潜游逍遥；牛轭湖后那废弃的河道旁森林残驳（白眉猴常在这里活动，但就我们所知疣猴从未来过）；婆客摩人忙于播种，奥玛人则牧放着数不清的白牛；再瞧，那毛茸茸的松鼠，面貌怪异的狒狒，还有那香猫和沼泽獴。附近的姜果棕树上奇科拉隼正在做巢。鱼鹰鸣声凄厉，萦绕心头。若真有伊甸园，就难以分清，它曾经是在塔纳河平原，还是在爪哇西端的乌戎库隆。

我们认为，大约有2000只疣猴，白眉猴的数量（或多或少）也可能差不多，直接观察计数的难度很大。它们似乎占住了所有可利用的栖息地，还显不够。现今其数量可能比我们当年在那里的时候少，事实上有一段时间，疣猴几近绝灭。

1.3 查理·马洛在南半球

东南亚可不像东非，我几乎不知道从何开始。在肯尼亚时，我们每到一个村庄就会被孩子们拥着。如果我们开着车，一长队孩子就跟在后面，欢呼雀跃。在苏拉威西岛，小孩和大人都围着我们，眼睁睁地看着我们。只看而已，你很难看出他们感到的是有趣还是无聊。“这几天他们放假”，有人解释道。

有时，好多看热闹的人围得我们水泄不通，气氛显得非常沉闷。我们去见酋长，酋长在他的平房里给我们倒茶。村民们跟着，不进房子，他们只围在门口和倚着窗户向里面瞧。我们试图进入附近的林子，围观的人也跟着我们。我们不走了，他们也不走；我们继续前行，他们也跟着继续往前走。有一次，我转过身去，圆睁眼睛注视着一个年轻人。他能否好意地帮我将这些人支开，不让他们跟着，以使我们能够安静地进入林子？他谦恭一笑，挺直身子，严厉地对那群人讲起了话。他们显出一副垂头丧气的模样。他足足掌控了他们一分钟之久。我们乘机快步急行，但当我们再回头看时，那群人已经完全摆脱了他的控制，正匆匆地朝我们赶来。

要到森林里去看野生的猴子，唯一的办法似乎是随同野生动物管理员坐车去，并远离最近的村庄。

村子里确实有人把猴当宠物养。大多数情况下，猴子被链条拴在房柱上。有些猴子被抓来时还小，此后就一直被链条锁着，而链条从未放松过，于今都长进肉里甚或脊梁骨上去了。大多数猴子只供嬉耍，别无他用。或许很不公平，有些猴子却受到了好的待遇。有一次，我对一个人和他养的猴之间的那种良好关系印象深刻，猴子正坐在他的身旁帮他梳理。他告诉我，他留着这只猴是为将来宰来吃的。

在苏拉威西岛的穆斯林区，你知道你吃着什么东西。但在基督徒区，你不会知道你吃进去了什么。

无论你去哪，你要了解的是，尽管差异巨大，人就是人，到处都一样。每个地方，你都可以遇见乐于助人和不管闲事的人，处处都有热情好客、坦诚友善之士，也不乏阴险多疑和狡诈粗暴无礼之辈。有的人温顺谦和，有些人喜欢炫耀。年轻人要凸显现代和时髦。20世纪70年代，印度尼西亚的年轻人模仿牛仔的步伐行走，他们的摩托车上都贴着查尔斯·布朗森的照片。人们热爱自己的子女，想为他们谋划更加美好的生活。有时生活上一点小的改善，他们都心满意足；有时却显得贪得无厌。一般说来，离大城市越远，你会发现那里的人越善良——他们想为你做得越多，他们想要你为他们做得越少。苏拉威西岛北部的哥伦塔洛因精致的花边工艺闻名。在这里的一个小村庄，一个妇女看到我们进来，跑进她的房间拿出一条非常漂亮的黄色花边带（至今我们都还把它用作桌布）。不，不！她不要我们任何东西。想起来真是不好意思，因为我有时被盯着和跟着而感到心烦，我没有和印度尼西亚人开过玩笑，没有和他们一起吃过饭，喝过啤酒，没有和他们一起谈过政治、地理及野生动物。他们没有喝过我买的啤酒！甚至爪哇岛上的穆斯林也没有。

我在野外看过灵长类动物，现在我还喜欢去看，但我不是一个野外工作者。我认为，我在野外待过的最长时间是3个月，以致我给学生讲怎样开展野外工作时，总会感觉到一点心虚：我严肃地告诉他们，一个灵长类学工作者在野外的连续工作时间应至少一年，除非断了脚，或染上了伤寒而被迫中断和缩短时间。一个最挚诚的野外工作者离开他的野外基地很不情愿地去参加一个学术会议，刚到达开会地点就染上了登革热，病稍好就立即返回了基地。这是真实的事，我参加了那次会议，还去诊所看过他。

如果说在查阅古籍，特别是在博物馆里发现了早期具有重要历史意义的标本时，我会情不自禁地兴奋起来，但最让我感到愉悦的还是在野外工作的那些时光。鱼鹰凄凉的泣鸣仍回响耳旁；一只犀鸟嗖地从头顶掠过。抬头仰望，一只银色的长臂猿正在头顶玩荡秋千；身旁一只疣猴“嘭隆”一声从树上跳下。再看，一只年轻的红毛猩猩蹦跳着上了一棵高大通直的树，正向下窥视着我。最有趣的还是，我拍打大腿发出类似的“捶胸声”，而大猩猩萨姆森误以为是另一个已怀爱意的雌性大猩猩发出的呼唤而忙于应答。可那并不是灵长类学家要继续努力的理由，不是吗？

第2章 猴　神

古代世界的非人灵长类动物：古埃及、迦太基、古希腊、古罗马，猴神、斯芬克斯、萨梯、木乃伊。

青铜器时代古希腊人的旅行与贸易。迦太基人的幕间短剧：汉诺真看到（并杀死）了大猩猩吗？盖伦如何以猴代人。Pithecus、Cebus、Simia：我们现今使用的这些名字是怎样来的，其最初的意思是什么？

1537 年，维萨利亚斯获得了意大利帕多瓦大学的医学博士学位，立即获得了一个“外科解剖员”的职位，意味着他被指派教解剖学。在那个年代，一位解剖学教师通常的作用就是，坐在高背椅上远眺解剖台，技术人员按照他的指导剖解尸体。学生在狭窄的走廊上围着观看，场面拥挤不堪。解剖学系的雇员守望着外面的警察——因为解剖人体是非法的。

与他人不同的是，维萨利亚斯亲自操刀。解剖过程中，他对于基于公元 2 世纪盖伦的著作而编写的解剖学教材越来越不满意。最后，他在意大利著名绘图大师提香画馆的学生的帮助下，于 1543 年创作出版了自己的解剖学图谱《人体构造》。此举，他不仅引发了解剖学研究领域的革命，而且打开了现代科学的闸门。

在那以前，知识不是基于观察而是基于权威。古人说过的，就是对的，就要学。也许今天我们难以理解，当年维萨利亚斯挑战盖伦的权威迈出的是多么重要而艰难的一步。不基于权威而基于实际观察，这种新的理解方式席卷整个欧洲，维萨利亚斯功不可没。可不知怎么，他从来没有因此而遭殃，即使教会步步进逼，无端地抵制和扼杀，他也安然无恙。维萨利亚斯出版其解剖学图谱的 1543 年，也正是哥白尼在临终前最后敢于出版他的著作的这一年，书中主张地球不可能是宇宙的中心。还有，半个多世纪以后的 1600 年，乔尔丹诺·布鲁诺因为宣传与哥白尼类似的观点而被教会活活烧死。也是 90 年后的 1633 年，伽利略被迫沉寂，被判以终身监禁。

维萨利亚斯挑战的权威是盖伦。盖伦是谁，他为什么有这么多的错误？

公元 130 年，克劳迪亚斯·盖伦出生于古希腊的珀加蒙，这是一座罗马统治下的小亚细亚城市。他先是在士麦那学习医学和哲学，后来到了亚历山大，然后回到珀加蒙，当上了一名专门为角斗士治伤的外科医生。他在许多方面取得了成就，并因独特的伤口消毒与保湿方法和肌腱缝合的高明医术而声蜚名扬。公元162 年，他去罗马当一名皇家御医，最后加入了马尔库斯·奥列里乌斯大帝的王室。死于约公元 200 年，也有人认为甚至迟至公元 220 年。

偶尔，盖伦有机会接触人尸，当然特别是角斗士的尸体（或许其中有一些是他没有救活的病人）。但是，他主要还得解剖动物，尤其特别的是巴巴利猕猴。

罗马帝国，即使是在像盖伦的皇主——有哲学家皇帝之称的马尔库斯·奥列里乌斯大帝这样开明的皇帝的统治下，也是一个残忍和野蛮的地方，草菅人命，大多数动物都被血腥屠杀。所以，盖伦将山羊和猪捆绑在木板上，进行活体解剖是心安理得的事。有一次，他在活体解剖一只巴巴利猕猴时，为了不至于让自己和旁观者因看见猴子脸上痛苦悲伤的模样而伤感，就将猴脸转向一边。显然，这种经历一次就够了，此后他所有的猕猴解剖对象都是死尸，他也要求别人避免当猴子活着时一块块地割其肉。

盖伦在其论著《关于解剖程序》中，提出了解剖猴子时显而易见的基本原理——弄不到人尸时，须做如下最佳选择：

如果某一动物的头骨是圆形的，其脑也一定呈圆形；如果头骨呈长形，脑也必定呈长形。如果下巴小，脸呈椭圆形，其上附着的肌肉也会与之相适应；若下巴大，其口鼻部就长，相应的肌肉也粗长。在所有的动物中，猴的内脏器官、肌肉、动脉、静脉、神经，以及骨骼形态都与人的最相似。因此，猴用两条腿行走，前肢用作手，在四足动物中其胸骨最平坦，锁骨与人的类似，脸圆颈细。肌肉的分布必须与之相适应，肌肉沿骨骼伸展，必须顺应骨骼的大小和形态。动脉、静脉和神经也同样与骨骼的分布格局相符合。

关于解剖用猴的选择原理是：

与人最相像的短下巴、小犬齿猴最好。它们能两脚行、跑，其他器官也与人类的相似。另外，如狗脸狒狒那样口鼻部长、犬齿大，不能用后腿行、跑的猴类，几乎不能直立。而比较像人的那些种类都具有几乎直立的姿势。可即便如此，后者也有限制。首先其股骨头是以相对横向的方式嵌入髋臼内的；其次，所附肌肉向下延伸至膝盖，有的比人的还伸得更远。这两个特征制约了直立姿势的程度，同样限制直立姿势的还有脚本身的结构特征——脚后跟比较狭窄，趾间深裂。

不用说这是关于面部形状重要性的奇谈怪论，就是盖伦本人也意识到了自己的缺陷，因为他实际上没有解剖过人体，而猴和人的解剖学结构迥然不同。尽管如此，盖伦还是被当作人体解剖学上不可动摇的权威，其观点在欧洲以及伊斯兰世界广为引用，一直到文艺复兴。在哲学上他是一神论者（虽然不是基督徒），但这并没有影响其崇高的形象，作为一位古典作家他足以为人推崇。毋庸置疑，维萨利亚斯必须鼓起勇气挑战其权威。

盖伦有足够的巴巴利猕猴和狒狒用于解剖，以确保自己和学生在解剖学方面的话语权。尽管我们还不太确定，但或许还有其他种类的猴。那么古罗马世界是怎样获得猴的，有关猴的文献记述历史有多久？他们是否也曾碰到过其他非人灵长类动物？

2.1 青铜器时代的猴

3500 年前，辉煌灿烂的米诺安文明支配着整个爱琴海世界，但一直是个神话，直到 1878 年才得以确认。当时一个卡雷塘富商米诺斯·卡洛凯里诺斯并不怎么在意地挖开了一个坟堆，当地传说那是克诺索斯，即米诺斯王的墓葬地。那时，土耳其还统治着克里特岛，所以地方当局因害怕他挖出的物品会被很快送到伊斯坦布尔并一去不复返，就制止了他的挖掘。1900 年，英国考古学家阿瑟·埃文斯先生开始系统挖掘，发现那的确是米诺斯王的墓宫。墓宫呈多层迷宫式，宫柱锥形，红黑相间，皇室通风透气，可最令人惊叹的是那些多姿多彩的壁画。海豚嬉耍悠闲、公牛舞姿雄壮、阳光下百花斗艳；宫女们正在园中闲聊，个个矫揉造作，发型时髦，哥特式白脸上眼线细黑，着薄纱皱褶边荷叶式盛装。而最让历代游观者着迷和流连的是宫女们袒胸露乳，乳头粉红，魅力四射。但是，在宫殿西侧的“壁画厅”内也有一幅长尾猴的巨画。

猴呈亮蓝色，没有一种实际的猴是这种颜色，这当然是艺术手法，因为猴的其他方面都画得很精确。脸黑眉白，眉带与白色扇形的腮须被黑带纹分隔。下体很白，白区一直延伸至大腿的背面和内侧。其中一只刚刚洗劫了一个鸟巢，正在吃鸟蛋。马可·马赛提认为那是（产于非洲的）一种小长尾猴，我赞同。向北够远的地方有 3 种“长尾猴”可作候选：绿猴（*Chlorocebus sabaeus*）产于西非；坦塔罗斯猴（*C. tantalus*）现今见于伏塔河至尼罗河一带（肯尼亚境内的尼罗河向东一点），向北远至苏丹西部的杰贝-马拉山；黑长尾猴（*C. aethiops*）产于尼罗河东部，向北远至苏丹的喀土穆和埃塞俄比亚北部的厄立特里亚省①。从其眼

① 1993 年 5 月 24 日，厄立特里亚正式宣告独立。——译者注

睛至耳朵和扇形腮区的分隔黑条带来看，应属于坦塔罗斯猴，因为绿猴的眉带不明显或缺失，下体也非白色，而黑长尾猴的白色眉带与其特有的镰刀形腮须相连。所以，无论是谁将长尾猴送给或卖给米诺安人，他们都必须经由陆路：如果他们沿着西非海岸走，得到的是绿猴；而如果沿着红海航行，获得的就是黑长尾猴。

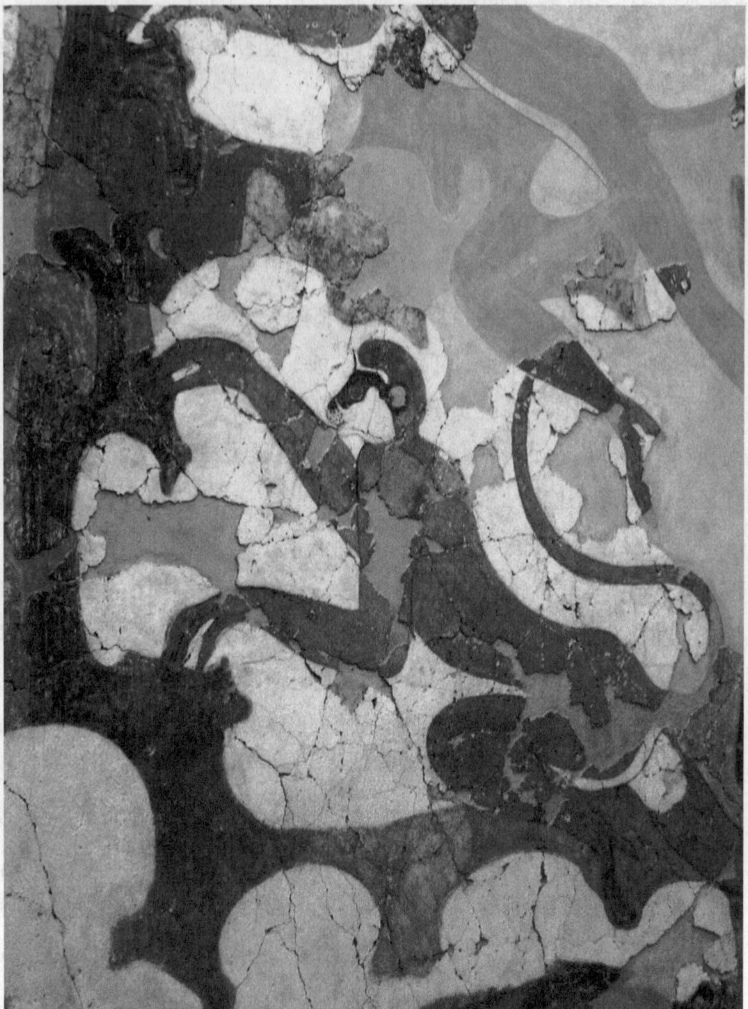

在青铜器时代米诺安文化壁画中描绘的蓝猴。这里显示的是在锡拉岛上的壁画，当然几乎是高度程式化的坦塔罗斯猴（*Chlorocebus tantalus*）

那么，米诺安人从谁那里获得了长尾猴，又是什么时候得到的？我们将会明白，他们是从埃及人那里获得的。第二个问题也容易回答，因为除了克诺索斯墓宫里的壁画外，在锡拉岛上还有更多的来自米诺安城的壁画。锡拉岛是一个火山岛，在克里特岛以北75千米处。约公元前1600年，火山大规模爆发，在整个爱琴海引发巨大海啸，改变气候，影响多年。火山爆发的时间可能是公元前1645年（基于对一块格陵兰冰核上年积层中酸性坠尘的变化分析），或公元前1628年（基于包括树木年代学的多方面的综合数据分析）。因此，在此年代以前，米诺安人和埃及人进行贸易往来，在贸易过程中，他们获得了宠物长尾猴，或者严格说是坦塔罗斯宠物猴。

从新王朝时期起，在埃及记载中，有大量关于有尾猴的描述。其中，许多可查明属长尾猴（vervet）。表示长尾猴的单词是“*kif*”。我们有一尊阿玛纳时期（公元前1379～前1367）的小型（6厘米高）石灰石雕像，上面还留有颜料的痕迹。约更早一个世纪，我们有一系列的壁画，是从勒苛·米·勒墓中获得的，他是底比斯的地方长官，也是在图特摩斯三世和阿蒙霍特普二世法老统治下的十八世王朝的维齐尔（伊斯兰教国家的高官）。或许该坟墓可上溯至约公元前1400年。壁画的主题是结盟和客族进贡，画中有克里特岛人，努比亚人也在，他们带来了阿拉伯狒狒和一只长颈鹿，长颈鹿颈背上还爬上去一只长尾猴。壁画很小，但从中我们还是可以看出这只猴与上述米诺安壁画中的猴的不同之处，仅在于它是绿色的——一种更自然的颜色。

希腊神话被认为具有青铜器时代的根源，所以在希腊神话中发现的确记载着有关猴的神话是很有趣的事，但我们仅找到一个故事。狄奥多罗斯·西库路斯在其《历史之书馆》中讲道：科口佩斯（“有尾巴的人”）是双胞胎小矮人，他们喜欢作弄人。他们的母亲告诫他们不能玩过火，特别要“小心下体阴部”。他们遇上了强大的对手赫拉克勒斯。他们激怒他，偷了他的箭。他逮住他们，把他们的脚踝绑上系在一根长杆上，行走的时候他就把这根长杆悬挂在肩上。赫拉克勒斯穿着（他杀死后剥下的）一张狮子皮，但这张皮没有遮住他的阴部，阴部已经被太阳晒黑了。当科口佩斯身体向下摇摆的时候看到了就大笑起来。赫拉克勒斯问他们什么东西这么好笑。当他们告诉他时，他坐下来，自己也大笑起来直到泪流满面。之后，他怎么可能不让他们走？

奥维德在《变形记》中说，宙斯后来把科口佩斯变成了猴，但是关于他们变成猴之前的情况有一些其他说法令人印象深刻。在公元前6世纪西西里岛塞利纳斯的一座庙里，有一幅雕刻把他们表现为普通的小孩，甚至没有任何尾巴。希腊的博物学者认为他们生活在优卑亚岛（即埃维厄岛）或塞莫皮莱，两者都在希腊的爱琴海一边，或者生活在小亚细亚的以弗所。但是奥维德认为他们生活在意大利伊斯基亚岛上的皮塞库西，事实上这是一座由公元前 8 世纪从优卑亚岛迁至希腊的移民所建造的城市。神话中说，优卑亚岛被米诺斯的兄弟拉达曼提斯所统治，在优卑亚岛上有米诺安人的遗址，以及……哇，还有科口佩斯长尾猴？

还是自中王国时期起，在古埃及的文化和艺术中，狒狒就比长尾猴更具盛名。与长尾猴不同，狒狒具有神圣的地位。在古王国时代，巴比或巴巴——一个残忍和嗜血如命的神就被描绘成一只雄性阿拉伯狒狒（*Papio hamadryas*）的模样。像阿拉伯狒狒一样，他有一个硕长的“阳物”，用作天门闩和地狱渡船的桅杆。对于这个神的崇拜甚至比这更早。在尼罗河三角洲东部的泰尔易卜拉欣阿瓦德，有一个小泥砖庙遗迹，从在此找到的陶瓷碎片和雕塑残片判断，那时这里已经是狒狒崇拜的中心了。

巴比后来演变成了写作之神—透特，以及能自我改变形态的月神——柯恩斯或孔苏。(透特更经常地被描绘成一只朱鹭；当两者都一起表现时，朱鹭就是透特，而狒狒则是其助手)。这些神灵可能源于一个古王国时代的狒狒神——赫德杰威（一个伟大的白人)。

从生到死的整个过程中，狒狒也都有其形象，它们总是被描绘成雄性阿拉伯狒狒。在约公元前 1500 年稍后的图特摩斯一世的墓中首次出土的《阴间书》或《密室文书》中，狒狒守护着阴间的第一道大门。在公元前 1240 年的阿尼莎草纸遗址出土的《亡灵书》中，4 只狒狒坐在来世一个火池的四个角上。在木乃伊的制作过程中，死人的器官要被放在一个特别的罐子里，其中盛肺的那只罐子的塞子上就有一个雄性阿拉伯狒狒的头模，以狒狒的头代表何露斯的儿子——哈比神。

黎明时分，狒狒尖声叫喊，展开双臂迎接太阳，有时一只阿拉伯狒狒被描绘成坐在太阳神——拉（Ra 或 Re）的四轮战车上，或者其头上具有太阳圆盘。

狒狒也被描绘成最世俗的动物。埃及人很钦佩狒狒的理解力和生殖力，甚至还把它们的粪便也用作春药药膏中的成分。狒狒被养作宠物，有些描绘显示狒狒被人用皮带拴着外出散步。狒狒偶尔也被木乃伊化，有一只狒狒被木乃伊化成一个作家的坐姿，使人将狒狒认同为透特。在埃及王墓葬谷的 18 世王朝墓中，一只狒狒和一条狗被木乃伊化成了面对面的姿势。打弥努大墓场（在希腊的赫尔摩坡里斯）始建于阿马尔那时期，其中包含了几千具木乃伊化的朱鹭和狒狒。

另一方面，也可能有伪造的。在密歇根大学的凯尔西古人类学博物馆有一具木乃伊，样子像狒狒，但里面放置的是其他动物的骨头。显然是某个骗子将其以高价卖给了某个虔诚的木乃伊崇拜者。

玛阿特卡勒公主是21世王朝皮努德杰姆法老一世的女儿，她死于公元前1000年的稍早一点。她的尸体被做成了木乃伊，通过对其木乃伊的检查发现，她死于分娩。在她的棺材里，有一捆东西放在她的脚下，有人估计是她产下的死胎，但实际上那是一只狒狒！玛阿特卡勒是亚蒙-拉的一位牧师，亚蒙-拉的妻子穆特是一个世俗的代表，也是一位牧师。于是，玛阿特卡勒不能被认为怀上的仅是一个凡人，但是亚蒙-拉和穆特的儿子——柯恩斯作为月亮之神，被普遍描绘成一只阿拉伯狒狒，因此极其自然地生下的是一只狒狒。即使可怜的公主不在了，但荣誉还在。

当今，阿拉伯狒狒见于非洲东北部的干旱区，在索马里北部、厄立特里亚、埃塞俄比亚、苏丹的红海丘陵区，以及红海对面的沙特阿拉伯和也门海岸都有分布。在法老时代，阿拉伯狒狒很可能生活在埃及境内，所以我们不需要询问埃及人是从哪里弄到狒狒的。

古埃及从约公元前3000年一直延续，差不多到了公元前500年，其间变化很小。金字塔建了又建，但是艺术、信仰以及做事的一般方式几乎完整地保留了下来，尽管其间遭到了来自南北两面的侵略。然后在公元前525年，埃及被在冈比西斯统治下的波斯人所征服，而后有一个短暂的独立复兴期，但在公元前332～331年被亚历山大所统治的马其顿人所征服，于是一切都随之而变。

2.2 迦太基人的幕间短剧

迦太基城，即现今的突尼斯所在地，是由来自现今黎巴嫩境内提尔的腓尼基人于公元前814年建立的。迦太基城靠贸易逐渐发展壮大，对锡的贸易还远至英国的西南部，锡是青铜器工艺中的重要成分。像其母城提尔向外扩张那样，迦太基是通过在一个新的区域建立小殖民区而不是征服和控制大片区域的方式发展壮大。迦太基人广泛地向西西里岛、撒丁岛、西班牙和马格利布殖民。随着迦太基人的影响逐步扩大，另一个日益崛起的罗马感到越来越不安，不可避免地发生了两大强势城邦之间的冲突——实际冲突有3次。第一次迦太基王国丢失了西西里岛殖民地；第二次迦太基将军汉尼拔几乎征服了罗马；第三次罗马王国以骇人听闻的野蛮行为疯狂攻打迦太基王国，公元前146年，罗马元老院命令将迦太基夷为平地。

公元前6世纪，迦太基王国派汉诺沿着非洲西海岸去创建殖民地。航行四五天后，船靠岸，这些迦太基殖民者沿岸在利克西特斯人中寻找翻译，他们跨越摩洛哥的南部边界，进入由埃塞俄比亚人（非洲黑人，字面意思是“烧焦的脸”）居住的一片陌生领地。在利克西斯河源头的山上，他们听到传说：“那些长相古怪的类人猿（troglodytes）跑得比马还快。”再继续前行，汉诺判断他们已远离了始于迦太基的直布罗陀海峡。沿着一条主要的河流边向上航行，向南航行了 12 天，开始通过一片山区。又航行了 11 天后，来到了被称为“神的战车”的一座火焰山下。又过了 3 天，来到一个叫做南角的海湾。海湾的末端是一个岛，岛上有一个湖，湖中又有一个岛，岛上“尽是野蛮人，大多数是妇女。身上长着毛，我们的翻译把他们叫做‘gorillas’”。男人跑掉了，从悬崖上向下扔石头，但这些迦太基人抓到 3 个妇女，她们乱咬乱抓，所以迦太基人把她们杀了，剥下了她们的皮。至此，这支远征队食物不够，返回迦太基，把皮张也带了回去。

这个故事出自海德尔堡的一份希腊手稿，虽直到公元 1533 年才出版，但在古典世界中非常有名。许多作者都提到过，包括老普林尼，他沿着汉诺的航行路线绕着非洲到达阿拉伯半岛，他说在朱诺（指的是迦太基人的女神塔尼特，即太阳神的妻子）寺庙里罗马人见过其中的两张皮。据推测，在迦太基太阳神的寺庙里存在用迦太基语铭刻的译本。公元前 146 年，迦太基城被夷为平地。尽管其间有 400 ~ 500 年的间隔，版本在被再三复制的过程中一定经历了许多的变化，但大多数评论家都认可其中的历史内涵。丘奇和吉尔曼认定迦太基人的这次航行时间是在约公元前 520 年。

有人认为，“神的战车”就是喀麦隆山，而迦太基人杀死“gorillas”的那个地方可能就是利伯维尔所在的半岛——那些真是大猩猩，其名称由刚果习语“*ngò dìida*”（猛烈地击打自己的强壮动物）衍生为“gorilla”。对此，我表示异议。汉诺的翻译是来自阿特拉斯山山脚的利克西特斯人，不是当地人。关于“gorilla”的词源，我们需要在柏柏尔-乍得语言群中查找根源。

那么，那些被迦太基人杀死的动物是不是我们现在所称谓的大猩猩？我认为不是。据我所知，大猩猩不会爬悬崖，不会扔石头。说不定，它们属于“人类”。也可能是黑猩猩，但我更倾向于认为“gorillas”真是人类，它们的毛发可能被误读或误译了。我还记得，老普林尼写作时，迦太基语已经死亡 150 年。

但是，这并非迦太基人关于这一主题所提供的全部内容。在意大利北部普拉内斯特（现代的帕拉斯特里那）的贝尔纳迪墓（一座伊特拉斯坎人的墓）中出土了一个迦太基人的碗，碗上雕刻着一幅画，一个长毛男人似乎在向一座有城墙围住的城市扔石头，另有两个难以分辨性别的毛人向下蹲伏着，一个蜷缩着身躯，一个已被“真正的”人抓获。伯纳德·霍伊维尔曼在涉及汉诺航行讨论的历史时写得更为有趣，他提出贝尔纳迪碗上描绘的是还存活的尼安德特人（他推断那也就是汉诺所谓的“gorillas”）。当然，这就有一个问题：没有证据表明，尼安德特人在 3 万年前之后的一段时间内（即约 2.5 万年前）还存活，也没有证据表明，他们曾经居住在非洲。霍伊维尔曼引述了诸如杰贝尔·爱霍德化石，但这些是“智人”化石。

将汉诺的“gorillas”与这些生灵相关联绝对是很自然的事。一只雄性在扔石头，两只雌性屈服——可能是汉诺航行产生的民间故事。

关于迦太基人对灵长类动物知识的最后一个贡献，我们很少有人怀疑。迦太基位于巴巴利猕猴分布区的最东端，而迦太基在马格利布的殖民地正好在分布区的当中。由于他们贸易交往远而广，他们以锡换取动物和其他金属的事并非不可能。在爱尔兰北部的纳文堡发现了保存完好并确定无疑的巴巴利猕猴的头骨，所在地层的年龄是公元前 150±25 年，并与碳同位素分析所得的年代（距今 2150±70 年前）相吻合。这个头骨最可能来自迦太基。如果这只巴巴利猕猴是因为贸易交换到了这里，那么它一定是迦太基人最后一次远行贸易带来的。否则，这只猴的远行就是罗马人所做的事了。这只巴巴利猕猴到底来自迦太基还是罗马，在纳文堡很难找到其他线索。

2.3　古典时期的灵长类动物

马其顿王国的亚历山大大帝出生于公元前 356 年 7 月下旬。正当他 20 多岁的时候，他的父亲菲利普王二世被人暗杀，亚历山大继承王位。他绝不示弱，在确保得到军队的支持后，命令处决了暗杀他父亲的人以及其他可能对他的统治有潜在威胁的人，开始干起了惊天动地的事业。他征服了疆土辽阔但已颓废的波斯帝国，对早在公元前 490 年和公元前 480 年更强大的波斯帝国对希腊的侵略实施报复。他实现了目标，还做得更多。他的征服从埃及延伸到巴克特里亚（中亚古国，即现今的乌兹别克斯坦）和印度（实际上是现在巴基斯坦的大部分地区）。在这广袤的疆域上他复仇式地肆意破坏，广泛传播希腊文化。公元前 332 年在班师回朝的路上，病死于巴比伦，他死前悲叹再也不能征服更多的世界了。他死后不久，手下的将军互相争斗，帝国分裂。其中，西流基攫取了中东部分，并与印度联盟。托勒密成为了埃及的统治者，创立的托勒密王朝延续了 300 年，其最后一位“法老”是克利奥帕特拉。公元前 30 年，当罗马在亚克兴海战中击败埃及舰队时王朝覆灭，同时安东尼和克利奥帕特拉也被赶下台。

严格地讲，马其顿人的征服和随后的托勒密时期并不是埃及重新定位的开始，但或许是其象征。在地中海世界酝酿着新思想，其结果之一就是开创了一个探索的新时代，向南遍及整个非洲大陆，向东直达印度疆域。在这种时代背景下，意味着新的灵长类动物物种的发现。

1972 年，伦敦大学学院皮特里埃及考古博物馆馆长迪克森博士请我查考从塞加拉托勒密地下墓穴中出土的 16 具 “狒狒” 木乃伊中取出的头骨标本。该项研究是为了出一本书，以纪念英国著名的埃及学家沃尔特 · 布赖恩 · 埃默里（1903 ~ 1971）光辉的一生。但因编辑过世，书一直没有出版。我的工作如石沉大海，但 20 多年了还没有被忘记。突然，又有人跟我联系，阿姆斯特丹大学的埃及探险学会提供资助，主要研究塞加拉木乃伊猴。我会前往埃及参与研究吗？

真不幸，我没有去。千万别误解，我是想去但时间错不开。于是 1996 年，道格 · 布兰登 · 琼斯到访了塞加拉，除了我研究过的那 16 个头骨外，他还多研究了 169 个。

我所研究的 16 个头骨中实际上包括狒狒 12 个，长尾猴和巴巴利猕猴各 2 个。在狒狒头骨中，成年雄性 1 个、成年雌性 5 个、亚成体 4 个（3♂，1♀）、幼体 2 个。狒狒和猕猴死前的健康状况不好，几乎所有的个体都患有骨质疏松症，有些个体可见齿骨膜崩解（齿骨膜崩解通常会导致牙齿脱落）。两只长尾猴活着的时候情况要好一些，骨质疏松轻微，其中 1 只的齿骨膜也有崩解。

没有迹象表明，埃及人较早的时候就知道巴巴利猕猴。就是在这段时期，埃及人才首次向西航行，要不然就是迦太基人或努米底亚人来到埃及，使埃及人对一种新的猴木乃伊化感兴趣。可是，狒狒和长尾猴的来历也有点奇怪。

我原以为那是阿拉伯狒狒，却是棕狒狒（*P. anubis*）。现今，棕狒狒见于草原，以及从毛里塔尼亚到尼罗河的萨赫尔地区，并一直分布到埃塞俄比亚高原。绿猴属（*Chlorocebus*）的种间差别不如狒狒属（*Papio*）的种间差别大，但是从来自伦敦自然历史博物馆［当时的名称还是英国（自然历史）博物馆，的确还应该是这个名字］的材料看，我认为似乎最有可能是来自远方西部草原（沃尔特河西岸）的绿猴（*C. sabaeus*）。托勒密时期的埃及人从前述许多不同的地方获得狒狒，还可能包括长尾猴。或许到这一时期，阿拉伯狒狒已在埃及境内绝灭，但正如我们所知，托勒密曾派遣探险队沿红海远行，并在厄立特里亚捕到了大象，还发现了阿拉伯狒狒，很有可能，他们对于这些体型硕大的狒狒印象极为深刻。

道格 · 布兰登 · 琼斯除了没有发现长尾猴头骨外，发现的情况和我的大致一样：狒狒头骨 149 个，但也是棕狒狒而不是阿拉伯狒狒，还有 20 个地中海猕猴

（又称巴巴利猕猴 *Macaca sylvanus*）的头骨。

到这时，关于其他灵长类动物的消息在地中海的其他地区迅速传播。首先是在希腊，尽管希腊人不喜欢“野蛮的”马其顿人，但还得附和着，因为他们渴望学习新的东西。随后是在罗马，罗马人于公元前205年至公元前146年征服了希腊的城邦，吸纳希腊文化，使之融入罗马文化。同时，努米底亚人（现今阿尔及利亚的本土居民），在公元前206年的第二次迦太基战争期间，放弃了迦太基人的统治，归顺了罗马，所以马格利布也随之被带入了古典世界的轨道。此前，马格利布对于希腊人和罗马人来说都是一个谜。早在公元前5世纪，希罗多德——“历史学之父”（或者如某些人所谓的“撒谎之父”，不过所撒的谎非常有趣）可能报道的不完全只是幽默，他的埃及信使告诉他有关西方的怪事怪物：特别是那些被称为“troglodytes”的人，他们的头低缩在肩膀下，脚掌大得可遮阳。

实际上，在亚历山大以前，这些“新的”灵长类动物就已经被人知晓了。克尼多斯的克特西阿斯，是一个希腊人，在公元前5世纪后期是波斯朝廷的定访医生，他引述了印度的奇闻轶事，其中谈到猴具有两肘长的尾。后来的麦加斯梯尼（约公元前340～前282）事实上去了印度，他被委派为旃陀罗笈多·孔雀王朝驻塞琉西王国使节。他的原作已经丢失，但其中一些内容被其他作者引述而保留下来了，最可靠的是斯特拉博（约公元18～23）的引述，他对印度灰叶猴（长尾叶猴属 *Semnopithecus*，参看 *entellus*）的描述非常清楚：

- 这种猴比最大的狗还大，脸黑身白，不过在别处看到了相反的情况（这意味着什么？）。尾长超过2肘。很温驯，毫无恶意，既不攻击人也不偷东西。

从公元前132年阿加莎奇德斯（希腊史学家，也生于克尼多斯）时候起，几个希腊和罗马作家，以及阿加莎奇德斯本人所著的《周游红海》都提到了埃塞俄比亚的“斯芬克斯”（sphinxes）。在一篇古典论文中，灵长类学家克利夫·祖莉和考古学家皮特·阿柯很清楚地证明，“sphinx”一定是狮尾狒（*Theropithecus gelada*）。*Sphinx* 指的是雌性，雄性名字是 *sphingion*。名字的意思是扼杀者，或其原意“项链”。项链猴——多么令人满意的名字！我们不知道是不是埃及人亲自在埃塞俄比亚高原抓到了狮尾狒，也不知道是不是埃塞俄比亚当地人抓到狮尾狒后，带到红海港，让埃及人买走了。这里我想提出问题供大家讨论：吉萨狮身人面像（the Sphinx of Gîza）本身是否基于狮尾狒的特征而被模式化了，希腊神话中的“sphinx”是否与其有关？本章结束时，我试图就这方面做一推想。（起初sphinx被认为是“冉冉升起的太阳”，只是在新王国成立之后，“狮身人面像”这个名称才有。）

公元前 5 世纪由克特西阿斯所绘的生活在“普拉西依国”的一只白色长尾猴。
公元前 300 年麦加斯梯尼和约公元 200 年伊良也绘过类似的画

公元前 132 年，阿加莎奇德斯把“科普斯”（*kepos*）描绘成一只红色的猴，
这无疑是对公元前 6 世纪毕达哥拉斯所遗失作品中赤猴的描绘

阿加莎奇德斯也提到过狒狒和赤猴（*kepoi*，如果他与毕达哥拉斯指的是同一种的话：见下文），它们分别来自埃塞俄比亚和 Troglodytes 国（那时，Troglodytes 意指红海海岸，可能是厄立特里亚国）。

当然，几乎家喻户晓的新灵长类动物是巴巴利猕猴。有证据表明，它成为了一种很受欢迎的宠物。我们至少有 3 份相当好的罗马时期的遗骸——一份来自意大利的庞培，当然要追溯到公元 79 年，当时这座古城在一次火山爆发中被埋；一份来自英国贝德福德郡的邓斯泰布尔，可追溯到 2 世纪；一份来自英国约克郡的卡特瑞克堡，仅知“可能是罗马统治大不列颠时期的”遗骸。

巴巴利猕猴在古代地中海地区家喻户晓，特别是在罗马征服迦太基之后

到罗马帝国早期，有关非人灵长类动物多样性的知识的确很启迪后人。老普林尼（公元 23 ~ 79）是罗马版的好莱坞“科学狂人”。当得知维苏威火山正在大规模爆发时，他决心亲自去察看并就近研究。实在是太近了。庞培和赫库兰尼姆可怜的百姓都巴不得跑得越远越好（有些还来不及跑掉），他们碰到迎面而来的老普林尼一定感到非常的震惊。他没有活着把他所看到的这次火山爆发的情况描写出来。

老普林尼的《自然历史》出版于公元 77 年，是一部很好的著作，信息精确，观察敏锐，但容易让人受到蒙骗。在该书第 8 卷，对非人灵长类动物进行了如下描述：

- 第 30 章：“埃塞俄比亚出产大量的 sphinxes（*sphingas*），其毛色深褐，乳房胸位……”［当然是狮尾狒（geladas）?］
- 第 30 章：“……长尾猴，头黑，毛色似驴，声音别样。”［黑白疣猴?］
- 第 31 章：“改述克特西阿斯的话：奥赛安的印度人所猎杀的猴（*simias*），全身泛发白光。”［一定是印度灰叶猴?］

在第 18 章他还讨论了许多不同种类的猴（*simiarum*）：

- 形状与人最相像的各种猴，尾巴各不相同。它们非常聪明……已知有尾猴能下国际跳棋……它们残月悲，新月喜……它们疼爱幼崽，有时因抱得太紧而使幼崽窒息而死。狒狒的性情比较凶猛，萨梯（satyr）则非常温顺。具有“漂亮头发”的狨（*callitriches*，单数 *callithrix*）外表很特别：有一张胡子脸，尾基部的毛向外侧扩展。据说，这种动物只能生活在埃塞俄比亚本土，不能生活在任何其他气候区。

“埃塞俄比亚”这个名字通常被用于指代“热带非洲”，字面意思是黑脸人生活的地方。自北向南进入埃塞俄比亚最容易的路线，要么是沿尼罗河而下远至现今的苏丹首府喀土穆，然后上溯至蓝色尼罗河；要么沿红海而下，这样实际上你要先穿过热带非洲的其他地方才能到达当今真正的埃塞俄比亚境内。

已如前述，老普林尼所记述的“sphinxes”的确可能就是狮尾狒（geladas）。长尾、黑头、驴毛（难道这不意味着毛呈灰色吗?）样的猴也许是长尾黑颚猴。无论如何，希望在这份名单上出现长尾猴的字眼，也希望看到巴巴利猕猴的名字，可是名单上没有。然而，从提到的长尾猴独特的“声音”来看，有可能是黑白疣猴。无疑，狨（*callitriches*）也就是东非黑白疣猴（*Colobus guereza*），而且老普林尼至少通过两种不同的渠道听说过有关疣猴的信息，只是没有将这两种描述一并列出而已。

那么，萨梯是什么东西？萨梯是希腊神话中的半人形动物，以好色著称，但一般都有蹄和尾。所有老普林尼描述的猴都有尾，所以他描述的萨梯不可能是巴巴利猕猴（虽然巴巴利猕猴也温顺），也不可能是任何一种猿。缺乏描述，无法鉴别。

伊良（即克劳狄俄斯·埃利安，约公元170～235）步老普林尼后尘，但多衍生少辨析。虽是罗马人（生于普拉内斯特，即现今拉丁姆的帕莱斯特里那），却喜欢用希腊文写作。事实上，他不仅希腊文书写得非常好，而且所讲的阿提卡希腊语非常纯正，以至有人昵称他为“甜嘴”。他的著作《关于动物的特征》大部分是说教性的，但那些派生的内容，也包含或有意包含了好些真实材料。

- 第10卷第25章：“这条路一直通向埃塞俄比亚，越过沙漠，有一种人形狗脸的动物在那里生活。似乎靠猎杀瞪羚和羚羊生存。而且外表黑色，牙齿和头都像狗……叫声尖细。下巴垂着胡须……指甲强硬尖锐，双手强劲如匕。全身被毛……健步如飞”。

- 第30章，他进一步提到了狒狒是怎样砸开坚果，扔掉壳的。但是其中提到的 *kynoprosopoi* 也一定是狒狒——从其黑色的特征来看，有人可能猜想是东非狒狒。

在肯尼亚桑布鲁塞丽娜村舍附近暂息的一只成年雄性东非狒狒（*Papio anubis*）

- 第 15 卷第 14 章："印度人献给国王的猿，有些白色，有些深黑色。毛色略带红色的猿也喜欢挑弄妇女，印度人不会把这样的猿引进村庄，但是如果它们试图逃脱人的控制进入村庄，它们就会被人打死，因为人们痛恨它们糟蹋妇女。"[白色的当然是某种长尾叶猴，但黑色的是狮尾猴，或者白眉长臂猿？如果没错，那么它们一定是从非常遥远的荒野被带来的。红色的一定就是恒河猴。]
- 第 16 卷第 10 章："他们说，在印度的普拉西依有一种猴，具有如人一样的智慧；外观上与赫卡尼亚猎狗一样大，可见其头上有一条自然的额发……下巴上长着像萨梯一样的胡须，而尾巴则像狮子的那么长。全身都白，但头和尾端呈红色。它们头脑清醒，天性顺从……"[再次确定这是印度灰叶猴。]
- 第 16 卷第 15 章："在印度，这些动物分别被称为象、鹦鹉、斯芬克斯猿和萨梯。"[这里是否可能错误地引用了老普林尼的叙述？]

• 第 17 卷第 8 章：“毕达哥拉斯在他关于红海的著作中说，有一种动物生活在海岸，叫做科普斯（*kepos*）。其身上有多种颜色，被誉为‘花园般的动物’。其成体大小与埃雷特里亚猎狗差不多……从头、背沿脊柱向下一直到尾全为红色，不过可见少量的金黄色毛。但脸面部均呈白色，从脸面向下至颈部有一条金黄色条带。颈部以下至胸部和前脚均为白色。两个乳房呈现黑色，但腹部完全是白色的，后脚呈黑色。至于脸部的形态，如果你将其比作一张狒狒的脸保证你不会离谱”。[毕达哥拉斯的作品都没有留存至今，但他一定亲眼见过一只科普斯，伊良引述的时候一定也非常准确，因为这是对赤猴的绝妙描述！赤猴还见于北方远至努比亚一带]。

• 第 17 卷第 9 章：“有一种动物，他们称为 *Onocentaura*，任何见过其中一个个体的人都不会怀疑‘森托斯’这个种曾经存在……其脸面像人，但脸面周围毛发粗浓。脸面以下的颈部和胸部也跟人的一样，乳房膨大，乳头高耸。肩膀、上臂、前臂、手，以及自胸部向下至腰部也都与人一样。但其脊柱、胁骨、腹部和后腿却与驴的非常类似；其毛色也灰，可体侧下趋于白色。这种动物的手有两个方面的用处，一旦需要加速，就手、脚并用，四肢一起奔跑，可以跑得比其他四足动物两倍那么快。另一方面，如果需要摘取某样东西，或者要把东西放下，或者需要紧紧抓握东西时，脚也可以当手用，此时就不再步行而是坐下。这种动物的脾气暴躁。任何情况下，如果被抓，它都不肯屈服，它渴望自由，拒吃所有食物，宁可饿死。这也是毕达哥拉斯的记述，并经过了米西亚珀加蒙的克拉特斯所证实。”[克拉特斯是公元前 2 世纪的一位哲学家，他的一些作品留存至今，但关于这一记述的作品没有留传下来。Scholfield（1959：333）认为，这一定是黑猩猩。我同意他的看法。毕达哥拉斯在哪里看到过黑猩猩？在红海海岸吗？——如果是，那么就要广泛地延伸这个种的分布范围。今天，黑猩猩还可见于苏丹的南端，但是我知道没有证据能够证明有人敢于从地中海地区向南冒进这么远。]

• 第 17 卷第 25 章：“克来塔卡斯说，在印度有杂色且体形巨大的猴。在山区的数量相当多，以致菲利普的儿子亚历山大及其指挥的军队看到如此大量聚集的猴群时也感到很害怕……它们碰巧就站在你的面前。”[那时，他嘁嘁喳喳地讲述着这些猴的智慧和模仿能力；可是克来塔卡斯的作品只留下些支离碎片，普遍认为很不可靠，这里伊良似乎也要为引述了他的不实之词而感到遗憾。]

最后一个古典时期伟大的博物学家是加盖乌斯·优利乌斯·索利努斯。他于公元 3 世纪写作的《奇妙事物大全》一书被认为既是对老普林尼著作的补充，也是对彭波尼乌斯·梅拉（与老普林尼同时代的人）地理学著作的充实。其成书的大致年代可能在公元258年以前，因为该书被赠送给了时任领事阿德温吐斯。书中记述了广布于埃及、埃塞俄比亚和利比亚境内的猴群（*plebes simiarium*），还通常提到 *Cercopitheci*、*cynocephali*、*sphinges*、satyrs、*callitriches* 这些猴的模仿习性。由于中世纪的博物学者广泛引用索利努斯的权威巨著，所以当发现所有的内容几乎都是衍生而来时，会相当令人失望。

综上所述，我们能提炼出什么精华？青铜器时代和古典时期地中海地区的博物学者熟悉或知晓以下的灵长类动物：

- 长尾猴（vervet，可能是坦塔罗斯猴（*Chlorocebus tantalus*））：大约从公元前1650年起（米诺安人和埃及人的壁画、埃及人的 *kif*）；约公元前3～前1世纪（托勒密王朝时期的埃及木乃伊）。
- 阿拉伯狒狒（Hamadryas baboon，*Papio hamadryas*）：公元前3000年（埃及神 Hedjwer，Babi/Baba）；公元前2000年（埃及人的 *ian/yn*；埃及神孔苏/柯恩斯）。
- 东非狒狒（Anubis baboon，*Papio anubis*）：约公元前3～前1世纪（托勒密王朝时期的埃及木乃伊）；公元前132年（阿加莎奇德斯，*papio*）；公元77年（老普林尼，*cynocephalus*）；约公元200年（伊良，*kynoprosopos* 和 *kynokephalos*）。
- 巴巴利猕猴（Barbary macaque，*Macaca sylvanus*）：约公元前150年（北爱尔兰纳文堡）；约公元前3～前1世纪（托勒密王朝时期的埃及木乃伊）；公元2世纪（盖伦，*simia*）；公元1世纪和2世纪（罗马人的宠物）。
- 狮尾狒（Gelada，*Theropithecus gelada*）：公元前132年起（阿加莎奇德斯，*sphinx*）。
- 赤猴（Patas monkey，*Erythrocebus patas*）：公元前6世纪（毕达哥拉斯，*kepos*，被伊良引述）；可能在公元前132年（阿加莎奇德斯，*kepos*）。
- 印度灰叶猴（Indian grey lagur，*Semnopithecus* cf. *entellus*）：公元前5世纪（克特西阿斯，被老普林尼引述）；约公元前300年（麦加斯梯尼）；约公元200年（伊良，白色的 *pithekos*；普拉西依国的 *pithekos*）。
- 东非黑白疣猴（Black-and-white colobus，*Colobus guereza*）：公元77年（老普林尼，*cercopithecus* and *callithrix*）。

很可能知道：

- 恒河猴（Rhesus macaque，*Macaca mulatta*）：约公元200年（伊良，红色的 *pithekos*）。

古埃人及其贸易伙伴（包括米诺安人）知道的坦塔罗斯猴（*Chlorocebus tantalus*）

公元 77 年，老普林尼描绘的一只所谓“callithrix”的埃塞俄比亚猴，非常符合东非黑白疣猴或斗篷疣猴（*Colobus guereza*），他所说的 *cercopithecus* 也可能是基于一只这样的猴

- 黑猩猩（Chimpanzee，*Pan troglodytes*）：公元前6世纪（毕达哥拉斯，*onocentaura*，被伊良引述）。

也可能了解：

- 大猩猩（Gorilla，*Gorilla gorilla*）：公元前6世纪（汉诺）？
- 长臂猿（Hoolock，参考白眉长臂猿 *Hylobates hoolock*）：约公元200年（伊良，黑色的 *pithekos*）。

2.4 印度人所知道的

从克特西阿斯时代起，希腊和罗马的作家就写到过印度的非人灵长类动物。这通常是二手的（或更糟），如前所述，甚至还有一个作者把狮尾狒归属印度。那么，有关印度的非人灵长类动物，印度人写过什么？

就我能够找到的资料来看，相当的少。但关于猴的根本性起主导作用的文献是《罗摩传》。

这部史诗是一个瓦尔米基人写的。关于他，只知道约是公元前400～前200年的人，也有人认为还要早1000年，即约公元前1200～前1000年。其他一无所知。

阿约提亚王子——罗摩，因能拉弯神弓，唯一够格向美丽的悉妲公主求婚、并赢得了公主的青睐和婚约的人。婚礼举办期间，国王因被人迷惑而将罗摩流放14年。悉妲、罗摩的兄弟拉克什曼也和他一起被放逐。即使他父亲死后，他也没有从流放地回来，因为他需要信守自己的承诺和荣誉，必须在外待够14年。

罗摩、悉妲和拉克什曼在德干高原过着隐居生活。可是，拉克萨斯魔王雷文为了猎杀一只神鹿，骗取罗摩和拉克什曼离开悉妲。趁他哥俩不在时，雷文诱使悉妲和他一起走，结果遭到悉妲的拒绝。他将悉妲捆上马车，把她掳到他建在斯里兰卡岛上的兰卡王国。

罗摩和拉克什曼到处寻找失踪的悉妲，一直找到玛利亚山。在那里，他们遇见了瓦纳斯人的国王——猴王须里婆及其臣仆哈奴曼（印度神话中的猴神）。须里婆的妻子也被他人诱拐走了。罗摩帮助他杀死了诱拐人（须里婆的兄弟巴利或瓦利），救回了妻子。须里婆然后命令瓦纳斯人分散到各处去寻找悉妲。

哈奴曼跨海来到岛上，几次冒险后发现了悉妲被囚禁的地方。他靠聪明才智摆脱了雷文的手下，向悉妲表明自己的身份，悉妲剪下一绺头发让他带回给罗摩。雷文得到通报，哈奴曼来到了兰卡，但现在跑掉了。于是，雷文招募了一支拉克萨斯军队，严加警备。而哈奴曼指示瓦纳斯人在印度和斯里兰卡之间筑建堤道（当今只在列岛上还可见残堤），借助堤道进攻雷文。起初他们被打了回来，而后他们重整旗鼓，罗摩和拉克什曼受了伤，伤好后继续战斗。雷文施展魔法，罗摩得到神助，他骑伏在哈奴曼的肩上，一箭射死雷文，救出了悉妲。

哈奴曼一直被想象成一只叶猴，因此印度灰叶猴的别名是“哈奴曼猴”。但还不是那么简单。在艺术上，它被表现为长尾白猴，最像叶猴，可其脸部特征更像猕猴——苍白，有上唇裂。许多猕猴（包括两种普通的印度猕猴——恒河猴和帽猴）都有点唇裂，唇裂上方就是下凹的人中，薄而向下延伸的鼻中隔也融入人中。须里婆和瓦利的艺术形象比较少见，在石雕和浮雕上的样子似乎还更像猕猴，但非常程式化。换句话说，哈奴曼和其他形象都是概念性的，而不是真实的猴。但鉴于《罗摩传》的鼎鼎名声，这些故事源远流长，在印度教中猴具有特殊的半神化形象。

摄于印度拉贾斯坦邦城垒的哈奴曼叶猴及其幼体

印度之外，印度教的另一个存活中心是巴厘岛。这里只有一种叶猴，即栖息于森林深处的乌叶猴（*Trachypithecus auratus*）。乌叶猴不像印度的长尾叶猴那样常在田野和村庄间游荡。可是，巴厘岛上猕猴很多，因此可直率地说，哈奴曼是一只猕猴。别具一格的巴厘舞蹈“克查克舞”展现了《罗摩传》中的故事，罗摩英俊潇洒，悉妲貌若天仙，而雷文那（这里的人这样称呼他）翻白眼，撇着邪恶的小胡子，可一大群表演者的装束打扮是猕猴模样。他们成半圆形坐着，喋喋不休吟诵着催眠般的曲调，音调忽高忽低，节奏忽快忽慢，摆手摇身，步调和舞姿随着剧情不断演变。

2.5 学名含义溯源

查看古典和前古典时期地中海地区的文献，其中部分兴趣是：不仅可以查明古代地中海人的分布及他们所知晓的物种，而且还可以追溯我们至今仍在使用的一些名称，大多数用作学名或至少是学名的一部分。在希腊文和拉丁文中，我们发现反复使用的普通名称是 *simia* 和 *pithekos*。

（1）就我所知，*simia* 仅见于拉丁文中，但它源于希腊词 σιμoς，用拉丁文转译为 *simus*，意思是塌鼻的或鼻子扁平的。我们先前已见，它可以指任何一种猴，但当其被指定为某一种特定的猴时，就专指巴巴利猕猴。

（2）*Pithekos* 可见于希腊文和拉丁文中，其希腊词型为 πιθηκος，拉丁化为 *pithecus*。它似乎指向一种长尾猴。词型有时被特化为 κερκοπιθηκος = *kerkopithekos* = *cercopithecus*（由 κερκος = tail + πιθηκος合并而来）。这个名称的起源模糊。我请教了约翰·嘉姆伯博士，他是意大利卡拉布利亚大学的一位语言学家。他的一个建议是，该词源于印欧语系的一个词干 *bhoi-*，*bhi-*，本意为“可怕的”、“恐吓”或“有点吓人”。可是，他认为更可能是原始柏柏尔-乍得语的重组型 BD 或 BDW，公元前 2800 ~ 前 2500 年，在印欧语中其被翻译为 *bhidh-*。当时的印欧语中通常不允许在同一个音节中出现两个送气塞音，……会在其间插入一个高音。在我看来，像这么一个基本的词源解读似乎比牵强附会的“可怕的”描述更为合理：长尾黑颚猴在任何情况下都不特别让人害怕。

但在希腊文和拉丁文的记录中，还有其他重要的名称：

（3）*Kepos*（κηπος），也即 κηβος（*kebos*，拉丁化为 *cebus*）和 κηφος（*kephos*，拉丁化为 *cephus*），除了特指赤猴外，似乎从来没有指向其他猴。伊良的流俗词源学指其为“花园猴”，简直是胡说。*Kepos* 无疑源于埃及词 *kif*（我再次感谢约翰·嘉姆伯和我讨论这个问题）。

（4）*Kynokephalos* 在希腊文中以 κυνοκεφαλος的形式出现，其拉丁化的词型为 *cynocephalus*，意指狒狒，字面意思是“狗头”（κυνο，κυν-=dog，κεφαλος=head）。*Kynoprosopos* 的意思也大致一样。

（5）*Papio*，是对狒狒更为世俗的称呼，大概衍生于古代王国中恐怖的巴比或巴巴。

（6）*Callithrix*，意思是“美丽的头发”（καλλι- = beautiful，θριξ，τριχος = hair）。

（7）*Sphinx*，见下述。

（8）*Gorilla*，这是最后也是最为重要的一个词。

2.6　收场故事：俄狄浦斯（*Oedipus*）和斯芬克斯

古希腊底比斯的拉伊俄斯王得到一个神谕，他将有一个儿子，这个儿子会杀死他。真巧，他的妻子伊俄卡斯特怀孕了。她生下一个坏男婴，拉伊俄斯命人把他的脚钉上钉子，将其丢弃在远处的山腰。但是，具体去执行这项命令的仆人起了怜悯之心，将其送给了一个科林斯牧羊人收养。牧羊人转而告诉科林斯王，科林斯王领养了这个孩子，给他取名为俄狄浦斯（*Oidipous* = swollen-footed，意为“脚肿之人”）。

俄狄浦斯如期长大成人后，专程去（希腊古都）特尔斐拜见圣谕师，请求告诫前途。圣谕师告诉他，他将会凶杀他的父亲，娶他的母亲为妻。他感到震惊，决意要避免命运。他决定不回科林斯，独自游荡，来到底比斯附近。在一条峭壁小径上，他碰上了来自埃塞俄比亚的一个女魔斯芬克斯（Sphinx）。她在此专门截拦来往之人，让他们猜谜语。当来人（不可避免地）猜不出谜语时，她会无一例外地将其撕成碎片吃掉。

这个谜语有两个版本：

（1）什么动物早晨 4 条腿，中午 2 条腿，傍晚 3 条腿？

（2）什么动物有 4 条、2 条和 3 条腿，腿最多的时候也是最弱小的时候？

俄狄浦斯回答：“那是一个人。婴儿时，四肢爬。然后站起来。年老了，要拄根拐杖支撑身体。”

之前，从来没有一个人解开此谜。斯芬克斯绝望地尖叫一声，投身悬崖。

朝底比斯方向再往前走一点，俄狄浦斯在路上碰上了一辆四轮马车。车上一个老人狂怒地命令他不要挡道，当时俄狄浦斯行动太慢，他就用棍子打。俄狄浦斯出于防卫，反击他，因用力过猛而将其打死。赶马车的仆人恐惧地跑掉了。

当俄狄浦斯快到底比斯时，路上欢欣鼓舞的人群迎了上来。不知怎么他们都知道俄狄浦斯使他们摆脱斯芬克斯蹂躏的消息。他们得意洋洋地蜂拥着他进了城里。由于不受欢迎的国王拉伊俄斯，膝下无儿无女，刚刚遭到一帮强盗伏击而命归西天，人们便拥戴俄狄浦斯成为他们新的国王，娶王后伊俄卡斯特为妻。

俄狄浦斯励精图治许多年。他和伊俄卡斯特生育了两儿两女。然后一场瘟疫降临这座城市。城中长老向一位先知请教，先知告诉他们要驱逐拉伊俄斯的谋杀者方可免灾。俄狄浦斯命令把所有的王宫仆人带到他的面前，他要亲自审问。结果他发现，拉伊俄斯不是被一帮强盗而是被一个人杀死的，那个人就是他自己。拉伊俄斯和伊俄卡斯特唯一的孩子并没有死，而是被送给了一个科林斯牧羊人。他就是那个孩子。

俄狄浦斯完成了他的宿命。他杀死了自己的父亲，娶了自己的母亲。在极度痛苦中，他挖掉了自己的眼睛，离开了这座城市，身边仅有他的女儿安蒂冈妮陪伴。多年流浪之后，他接受了雅典一个避难所的收容，在那里安度晚年，很老才死。

所有希腊神话中这个最令人震惊的故事在历史长河中已经产生共鸣：一个人不能逃脱自己的命运，但这个命运又似乎是不公平的。值得注意的是，弗洛伊德将其作为人类心境的一个比喻：恋母情结——一个男孩反叛父亲，眷恋母亲，寻求与母亲一样的伴侣。[有趣的是（不过是否有意义，我留给他人判断），与此相对应的还有一个女性版本——恋父情结，说的是一个名叫埃勒克特拉的女人，为了替父亲报仇，她怂恿并协助他人谋杀了她的母亲。所不同的是，埃勒克特拉有一个选择，而俄狄浦斯别无选择。]

弗洛伊德至少当初没有使用斯芬克斯的谜语（据说是他的一个学生给他指出来的）。但那是这个故事中最重要的部分，难道不是吗？其答案不仅仅“那是一个人”，而且还意味着“那是我”。在解开谜底的刹那，俄狄浦斯已经认识到了人的命运。但只有现在，他才得以继续履行自己的使命。

如果斯芬克斯始终是一只猴，那么就要多一份辛酸。人类遇到了这种近于人道、近乎自我的危机，它迫使人类首次明确阐明了自己的人性。只有与我们关系最亲近的非人亲戚面对面地在一起时，我们才能充分地认识到人类的本性，这就是我们这个时代的一则寓言。

第 3 章　灵长类动物的复兴时代

中世纪欧洲的那些“善于模仿之人”是怎样加入动物王国的？格斯纳描述了山魈，布鲁盖尔描绘了白眉猴，但托普塞又回溯古典。猿进入了欧洲人的意识：德波特、泰森、杜普所述及的那些是动物还是人？“orang utan”这个名字以不同的形式进入欧洲人的灵魂，它究竟是指什么，博物学者虽困惑难解，但至少已不再指向“俾格米”猿。

《厄比纳尔词典》是一部以字母顺序编排的词典，约公元 700 年编写于英国，但我们知道，它源于保存在法国厄比纳尔镇图书馆的一个版本，1882 ~ 1901 年，经临摹后以“爱尔福特版”的形式出版了第一版。该词典汇集了 3000 多个（原版显然有近 4000 个）拉丁词及其古英语（盎格鲁-撒克逊）对照。

“*Phithecus*，apa”，是以后演变为“ape”的最早已知形态。

Apan（*apa* 的复数形式）变成 *apen*，约在 1350 年时最后演变为“*apes*”。

“威廉”是法式浪漫诗作《巴勒纳之威廉》的译者，他写道：

“我原以为，洞口中会来野熊、猿、野猪、公牛、獾及许多其他野兽……”

在约公元 1200 年创作的法国原著中没有猿的影子，实际上公牛和獾也没有出现。在法语版本中，光顾洞穴的兽形动物仅有熊、狼和野猪。所以，把猿也牵扯进来，是译者自由发挥想象的结果——特别是当故事正在意大利发生的时候。

可是，大多数中世纪的欧洲人都不再对猿有特别的兴趣，或者由于自身的原因对动物一般也不感兴趣，而普遍把动物当作了结的一种手段。那时，基督教、犹太教、伊斯兰教与哲学紧紧地纠缠在一起，远远超过今天所能承认的事实。至少在伊斯兰国家，对待动物全然有同样的态度，并广为流传。动物是为宗教服务的：它们是善与恶的象征。从野生动物身上，基督徒或穆斯林可以学会怎样作为和怎样不作为：“懒惰之人哪，瞧瞧蚂蚁的行径和动作，就该知道怎么做……”

3.1　动物寓言之艺术

所有的动物寓言都源于《生理学》一书。该书用希腊语写成，作者是一位不知名的基督教徒，成书于亚历山大时期的二、三或四世纪。约公元 400 年，被译成拉丁文，之后被译成德文、法文、阿拉伯文等 10 种或 12 种其他文字。尽管这些不同文字的版本与原著的关系并不清楚，但它们至今仍有生命力。在英文版中，猿代表空虚、贪婪和好色，但也以其很强的模仿能力著称，单词 aping 便由此而来。

继《生理学》之后，每位继承者都要引用的寓言书是塞维利亚人伊西多尔所著的《关于动物的词汇》。圣 · 伊西多尔（公元 560 ~ 636 年）当了 37 年塞维利亚的主教，是一位很有学问的作家、哲学家和小学生的庇护人，关于他的情况今天我们只能通过电脑、网络得以了解。《关于动物的词汇》是他的《词源》系列著作中的第 12 卷。人们高度推崇这套丛书，反复编印出版，至少直到文艺复兴。其编印资料来源很广，但最重要的是老普林尼、索林诺斯的著作，以及《生理学》。以下是他在《关于动物的词汇》第 30 ~ 33 章中对猿的记述：

- Ape 这个名字源于希腊词，意为“扁平鼻”。为什么我们也称为 *simiae*，因为猿不仅长着像山羊一样的扁平鼻，而且满脸皱纹，脸面丑恶可怕。也有人认为，*simiae* 是拉丁词，因为猿与人极为相似。但这是不对的。

这是很好的开端，含蓄地批评了古典时期和中世纪盛行的对流俗词源的肤浅狂热，但可悲的是看到他又回归到了对索林诺斯已经衍生的神话故事的完全翻版：

- 它们理解天体：新月使它们高兴，月盈和月亏时它们会感到悲伤。母猿生双胎，把喜欢的一个抱在胸前，不喜欢的一个就让它在地上乱跑。有 5 种。其中，猴具有尾巴，有人称这些有尾猴为“*clura*”。斯芬克斯有鬃毛，乳头隆突，温顺，易于驯化。鼯猴与猴类似，但有一张狗脸，这也是其名称的由来。萨梯的样子讨人喜欢，动作敏捷，善用体态。狨几乎在各方面都与众不同，特别是胡须长而尾巴宽。

似乎在伊西多尔时代，甚至是在《生理学》出版之前，人们对所有猴（除了巴巴利猴以外）的知识纯属传闻，因为“猿”总是被描绘成无尾的。在《生理学》中，尾的缺乏是不干净的象征（因为根据《圣经 · 利未记》记载，动物身上有多余的部分或缺少某个部分都不能用作祭品），也意味着是介于人与动物之间的一种生物，所以用列维-斯特劳斯的术语表述，就是违反了结构对立原理。根据 12 世纪的一则寓言，魔鬼本身因为其虚伪和背叛而失去了尾巴，由此还编造出了猿与魔鬼的另外一种联系，魔鬼随后经常被称作 *Simia Dei*——上帝之猿（即上帝的模仿者）。然而，虽然随着时间的推移，欧洲人更多地熟悉了“猿”，但更难以把猿看作是纯粹的恶魔，而是如詹森所解释的：人们更多转变为这样一种态度："你瞧，那只是上帝所赐给的恩惠……"

出生于宾根的希尔德加德（1098～1179）是一位引人注目的女修道院院士，当时她以作曲家、戏剧家、治病术士、神学者和幻想家闻名。她经历过看见发光体和壁垒时的持续痛苦，她认为可能是看到了超自然的东西，但更可能是那些东西导致偏头痛。她用同样的性情也写到了猿：既不像人，也不像动物，（因此）没有药用价值。值得注意的是，她知道雌猿有月经周期，可是并不清楚，她是怎样（大概是从古典时期作家的不实版本中）推断出这一事实的：也许这正是源于这位折中主义女性非凡心智的又一个深刻见解。

有点神秘色彩的英国人巴塞洛缪，是一位天主教方济会修士，约 1240 年完成了一本受欢迎、有影响的百科全书，名为《关于事物的性质》。其中，他为动物寓言和世界上的其他影像设置了基调，影响长达几百年。在 1398 年由约翰·特雷维索翻译的首本英译本中，可以看到这样一个句子：

- 某些动物被创造出来，是为了供人类娱乐，如猿、狨和鹦鹉。

1582 年，斯蒂芬·巴特曼翻译了巴塞洛缪的最后一本英译本，虽然他是一个清教徒，但能够声称巴塞洛缪像他一样具有"英国人"的特质（即使巴塞洛缪可能是德国人），并加上旁注："猴–狒–狨"。

狨？无论 16 世纪中叶时的巴特曼知道什么，但 13 世纪中叶时的巴塞洛缪显然不可能知道任何的新世纪猴！事实上，这个术语被用乱了（像个滴水嘴，到处都可以用），因此在各种中世纪的作品中，任何怪异的人物（如一个丑陋的小男孩）都可能是拉丁词 *marmor*（即大理石 marble）的爱称（即一个小巧的大理石式的人物）。

如果说在中世纪"自然哲学"的作品中，巴塞洛缪的著作最受欢迎和影响最为深远，那么 1260 年由阿尔伯特·马格努斯或圣·大阿尔伯特（1200～1280）撰写的著作《动物奇谈》就最有原创性。*Symia*（原文如此）这一章包含了摘自巴塞洛缪及另一位出生于康提姆甫拉的同时代动物寓言作家托马斯的内容，但也兼有他自己的观察和错误。猿是"像人一样的动物"，但还不是人，因为他们缺乏理性：不过他们比畜生要稍好一些，模模糊糊有点人样，因为他们的手灵巧，无尾，耳朵不能动，有想象力，能感觉事物的价值。这一论述相当精辟。可是当他列举各种猿的时候，显得相当让人失望。据说，*Spinga*（原文如此，即意指 the sphinx）也被称为 *cythosica* 和 *mamonetus*：第一个词可能是对 *Cercopithecus*（长尾猴）的篡改，但第二个词反映他熟悉阿拉伯著作，它显然是阿拉伯词 *maimon*

(狒狒) 的拉丁化写法。他提到“埃塞俄比亚猿”，但是没有提到其名称 *callithrix* (狨)。他所称呼的一种猿“*pilosa*”，可能就是伊良的“*onocentaura*”。狒狒是像狗一样的猴。他还写到 Pygmies（俾格米）。有关俾格米的事，我们会在后面讲到。

在哲学家和神学家用“apes”进行说教的同时，他们另一方面的观点也在获得支持。大约 1175 ~ 1250 年，法国出版了寓言丛书《列那狐传奇》。威廉·卡克斯顿于 1481 年印刷了一个英文版《列那狐史记》。列那狐的故事在整个西欧家喻户晓，或许是因为人们对教会和贵族缺乏慈悲、残酷无情的嘲讽所至。故事中有几个角色是猿，包括列那的叔叔马丁，马丁是教主的一个办事员。有趣的是，马丁有一个儿子，名叫 Moncke 或 Moneke（德文）或法文（Monnequin），尽管这个角色在英文版中没有出现过，但这些称呼可能是“monkey”一词的起源。虽然“monkey”也可能是由“mannekin”（“man”的爱称）衍生而来，但一般认为这些单词是古西班牙词 *mona*（“ape”）的爱称。“monkey”一词直到 16 世纪早期才出现在书面英语中。

1366 年，《约翰·曼德维尔先生之游记》出版，书中描绘了一个穆西豪森式的人物，他在朝圣路上历经异国他乡，遇见了寓言中的怪兽和传说中的人。在第 22 章中，他描述了峒顿岛，岛上生活着吃人者，其王统治着附近的岛屿，这些岛上住着巨人族，巨人族人的上嘴唇宽大，可用于遮阳，脚呈马蹄形，住在用羽毛装饰的树屋上。其中，一个小岛上有一座城市，住着一些基督教徒，在一个大修道院的花园里生活着狒狒、猿、狨和其他各种各样的野兽，僧人每天都给它们喂食。另一个小岛上有俾格米……

猿形象可怕，象征邪恶，擅长模仿，代表嘲讽和怪异。但至少在神学方面，它们主要还是被当作撒旦的象征，直到很晚这种状态才有所改变。“教皇不是上帝的影像，而是上帝之猿”，马丁·路德在《反对天主教》（1535）中这样写道。后来在 1566 年出版的《席间漫谈》中他又说：“蛇和猿比其他任何动物都更屈从于恶魔，恶魔占据着它们的身躯，利用它们欺骗和伤害善良的人。”威廉·罗珀在他的《圣托马斯·莫尔之生活》中写道：“任何作恶多端及制作诱惑陷阱的人都将会发现自己更像是一只猿”。

3.2 走进猴群时代

然后，逐渐地进入了文艺复兴时期，欧洲世界眼界大开。欧洲没有龙出现，但有真正的人、真实的生命和活生生的动物。在新世界（New World，指西半球或南、北美洲及其附近岛屿）里，有着不同的动物，而恰恰是这些截然不同的动物的存在惹来了麻烦，因为他们要把这些物种放进诺亚方舟，而诺亚方舟上根本就没有这些种的概念。

怪异的是，有尾猴到达欧洲第一次给欧洲人以暗示：令人惬意的动物寓言世界与现实世界并不能很好地吻合。意大利雕刻家和微型图画画家乔瓦尼诺·德格拉西（因设计米兰大教堂而闻名）于14世纪90年代创作了许多动物彩画，其中包括被标注为“*Simia*”的巴巴利猕猴，以及那幅一定是欧洲最早的有尾猴画像。这只有尾猴上身淡黄褐色，下身色浅，脸黑，眉毛白色，眉缘的眉毛和腮须都向后伸长，长而粗硬，我看它像一只绿猴（*Chlorocebus sabaeus*）。对巴巴利猕猴相当不切实际的勾画与对有尾猴的仔细观察和刻意描绘形成了鲜明的对比：显然，在画 *Simia* 时，德格拉西凭借的是记忆或者依据着别人的描述。但是当他画这只有尾猴（其腰部似乎套着一个环圈）时，猴就在他面前，只是图画得小，对鉴定有某些影响。于是，欧洲人开始了从撒哈拉沙漠以南的非洲地区获取猴子——可他们是怎样获得的？直到1434年，当葡萄牙人远航至博哈多尔角，第一个欧洲航海家才到达非洲南部区域。撒哈拉沙漠以南的猴最有可能是通过马格利布经由陆路长途跋涉被人带到欧洲。在14世纪的时候，伊斯兰教和基督教的关系不总是敌对的，北非的伊斯兰国家已稳固确立一条专用于黄金贸易的横跨撒哈拉沙漠的大篷车道。马里帝国操控着这条黄金大道，积累了巨大的财富。1324年，马里皇帝曼萨·穆萨在去麦加朝圣的路上，在开罗歇息的短暂时间内向周围分发了许多黄金，给当地的居民留下了难忘的印象，或许给碰巧在那里的欧洲贸易者也留下了永久的记忆。因为，欧洲国家黄金相当短缺，它们与马格利布贸易联系的升级是解决黄金紧缺的明显办法。显然，西非国家的其他产品也随着黄金到达了地中海海岸。这可能非常有助于解释为什么到达非洲的是这些热带草原或荒漠草原的物种，而不是西非雨林的物种。无论如何，从那时候起，有尾猴涌入，在欧洲艺术中完全地取代了巴巴利猕猴。

安东尼奥·皮萨诺（1394～1455），以“皮萨内罗”之名著称，他画了一系列有关猴的黑白素描，画得非常准确，与德格拉西的画很难区分。他也画过绿猴，但其中的两幅特别有趣。左下方的一幅是猴站着时的形象，表现了猴的深胸细腰，颜色相当暗，而下体、腿和面颊相对苍白（白色?）。是不是赤猴？右下方是一只坐着的猴，吻部苍白，上脸面黑色，一条粗黑线向后伸至太阳穴，将苍白色的面颊与苍白色的眉毛隔开。这是莫娜猴群的模式特征，这只猴可能是坎贝尔长尾猴（*Cercopithecus campbelli*）。葡萄牙人于1446年到达有坎贝尔所谓的莫娜

约 1390 年由乔瓦尼诺 · 德格拉西所描绘的第一幅已知的绿猴画

葡萄牙人到访西非以后，绿猴（*Chlorocebus sabaeus*）为大家所熟知

长尾猴分布的冈比亚。因此，皮萨内罗的标本可能是通过这条新的路线获得的，他画的赤猴同样可能是真实的，赤猴被携带在横跨撒哈拉沙漠的大篷车上，似乎显得太大，过于喧闹与张扬。

收藏于法国巴黎罗浮宫/吉拉尔东/布里奇曼艺术馆的坎贝尔所谓的莫娜猴画。此处是从黑白照片截取的部分画面，原画为安东尼奥 · 皮萨内罗（1394 ~ 1455 年）笔墨清绘的“六只猴和一条鲟鱼”

坎贝尔长尾猴在葡萄牙人探险以后同样被欧洲人熟知

稍后一点，大画家阿尔布雷希特·丢勒（1471～1528）也描绘了几种猴。丢勒晚年蚀刻了一些平庸的“通用型”有尾猴。他记述，1520 年他在荷兰亲自买了两只小猴，但显然不久以后都死了，因为他自己承认，那时他已记不清猴子是什么样子的。但在职业生涯的早期，大概是 1498 年，他雕刻了《圣母玛利亚和猴》，以及油画《12 岁的耶稣上殿堂》。像他晚年的蚀刻一样，他对这些猴的描绘相当令人失望。这些猴虽然也像长尾猴，但被理想化了，事实上其艳丽的眼眉和白色的眼线是不合实际的。这些画像显然是寓言式的。猴还被用作邪恶、下流和引诱的象征，被锁在玛利亚脚下的猴就是一个例证，在令人感到无聊的殿堂里的那只猴又是另一方面的例证。

阿尔布雷希特·丢勒（1471～1528）绘制的油画——《12 岁的耶稣上殿堂》。作品收藏于德国德雷斯顿历代大师画廊/德雷斯顿国立美术馆/布里奇曼艺术馆

可是，在大约20年以后，丢勒所做的一项工作弥补了这个无法令人满足的中世纪主义精神的不足。1512～1519年，他住在纽伦堡，大部分时间是在神圣罗马帝国皇帝马克西米利安一世的身边工作，那时他为皇帝的祈祷书做边缘蚀刻。就我所知，其中的蚀刻之一就是一只新世界猴在欧洲的最早代表。

描绘在德国马克西米利安一世皇帝（1459～1519）凯旋门前的黄头狨：门柱基上精细地描绘了一幅浮雕，一个男性手里分别拿着一杆旗和一件加冕盾形纹章。这是由阿尔布雷希特·丢勒于1517/1518年所作的木版画，收藏于布里奇曼艺术馆，也有私人收藏

那是一只狨，其腰部缠着一根细绳，坐在一根细弯的树枝上。体色暗，尾有环纹。耳无簇毛或耳外露。整个头部呈苍白色。这只黄头狨（*Callithrix flaviceps*）来自里约热内卢后面的高原，也许还没有成熟，因为耳部毛丛还不显眼。就在稍后一些时候（1517 或 1518），在一幅题为德国马克西米利安一世凯旋门的木版画上有该狨更为程式化的版本。

葡萄牙人对巴西东南部的考察使得黄头狨（*Callithrix flaviceps*）
在 16 世纪的西欧普遍被养作宠物

继哥伦布对南美洲的早期航行之后，欧洲人对南美的征服艰难跟进。当葡萄牙航海家乘着大型双桅杆轻快帆船开始探索西非海岸的时候，返回途中漂荡在大西洋里，他们往往会抓住时机，靠西南风把他们带回里斯本。1500 年，佩德罗·卡布拉尔在其返回途中一直被迫向西等待西南风，因偏离得太远只得在现今波尔图塞古罗港登陆，就这样他发现了巴西。随后的 1503 ~ 1504 年，法国船也到达了那里。从那时起一直到 1533 年葡萄牙人在圣保罗建立了第一个永久性的圣维森特殖民地，期间法国人和葡萄牙人经常光顾巴西海岸地区。马克西米利安的狨显然就是在其中的一次航行中被带回欧洲的。由于马克西米利安的母亲是葡萄牙的埃利亚人，他一生中致力于从各方面挫败法国人对葡萄牙的领土野心。可能是葡萄牙人航海期间把这只狨带回，送给了他。葡萄牙国王以前已经把一头非洲象送给了他，之后，送一只新世界的狨给他，只是锦上添花。

小汉斯·荷尔拜因（1497 ~ 1543 年）在一幅名为“贵族青年和狨”的油画上也描绘了这种猴。整张画因完全曝露在阳光下而有些褪色，但狨的鉴别特征是

怀抱狨的男孩。其中，狨当然是黄头狨（*Callithrix flaviceps*），该男孩有时被人认为是后来的爱德华六世，但此画的绘制年代太早（约1532~1536）。这是汉斯·荷尔拜因用笔墨和水墨在蓝色背景下绘制的彩画（巴塞尔美术馆收藏，目录号1823.139）

清楚的，头部苍白，水洗般的耳部褐色毛丛这次很明显。画中贵族青年的身份不太清楚：传统上，他被当作是威尔士王子——爱德华（即后来的爱德华王六世），但现在认为这是不对的。

文艺复兴时期最伟大的佛兰德艺术大师是老彼得·布鲁哲尔（1525~1569），在他所有的文艺复兴时期有关猴的油画中，最辉煌的是他于1562年创作的《两只猴》。两只红帽白眉猴（*Cercocebus torquatus*）头顶的红色帽状毛丛，以及面颊和"颈圈"的白毛区被描绘得相当完美，其中面朝我们的那一只——黑脸上方的白眼皮引人注目。它们坐在一扇敞开的宽石窗台上，被链锁着连在一个铁环上，透过这扇窗户可以看到安特卫普港的景观。在灵长类学上，这告诉我们，葡萄牙人从西非带回的物品中包括了热带雨林猴。到 1472 年时，他们已到过尼日尔三角洲，与红帽白眉猴的分布区完全吻合。到 1475 年，他们沿加蓬海岸推进。从艺术上来看，画中含义深刻。油画的主题是令人绝望的，世界在持续地向外部拓展，而猴却只能郁闷地坐在这里，不能加入，它们被定罪于此，整天面对的是硬石板和碎果壳！

两只被链锁住的猴子——红帽白眉猴。这是由老皮特 · 布鲁盖尔于 1562 年在橡木面板上创作的一幅油画，收藏于柏林国家博物馆/普鲁士文化珍藏档案馆

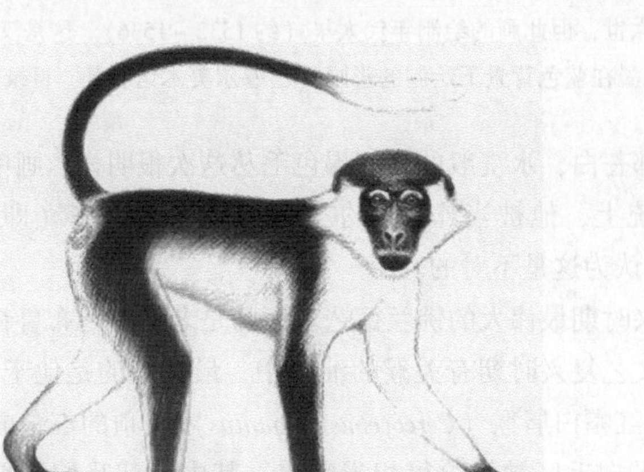

欧洲人远至西非之后，进一步到达了比夫拉湾附近的一些国家，并发现了红帽白眉猴（*Cercocebus torquatus*）

老彼得的儿子扬（1568～1625）于 1612 年创作了一幅油画《伊甸园》。或许，为了暗示中世纪时期人们看待世界的方式已今非昔比，亚当和夏娃远在背景中。有趣的是，动物处于最显著的位置。其中，有两只易于识别的坎贝尔长尾猴。

16 世纪，关于猿、猴的其他报告开始渗入欧洲。对冈比亚、塞拉利昂、尼日利亚和刚果境内那些像人一样的黑猿的报道特别激发人们的兴趣。马达加斯加首位法裔省长艾蒂安·德弗拉柯（1607～1660）于 1658 年描述和描绘了一些怪异的灵长类动物，分别称为 *varicossy*、*vary*、*sifac*、*tsitsihi* 等，甚至在此之前，几位航海家已经带回了有关狐猴的故事。德国探险家格奥尔格·马可格雷夫到过巴西和西非，他于 1648 年出版了《巴西的自然历史》，书中描绘了产于巴西的猴（附带描绘了产于西非的猴）。所以，当 16 世纪转入 17 世纪时，古老的臆想让位于新的思维方式，自然世界正变得越发有趣，自然界本身已不再是宗教宣言的那一套。

3.3 过渡期：格斯纳所描绘的猿猴世界

跨越新旧鸿沟的康拉德·格斯纳（1516～1565），是瑞士一位由药剂师转行的自然哲学家。他的《动物志》于 1551～1558 年以几种语言出版了好几卷。第一卷的标题为“胎生四足类动物”，或者德语标题“兽类”，虽然书中还有对其所描述动物的价值的评判，仍在迎合古典时期的博物学家，但他已经与整个欧洲的自然科学家相当了，所以书中能够包含许多新的信息。

格斯纳在他的《兽类》（这是我能够查阅到细节的版本）中，以关于“Simia. Ein Aff”这一章节开始，并插入了一张色彩不太好的巴巴利猕猴的素描图。然后可依次查阅到：

- “Cercopithecus. Meerkatz”。配有比较清晰的图片，相当令人吃惊的是，这似乎最像赤腹长尾猴（*Cercopithecus erythrogaster pococki*），下体和喉部白色，鼻子、前额和面颊浅黄褐色，面颊被一条黑色条纹斜分。他似乎认为这种猴主要产于印度，但在“默恩兰德”（毛里塔尼亚——可能意指所有西非地区）有一种猴的头是黑色的。
- “Cepus. Blumenaff”。对于该种，他引用了斯特拉博的说法，认为产于埃塞俄比亚。
- “Callitriches. Bartschwänzer”。引自老普林尼。

格斯纳于16世纪50年代出版的《兽类》一书所描绘的肯定是一只白喉长尾猴

在历史上的某个时候到达欧洲的这种产于西非的猴显然是白喉长尾猴

（又称赤腹长尾猴）（*Cercopithecus erythrogaster pococki*）

- “Simia Prasiana. Indianischen Munaff”。引自斯特拉博和麦加斯梯尼。
- “Von den Baaben，Babwynen oder Strobelkopffen”。我向安吉拉·梅德咨询了有关格斯纳的古德语和哥特式手写体，认为最后一个单词“Strobelkopffen”可能相当于现代德语单词“Strübbelköpfe”，意思是“头发蓬乱”。我们得知，它们生活在埃塞俄比亚、毛里塔尼亚、鞑靼和菲律宾。这部分内容较少，配有一幅插图，插图上有一种直立的人形动物用一根棍子支撑着身体，满头长发散乱，乳房小而下垂，脚趾大而各异，具尾。实际上，这是一本《圣地漫游》里面的一个镜像。该书出版于1486年，作者是美因茨大教堂的教士伯恩哈德·冯·布雷登巴赫（1440～1497），记述的是他本人去圣地朝圣的经历。布雷登巴赫的同伴——一位名叫艾哈德·罗伊维奇的荷兰艺术家以油画的形式描绘了一些场景，该书中插入的木刻画就是基于这些油画刻制的。格斯纳复制的这幅木刻画实际上是一幅阿拉伯狒狒的画像（他们在埃及见过这种狒狒），一只手拿着一根棍，另一只手用一条皮带牵着一头骆驼！或许，这不完全是布雷登巴赫和罗伊维奇实际观察到的这种动物的情况，我们不知道罗伊维奇是否认可雕刻师对他的画所做的处理。

- “Cynocephalus. Hundskopff”。当然，这是指狒狒。
- “Satyrus. Geyssmännleinen”。安吉拉·梅德（几乎和我一样感到困惑不解）认为：“这是一类幽灵般的小个子人。”格斯纳推测，某些古典时期的作家描述时，说它们生活的地方周围都是海洋，可能指的是爪哇。老普林尼认为是印度山区，也可能生活在土耳其斯坦、巴巴利，以及离佛得角不远的马里塔尼亚，当然还包括希腊，普遍认为是在图林根一带。的确，那时异国他乡的动物分布范围很广。
- “Pilosus. Rauch Waldmälein”。“森林中毛发蓬松的小个子人”。伊良说，它们生活在印度，而阿尔伯特说生活在萨克森。
- “Von dem Forstteufel”。森林魔鬼，被描绘成四足型恶魔，耳朵长，胡须前伸。格斯纳说，这个种再也看不到了。
- “Sphinx. Jungfrauwaff” ［意思是“处女猴”——*Jungfrauw*+*aff*（旧时拼法），而不是*Jungfrau*=*waffen*，意为“处女之武器”］。

除了被称为“Simivulpa. Fuchsaff”的古怪杂种（看起来像一只在西班牙捕获的短尾狐）以外，就所涉及的灵长类动物（不包括那些令人大吃一惊和相当意外的种）来说，后面大致在第300页有以下的描述：

- “Von dem Wolff”。意为“关于狼”，可是在这个简短章节中插入的图根本就不是狼，而是一只毛被浓厚的猴，其颜色深褐，吻部长而呈暗粉红色，从眼睛到鼻子正下方口鼻部的纵行凹面上的毛色较暗；尾短而直，尾下方是一个略带桃色的宽阔区。格斯纳说，当这种动物被带到奥格斯堡时，引起了一阵轰动。它是在印度发现的，会爬树摘果，它尊重大象，但驱赶所有其他动物。总是有两个后代，一雌一雄。尽管如此，画面中的动物显然是一只山魈！也许是在去印度航行的返回途中在尼日尔河三角洲获得的。

格斯纳的动物寓言是一个混杂体，充满折中、离奇的内容！新的事实、原始观察与古老的神话并列，有时交错重复叙述，让人难以分辨内容的新旧真伪，弄不清哪些是事实，哪些是神话，有时好像他正在寻求一种根本的现实。无论如何，它当然还是动物寓言，但在许多方面它已经独树一帜：动物寓言之王。

格斯纳将真实的灵长类动物和臆想出来的不可思议的灵长类动物一并列出：

你能说清这是一只狒狒，还是一个头发蓬乱之人？

尤里西·阿尔德罗万迪（1522～1605），以“阿尔德罗万德斯”之名为人熟知。他写了总共16卷的《自然历史》，大多数卷册都是在他死后刊印的。虽然他非常明显地妒忌或猜疑格斯纳，但并没有妨碍他广泛引用和拷贝格斯纳的作品。格斯纳的 Strübbelköpfe 又一次出现了，此时被称为稀有型长尾猴（*Cercopithecus formae rarae*）。

1607年，牧师爱德华·托普塞写了一本《四足兽和巨蛇的历史》。这是完全依赖于权威的最后的古式动物寓言故事之一：“我不会有读者……试想，我讲述过的所有这些都是曾经讲过的野兽，但是许多人仅是听说……”

约翰·约翰斯顿，以“约翰斯通纳斯”之名著称。他写了最后一本动物寓言故事《四足动物的自然历史》。该书在17世纪期间印发了好几版，但除了拷贝格斯纳和阿尔德罗万迪的内容外，很少有新的内涵。

然后，我们进入了一个新时代。相当离奇的是，没有一个动物寓言作家试图把他所掌握的材料按真正的次序排列，甚至他们之中从来没有一个人考虑“对所列动物必须决定一个顺序”这一简单的事实。而我们可以尊为“分类学”的哪怕是稍微的一点暗示都从来没有。分类工作需要一位天才来做。

约翰·雷（1627～1705）尽管是一位清教徒牧师，但他作为一个自然主义者的声望很高。1667年，他应邀加入了皇家学会，该学会在英王查理二世的光顾下刚成立几年。当初，他是一位植物学家，对植物之间的异同感兴趣，1682年出版了《植物研究新方法》，首次提出了一个适用于任何生物的“自然”分类方法，他是将有花植物分为单子叶植物和双子叶植物的第一人，也是一贯地使用“物种”这个术语的第一人。约翰·雷希望他的学生弗兰西斯·维路格比把他在植物中的“做法”用到动物中去。可是1672年弗兰西斯先去世了，约翰·雷随后把研究范围延伸到动物，1692年他出版了《四足动物纲要》。

这是一个很有纪念意义的世纪。世纪之初，乔尔丹诺·布鲁诺因敢于思考新的思想而被活活烧死，而仅仅就在这个世纪的中叶，牛顿和莱布尼茨的确正在酝酿更新的思想，他们不仅逃脱了惩罚，而且还因此受到崇拜。愚昧的过去令人作呕，权威被大写为“A”，不敢质疑，而约翰·雷正是厌恶拒绝那愚昧过去的人。那些抄袭前人又缺乏系统性论述的作家会被人蔑视，阿尔德罗万迪值得蔑视，格斯纳稍好一些。

当然，约翰·雷把他所知道的灵长类动物进行了分类，是首次分类，而不是像前人一样简单地将动物名称列个表。他的分类非常简单：猿类，即“Apes，指那些无尾的种类”；猴类，即“Monkies，指有尾的种类”；狒狒类，即“Baboons，是指那些具有短尾的种类；与具有很长尾巴的普通猴有别”。

3.4 进入真正的猿类时代

塞缪尔·珀切斯是英国艾塞克斯境内伊斯威特小村庄上的一个牧师，1613年他将旅行和朝圣路上收集到的故事编写成书出版，书名为《珀切斯朝圣之旅》。1610年，他遇见了住在利镇附近的水手安德鲁·巴特尔，巴特尔在安哥拉时曾被葡萄牙人活捉，关了大约20年。珀切斯很想把他的故事写进书里。不幸的是，巴特尔的叙述当时没有来得及准备，只得于1625年他死后，以遗版新书名《珀切斯漫游记》的形式出版。

巴特尔深得关押他的人的信任，被赋予了很大的自由。他住在卡宾达特区，这是刚果河以北安哥拉的一部分，他的旅行从刚果附近一直向北延伸到现今加蓬境内的塞特卡马。他特别讲到了班纳地区（即班雅潟湖，它与海岸线平行，从南纬约3°20′延伸到南纬约3°50′），他写道：

- 森林里到处都有狒狒、猴、猿和鹦鹉，任何人在林子里单独行走都会感到害怕。这里也有两种巨兽，林子里常见，很危险。

其中，比较大的一种，当地语称为“*Pongo*”（大猩猩）；比较小的一种，称为*Engeco*。从各种比例来看，大猩猩都像人，但其身材更像巨人，不仅很高、长着人脸、眼部凹陷、长发垂至眉，而且脸部、耳朵和手都无毛。身躯上长满了毛，但毛被不厚，具有学究式的模样。与人的不同之处仅在于腿（它们没有小腿）。它们总是用腿脚行走，在地上行走时，双手紧扣着放在颈背上。它们在树上睡觉，搭建避雨所。它们觅食林中的水果和坚果，不吃肉。它们不会说话，理解力跟野兽差不多。

这个国家的人在森林中旅行，晚上睡在林中，就要生火。第二天早上，他们走后，大猩猩就会过来，坐在火堆旁，直至火熄灭，它们不知道添加柴火。它们许多聚在一起，打死许多过往林中的黑人。它们还多次进攻来到它们附近取食的大象，用拳头和木块打，把象赶走。

这些大猩猩从来没有被人活捉过，因为它们很强壮，10个人都抓不住一个。可是这里的人还是用毒箭捕捉过许多大猩猩的幼体。幼猩猩常悬吊在母猩猩的腹部，双手紧紧地抱住母猩猩，所以当一只母猩猩被杀死后，紧抱着该母猩猩的幼猩猩也就会被人捕获带走。一旦有同伴死了，活着的大猩猩就会用林中随处可以找到的大量树枝和木材将尸体遮盖起来。……

在农佳河岸摩尼凯索克的东北部有一种被称为马廷巴的小个子人，他们与12岁的小孩的个头差不多……妇女和男人一样都携带弓箭，可在林中独行，用毒箭杀死大猩猩。

珀切斯死前的确看过和评注过这份手稿，以下是在拉文斯坦的版本中，他附加的旁注：

• 在一次讨论会上，他告诉我，有一只大猩猩抱走过一个黑人的男孩，该男孩与这群猩猩一起生活了一个月，因为大猩猩不伤害那些它们无意中感到奇怪的动物，除非它们被紧盯着。这个男孩避免了伤害。他说，它们的身高跟人差不多，但横向块头却有人的两倍那么大。我见过这个黑人男孩。

另一种巨兽（Engeco）应该是什么，他忘记叙述了。他去世后这些文章才到我的手中，否则，我会在我们经常性的讨论会上向他请教。也许，他指的就是前面提到过的杀死大猩猩的俾格米（小个子人）。

不，他指的不是俾格米。我敢肯定，他指的是 chimpanzees（黑猩猩）。拉文斯坦也这么认为，他给出的卢安果一带对黑猩猩的“本土名称”是 *nsiku*（而大猩猩为 *mpungu*）。在中西非，黑猩猩的名字如果用软舌音“g”发音，就像“engeco”，在恰惟和巴宝诺语中拼作 *nzigu*，在巴宾加语中拼为“*itseko*”。就大猩猩来说，在卢安果地区被叫做“*mpungu*”。另一方面，哈里 · 约翰斯顿先生说，在“（下刚果南部）安哥拉”语群之一的金邦杜语中，对黑猩猩的称呼是“*mpongo*”，而在刚果，用“下刚果和刚果沿岸”的语言讲，其相应的单词就是“*mpongi*”；就加蓬的摩蓬威语来说，他给出的黑猩猩名称是“*ntyege*”和“*nchego*”，两者都很像“engeco”。

无论什么，毫无疑问巴特尔在描述大猩猩时，一直在严肃事实与诽谤中伤之间摇摆，结果却忘记了对黑猩猩的描述。也正因如此，最后一个被科学描述的巨猿也就是第一个被大众化描述的猿。

雅各布 · 德波特（以“朋木斯”著称）是一位著名的荷兰医生，他于1625年去了印度尼西亚（当时属于荷兰的势力范围），并于1631年死于印度尼西亚。他死后过了很长一段时间，最后才于1658年出版了他的一本关于热带医药的著作《东印度的自然历史和医药》。书中，他描述了一只“雌性的萨梯”及其一幅图画。在提及老普林尼的“萨梯”之后，他写道（以下是我的翻译）：

• 我亲眼看到过好几只雌、雄个体在一起直立行走的情况，特别有一只（这里我不妨对其描述一下）雌萨梯，有点不好意思，用手挡住阴部，就像一个妇女一样，在自己不认识的男人面前老是哭泣，摇头叹气，其他动作神态也像人，在每个方面都跟人一样，所以都不忍心伤害它。当地人声明，实际上它们能说话，只是不愿意说而已，如果你发笑，它们也会跟着笑。当地人把它们称为“Ourang Outang”，意思是“林中之人”，还说，它们天生羞怯好色，同时也不乏猿、猴般的贪欲野性。

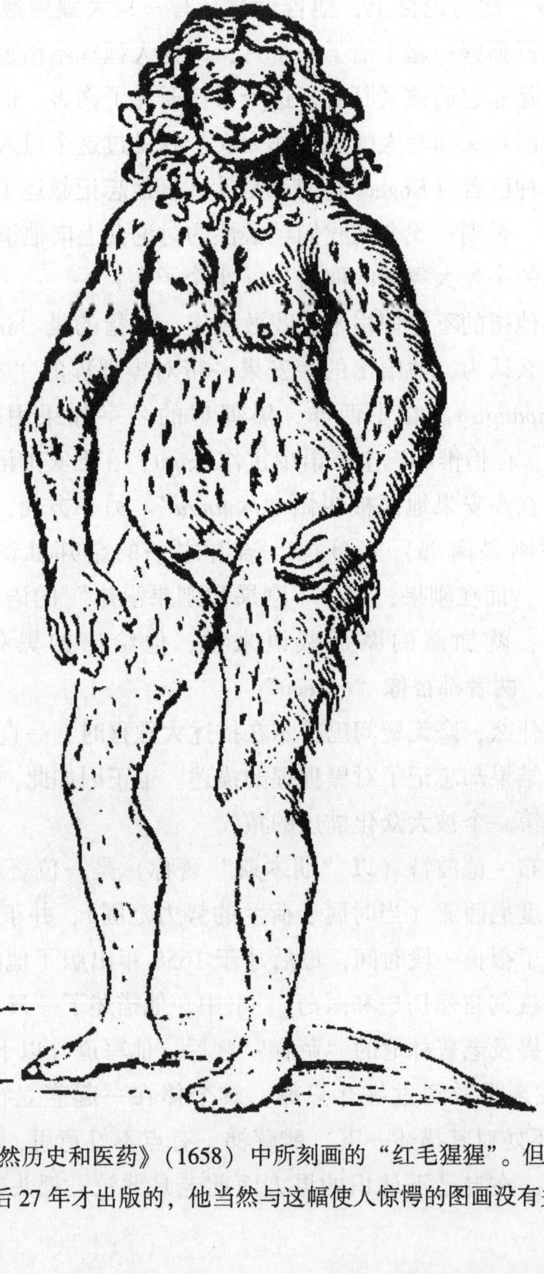

朋木斯的《东印度的自然历史和医药》(1658) 中所刻画的“红毛猩猩”。但是，德波特的描述是在他死后 27 年才出版的，他当然与这幅使人惊愕的图画没有关系

然而，巴特尔所指的大猩猩今天似乎相当清晰，德波特所说的“萨梯”也已经被讨论了很多，因为德波特提到“与人类相像”，同时附有插图，展现了一种最令人震惊的人形动物，使人联想到与格斯纳所描述的“*Baaben*”相伴的那幅画，它最可能是由编者庇索插入而非德波特亲自绘制。许多 20 世纪的评论家臆想，这幅画是由德波特插绘的，或至少获得了他的默许，插进这幅多毛妇女的图片，使得描述更加完整。赫尔曼·瑞克森和埃里克·梅加德认为“难以想象的是为什么要怀疑德波特描述了这种猿”：萨卡达纳就有这种猿，那是一个著名的红毛猩猩所生活的地方；在描述东印度动物的那一系列章节中的最后一部分就专门描述了这种猿，还“详细描述了该猿典型的后撤行为”。而且，他们说，印度尼西亚西部地区的人显然是无毛的，而如果“萨梯”就是多毛的妇女，那么多毛症在这个地区就会默默无闻。

实际上，德波特没有说，这种猿来自萨卡达纳。罗伯特·克里布提醒我，虽然德波特到访过萨卡达纳，但生活在那里（当然啦，是在内陆）的是他所说的“有尾的蒙塔尼人”，而不是什么红毛猩猩。

最后一点也可能不得不予以重新考虑。埃里克·梅加德使我注意到探险家卡尔·拉姆荷尔兹写的一本书中的一段，其中正好记录了这种多毛症。他讲到科特瓦林宁附近的一个迪雅克族青年，“其胸、胳膊、腿，以及大部分的脸面都有毛，毛色也与红毛猩猩很相像，只是毛被没有那么浓密。脸上的毛像通常一样，是黑色的”。据说，生活在施旺纳山的那些人比欧洲人更多毛，身上的毛呈褐色但头上的毛呈黑色。一个名叫迈克逊的作者在一本书中最后描述了一个生活在桑皮特/卡丁安较高区域的名为德曼·曼根的人，其胸部和背部具有像红毛猩猩那样的红褐色毛，并且“眼睛的瞥闪显得害羞”。

在波罗洲和苏门答腊的土著语言中，红毛猩猩有各种不同的名称。orangutan 这个名称是 *orang hutan* 的欧语化变体，其意为“林中之人”，是大多数都市人或印度尼西亚及马来西亚殖民定居者对实际生活在森林中的人（如本南人或库浦人）的称呼。

总之，我对德波特的 *Ourang Outang* 心存悬疑。这段不令人满意的简短描述的确指示那是一个非人类的物种，主要是它不能说话，可是它却曾被那幅荒谬的插图污染了，我们搞不清那究竟是德波特的善意默许，还是庇索的无端虚构。

第一个写关于荷属婆罗洲的英国人是丹尼尔·比克曼船长。他在 1718 年出版的《航行往返婆罗岛》一书中记述：“猴、猿和狒狒具有不同的种类和形态，但最引人注目的是他们称为‘Oranootans’的那些动物，其意为‘林中之人’：

可长到6英尺高，直立行走，手臂比人的长，脸面尚好（我确信比我见到过的某些霍屯督人英俊一些），牙齿大，无尾，阴部无毛（人的阴部长有毛）。它们的手脚灵活、强健，会向冒犯它们的人扔大石头、棍棒和柴块。”比克曼买了一只幼体，当作宠物养了7个月，而后死于腹泻。

1630年，一只活的（要么是死的?）黑猩猩被赠送给奥兰治王子弗雷德里克·亨德里克。黑猩猩可能不是首次在欧洲亮相（1548年，与葡萄牙公主结婚的奥地利皇太子菲利普可能以前有两只黑猩猩），但这次却以非常壮观的场面进入了历史。他来自安哥拉——还是别的地方？

这只可怜的野兽突然死了，尼古拉斯·杜普对其进行了描述。很奇怪的是他没有做解剖。他是那个时代最有名望的解剖学家，伦布兰特于1632年描绘的油画“杜普博士的解剖学课”极负盛名，所以都以为他会解剖奥兰治王子的猿。但是他没有解剖，仅描述了其外部形态，并将其刻画到了他于1641年出版的案例著作《医学观察》之中。他的内弟塞缪尔·布勒姆特是东印度公司的一个商人。布勒姆特有时告诉他，在东印度，这种动物被称为“Orang-outang”，这也就是他把这个术语翻译成拉丁语 *Homo sylvestris* 的原因所在。可是，罗伯特·克里伯在写给我的信中说：“布勒姆特提到的那种动物与‘orang-outang’这个名字所指向的动物大相径庭，认为它们不是同一个物种。”

几乎所有的评论家都将杜普（所描述的）猿解读为黑猩猩。可是，弗农·雷诺兹指出，在右脚的第二、三趾之间具有明显的蹼，这是倭黑猩猩比较普通的特征，而黑猩猩的这一特征比较少见，而且据说是来自刚果河以南的安哥拉，那可是倭黑猩猩的王国。但是，值得注意的是，即使是今天安哥拉也延伸至刚果北部（即卡宾达飞地），因此安哥拉这个名字似乎可以随便地用于指代中西非海岸的任何一个地方。

赫尔曼·瑞克森和埃里克·梅加德最近提出一个更为激进的解读：杜普猿就是红毛猩猩，面部缺乏突出的眉梁，鼻子“尖”而“钩”，没有像黑猩猩一样宽而突出的鼻孔，脸面周围长着长发，腹部呈壶形，胸部毛稀疏，上臂和小腿的毛长而呈波浪状。杜普觉察到，“其脚趾上”没有“指甲”。经常直立行走，睡觉时用东西覆盖身体。缺乏像黑猩猩那样显著呈老茧状的指关节。他们认为，“Angola”实际上是苏门答腊的安克拉（Angkola），当时在东印度公司的记录里普遍地被写作“Angola”，而Angola这个名字直到19世纪才出现在非洲的地图上（不，搞错了。罗伯特·克里伯告诉我：“在荷兰地图上，Angola是一个显著的地理区域，而Angkola不是”）。他们把杜普描述的“黑色毛发”解读为笼养状态下许多红毛猩猩所具有的易脆而没有光泽的毛发，据报道在安克拉地区毛色非常暗黑的个体很普遍。

我必须承认，这种解读妨碍了我们的思维。特别有一点他们是错的：Angola 这个名字非洲地区 19 世纪以前在使用，它是 Ngola（恩哥拉）这个词的讹用，而 Ngola 是 16 ~ 17 世纪时恩东戈（Ndongo）王的惯用名。17 世纪早期，荷兰人开始对非洲的部分地区感兴趣，并和刚果王国组成联盟，1841 年甚至短暂地占领了（安哥拉首都）罗安达和（安哥拉港市）本格拉。所以，杜普猿源于非洲是可能的，并且在 18 世纪早期一只确切无疑的黑猩猩被人从“安哥拉”带到了英格兰。可是他们提到的特征真有点像红毛猩猩，特别是手，杜普的确不惜笔墨予以了详细的描述。而我与大家一样只是希望这个著名的解剖学家做过某些实际的解剖，好使我们确切地知道这一可怜的生物究竟是什么。

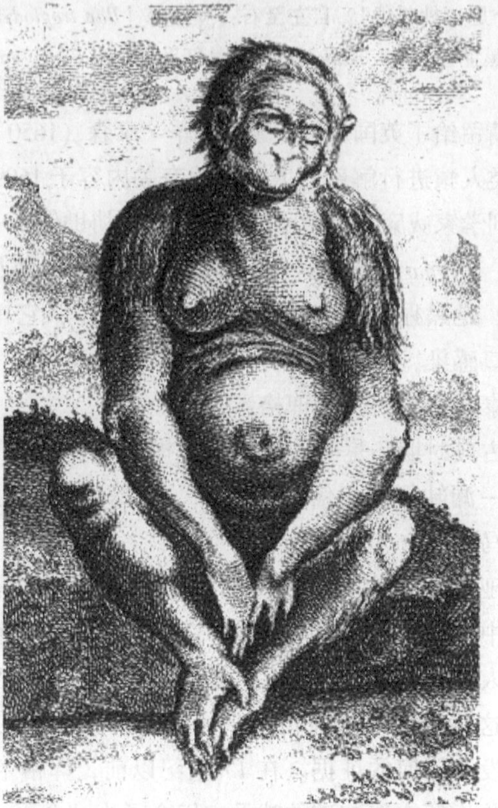

杜普的《医学观察》（1641）中有关“红毛猩猩”的雕刻画。如果杜普作为一位解剖学家，实实在在地解剖了那只动物，而不仅仅是描绘了其外部形态，那么他就不会留给我们诸多的悲叹——它究竟是黑猩猩、倭黑猩猩，还是红毛猩猩？

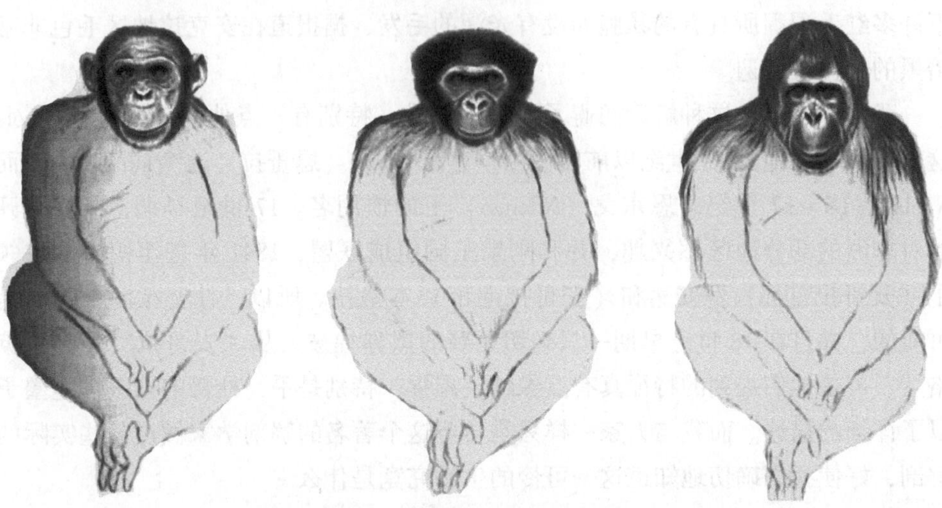

哪个是“杜普猿”？自左至右：黑猩猩（*Pan troglodytes*）、
倭黑猩猩（*Pan paniscus*），还是红毛猩猩（*Pongo* sp.）？

杜普未做的事情留给了英国解剖学家爱德华·泰森（1650～1708）去做。泰森是已知的第一个对类人猿进行解剖的人，并就有关内容于1699年出版了专著，其中的图是另一位解剖学家威廉·考珀所绘，他也可能协助做了一些解剖。专著的名称叫做《红毛猩猩》（*Homo sylvestris*）或者《俾格米与猴、猿及人的比较解剖》。

这次毫无疑问，是黑猩猩。在被送往英格兰的途中，它摔倒在加农炮上，撞掉了一颗牙齿，伤口感染，到达伦敦后几个月即于1698年4月死了。

那么，为什么泰森把它叫做“俾格米”？

此前，无论是古典时期还是中世纪的作者提到“俾格米”，我都一直避免评论。现在该弥补这一漏缺了。相信“俾格米”会跨越古典时代，回溯到最早的欧洲文献记录：荷马。

荷马在《伊利亚特》中提到，在埃塞俄比亚俾格米和鹤之间有一场连续不断的战争。鹤从空中猛攻，咔嗒咔嗒地向俾格米放箭，俾格米则用蛋壳作盾进行防卫。就此，没有人真正理解他的意思，甚至不明白他是在散布传闻还是仅仅在编造神话。可是，这些俾格米却流传下来，融进了中世纪的思想，并被认真讨论，它们是不是人没有任何的证据。在17世纪以前，俾格米被假定为“似人还不是人”的现实动物，所有能知道的就是它们个子小。今天，我们毫不含糊地把俾格米这个术语用于人类种群，意味着成年雄性个体的平均身高不足150厘米，但这是意义上的转换。毋庸置疑，泰森最后终于想到要把手放到这个神秘的半人样的物种身上。对于这个物种，每个人都“知道”它的存在，但一直都没有人屈尊去揭示它。

泰森发现，他的“俾格米”有 48 个解剖学特征与人相似，相比之下，只有 34 个特征更像“猿”（指巴巴利猕猴）和猴。“我们的俾格米不是人”，他得出结论：“也不是普通的猿，而是介于猿和人之间的一种动物。”

尽管泰森名声大，受人尊敬，但他的性格有点古怪。他当过一段时间精神病院（伯利恒医院——第一个专门为精神病人设置的机构）的院长。虽然今天被誉为比较解剖学之父，但那时他却被当作笑料和被猜疑的对象，因为他主张禁欲独身，公然宣称——科学就是他的情妇，或者说过类似的话。但是对于他的这一宣言，有一个评论家显然提出了质疑：泰森被发现突然死了，当时他正在一位淑女（即他的病人）的公寓里与她愉快地“交谈”。

我们确信，在那个时代，“交谈”是一种暗讽。之前，在公众生活中，知识分子被空前地压制。1666 年，随着英国君主政治的恢复，科学成就之花盛开怒放。这是一个牛顿、哈雷、胡克、玻意耳和雷恩的时代，其间在新王查理二世的热忱支持下创建了皇家学会。君主政治的恢复预示着解除禁锢和一场更轰轰烈烈的革命，精力充沛的君王本人对性的兴趣至少等同于他对科学的关切，这对整个时代起了先导作用。两次革命所历经的时间超过查理王朝时代，并一直发扬至世纪之交，如果是泰森等（的确还有牛顿）那些人促进了科学革命，并声明不是性革命的一部分，那么他们就必须认真地维护自己的表面形象。与泰森同时代的赛缪尔 · 佩皮斯与许多淑女做过很多“交谈”，但也经常可以发现他的妻子的不幸与悲痛。

如此，泰森说一套做一套，终于发现他确实也是这样的人。那又怎么样？他的成就不会受到任何的贬损。最重要的是，正是他把西方世界的面孔带到了人性这面镜子的面前。

类人动物的出现还产生了另一个效果：改变了“猿”这个词的含义。之前，“猿”指的是巴巴利猕猴（有时还称为巴巴利猿）。当“长尾亲戚”被人熟知后，巴巴利猿才被认作猴类，而留下“猿”这个词以专指“无尾亲戚”。后面我们将会明白，在泰森之后的一个世纪，“无尾”仍然是区分“猿”与“猴”的一个重要特征。布丰和林奈都认为，根据尾巴判断，巴巴利猕猴与红毛猩猩、黑猩猩有重要的关系（布丰还认为与长臂猿也有重要的关系，但林奈却把长臂猿当作人）。可是逐渐地，红毛猩猩、黑猩猩和长臂猿（还有大猩猩，它们最后被提高了身份）完全地取代了猿类王国中原来的猿群。现在，我们已经把巴巴利猕猴回归为猿，但那已经是另外一个方面的故事了。

第 4 章　林奈的“异端”学说

虽然布丰描述了许多种灵长类动物，但对包括人在内的灵长类动物进行正式分类的是林奈。不仅“认识你自己”，而且也认识你的（按照造物主的意愿所确定的）亲戚。林奈甚至把某些“非人猿”也归入了人类。由于早期分类学家的努力，灵长类动物陆续被人们所认识。

1738 年 8 月，亨利·豪威尔船长把一只猩猩带到伦敦，这是确定无疑的、活的黑猩猩第一次到达欧洲。第二年，一篇匿名的报告简要地对它进行了报道，并附了一幅由一个名叫史考亭的人所雕刻的画。报道说，它来自一个非洲王国——安哥拉，在那里它被称为“chimpanzee”，雌性，2 英尺 4 英寸高，直立行走，喜欢喝茶。史考亭的雕刻画显示，它毛发稀少（的确像描述的那样），耳朵特大，但其头部完全像人。手脚灵便。一只手臂在体侧，另一只横放在身体前面，手里端着一只碗，碗里可能盛的是茶。

“Chimpanzee”一词源自何处？这篇匿名的报告简单地说是安哥拉。真的吗？能否更明确一点？哈利·约翰斯顿先生写道：

• 据说，这是卢安果语中的一个词汇，其词根可能是-mpanzi 或-mpangi（因此，也许与 Chimpanzee 的刚果名 mpongi 同源），在其前面加上大家所熟知的班图语前缀 *chi*（*ki*）。有时，这个前缀有“增大的”意思，所以 chimpangi 或 chimpanzi 可能仅仅意味着“大猿”。

卢安果王国位于刚果河河口的北岸，其主要部族是 Bafiot（即 Fjort，如丹尼特所称）。至于这个前缀，可能还有些问题：因为班图语的前缀趋向于表示名词的类型或其形容词或动词的相应型式，虽然在所有班图语中最为普遍使用的斯瓦希里语中，前缀 *ki*-实际上经常是“小的”意思，但我不知道在卢安果语中是否有一个“增大的”名词词类。无论如何，对这个名字的解读的确令我信服，当然是由于这个名字确定源于刚果北部，这样我们就再不用担心它首先是用来指 bonobo（倭黑猩猩）!

这个新世纪的自然历史由两个巨人主导。两人依托的都是 17 世纪后期和 18 世纪早期在外国土地上的发现，作为食谱进行烹饪，但烹饪的方法截然不同。龄仿辈同，并驾齐驱……旧传统的谢幕人和新篇章的开创者。林奈在约翰·雷的基础上建筑大厦，而布丰还在固守着格斯纳的遗产。

4.1 旧传统的谢幕人

乔治·路易斯·雷克勒·布丰伯爵于1707年9月7日出生于蒙巴那的勃艮第。他的贵族身份不是生来就有的，而是通过努力在晚年时获得的（或够格的，根本不是勉强赐给他的）。他的父亲是一位律师，供职于勃艮第议会。他在一个优越的环境下培养长大，因为他的母亲把大量的财产带进了这个家庭。他的父亲想要他跟着他学法律，把他送进了第戎的耶稣会信徒学院，但是他的父亲刚走，年轻的乔治就转向了自然科学，并很快展现出天赋。

起初，他的主要名望似乎是在统计学方面。他对微积分和概率论感兴趣。据称，20岁时，他在没有看过帕斯卡或牛顿的著作的情况下发现了二项式定律。

布丰《自然历史》（1766年）中的一幅有关黑猩猩的雕刻画。很可能与史考亭所描绘的黑猩猩相同。那个年代的黑猩猩显然是拿着棍子行走的，并喜欢喝茶

史考亭于1739年所创作的黑猩猩雕刻画。也不用怀疑这幅作品，它显然是英国式的黑猩猩：已经被教会了喝茶

他也发明了一种证明π值的方法（还以“布丰针”闻名）。他提出了行星起源的一个假说：行星是从太阳中撕裂下来的炽热球体。基于此，他试图计算出地球的年龄，做法如下：把两个大小不同但他自己认为可能与地球的金属构成是一样的球体加热至熔化状态，然后让其冷却。比较这两个球体冷却至室温时所耗费的时间，而后外推至地球的大小，他推断：地球的年龄是7.5万年。在乌雪大教主圣经中计算出的公元前4004年地球诞生这一绝不容置疑的时代，提出这一结论需要何等的勇气。布丰暗示，当时手指都颤抖得很厉害。此后，他还作出了许多类似的勇敢声明，但无论什么时候提出，他都会严加防卫，以“就像造物主注定的一样”或“正如神圣的经文中所述及的，不可能是这样”避免正面冲突。无论如何，他把握科学智慧，对神学的这种尊重非常管用，1739年他被任命为国王

路易十五皇家花园和陈列室的监管官。

那个时代，重要人物都有自己的“陈列室”，用以展示奇石、异贝和令人毛骨悚然的动物剥制标本之类的自然珍品。法国国王的陈列室是最大的陈列室之一，布丰被指派为监管官，这可能促使他最后专注于自然历史，从而于 1749 ~ 1767 年写出了长达 13 卷的不朽著作——《自然历史的一般性和特殊性》（简称《自然历史》）。

布丰于 1771 年被国王授予伯爵爵位。1788 年 4 月去世。在生命的最后 10 年里，他饱受胆结石之苦。死后，对其尸体进行解剖，发现胆囊里有 50 块结石。

一个人 80 高龄去世，可能总会得到宽恕。但是布丰对死期的选择的确非常明智，因为 1 年 3 个月以后，刮起了巴士底狱风暴，法国大革命开始了。从国王路易十六那里得到好处，获得晋升的那些人总体的下场都不太好。布丰的铅制棺材被挖出来用马车运走，纪念碑被打碎，尸骨散落。几年以后，他唯一的儿子被送上了断头台。

伟大布丰的名誉也像他的尸骨一样没有完整留存。威廉·贾丁先生就不完全赞同他，他在 1833 年对布丰的回忆录中写道：“他人是正直的，可也许是有点过分地攀龙附凤而丧失了一些尊严……他花在梳妆室的时间太长，晚年甚至每天要涂脂抹粉及装饰头发两三次”。至于他的论著：“他恪守作为一个博物学家所必须要求的真实，但他总是过分地注重老套的风格和不必要的细节”。然后，我们可以读到有关他的真实写照：

- “可是布丰思想上的最大问题是他宣称不信神，同时又提出致力于自然研究的人可以例外，很难想象这样一种理念——具有如此的神奇力量却几乎不相信存在一个造物主。只要稍加注意，在他的著作中仅仅通过责问就可以看出其中的缺陷或不足。的确，他公然地表达了宗教信仰自由的观点，从而激怒了索邦神学院。他不得不进行解释，在某些方面承认自己的不是，后来他还参加了公开的圣餐礼，他把圣餐礼看作信徒信念的一种制度，同时又尊重那些公然反对圣餐礼的‘糊涂虫’”。

贾丁的家训“有我在”并非毫无意义。可是可怜的威廉阁下（1800 ~ 1874），作为贾丁男爵家庭的第 7 代，或许在不信神期间受过苦。而以他的格调能活过 19 世纪 20 年代的动乱时局，相当令人震惊。那时像约翰·霍利约克和罗伯特·格兰特这种人物都有自由思想的丑闻，而后者是非常优秀的博物学家！——而且他注定还要经历更多的无神风波，因为他活到 70 多岁，进入了一个更新的无神论时代，托马斯·赫胥黎创造的术语“不可知论者”将时代推到了顶峰。

另一方面，对于布丰的一生还真可以发发牢骚，例如他的高傲态度。就我来说，当我读到《自然历史》时，开始就感到震惊和愤怒，很明显他对待动物冷酷无情——虽然我提醒自己在 18 世纪时那是理所当然的事，难道不知道仅仅是一个世纪以前笛卡儿还主张动物只不过是机器？不讲这一点了，关于他还想另外讲一讲。他极其博学，洞察力非凡，绝顶聪明，如果没有这些特质，那么呈现在我们面前的一定会是一堆杂乱无章的东西，就像吸尘器一样，不加分辨的全都吸进去，似乎所有的都同等重要。因此，如果《自然历史》称得上优秀，那的确也是巨人的动物寓言书。

《自然历史》总共 13 卷，引言很长，写的是地球的历史及动物的解剖与生理(特别是繁殖生理)。随后，就布丰所知的每一“种”动物都进行了描述，穿插着引述了他的同僚路易斯·琼–玛丽·道本顿的解剖学描述。并不是他没有觉察到正在刮起的自然历史新风，他知道得很清楚，只是他拒绝了。他对约翰·雷和林奈以及他们的系统分类缺乏足够的尊重，因为他既没有接受生物类聚的分类思想，也没有接受物种本身的现实存在性。在他的心目中，自然界中没有真正的猿。可他绝非达尔文自然选择进化论“物种连续性”概念的先驱人物：充其量，他想象的是某些动物会从它们的原始形态退化。他相信的是“存在之巨链”。这条“链”就是一条哲理，2000 多年以前亚里士多德已清楚地阐明，700 多年前圣托马斯·阿奎那予以重新塑造。这条链从上帝那里开始延伸，通过各级天使、皇族（或者教皇，如果你是天主教信徒)、贵族、资产阶级、商人、农民、异教徒、动物、植物，最后是岩石。依阿奎那所说，这条链把世界连成一体。显然，那时没有中断的链环。这就是布丰不相信物种的原因所在。真想知道，他是不是甚至能够把自己融入书中，变成章节。

布丰的著作被翻译成多种欧洲语言，可道本顿的解剖学内容从来没有包括在译本中。或许是销售方面的问题，如果想买书的顾客在翻看书本的时候，每隔十多页就有一些描述和雕刻肝、肠或骨骼之类的内容和图片，他们可能就不会买。含有道本顿解剖学内容的原版拷贝凤毛麟角。

1785 年的英文版（只有 9 卷）相当有趣，因为译者威廉·斯梅利自己增加了大量的材料，并总是非常认真地将它们与布丰的原始材料区分开来。斯梅利有奉承的毛病，他也可以利用托马斯·彭南特（也是一个非林奈型学者）在这个过渡时期出版的《四足动物的历史》（1781)，但他这种创意非同一般，更值得信任。他读过林奈的著作，总是在他认为相对应的种中列出林奈给取的名称，他引用林奈的材料以补充布丰这个伟人本人经常忽视的描述细节。据说，斯梅利读过几页法语版的原著，受益匪浅，就在受到启迪的那个时候才开始了翻译。他不仅相当故意地把布丰列出的反林奈学者的论证的主要内容删除，而且甚至还冒着激怒布丰的风险，在附录中列出一个系统！——不，确切地说，是一个林奈式的分类系统，一个更方便使用的分类系统，它衍生于彭南特的书，并对原著中他觉察到“似乎不足”的方面进行了修改。斯梅利（1740 ~ 1795）是一名印刷员、拉丁文和法文译员、博物学者和古玩学者。正是他，于 1771 年编印出版了第一版《不列颠百科全书》。

在英文版中，布丰所述及的灵长类动物如下。因为它们具有历史性意义，不妨将它们逐一列出。某些很容易确定，另一些需要多点讨论。有时，给取的名字也特别有趣。

第 7 卷：

• Tarsier（眼镜猴），或 Wooly Jerboa（茸毛跳鼠或茸毛镜宝）。虽然布丰的标本不知源于何处，但显然它是苏拉威西眼镜猴。“tarsier”这个名称是布丰杜撰的，表示“细长的睑板”。

• Makis（马基斯猴）或 Maucauco（毛考蔻猴）。尾前部具环纹，棕褐色（实际上是蒙狐猴 *Eulemur mongoz*）和瓦里色（在这个名字下面混淆了两个种黑狐猴 *Eulemur macaco* 和领狐猴 *Varecia variegate*）。斯梅利写道：“*Maki* 这个词似乎源于 *mocok* 或 *maucauc*，在莫桑比克和马达加斯加附近的岛屿这些动物的名字就这么称呼”。的确，环尾狐猴的马达加斯加名字就是 *maki*。

• The Loris（懒猴）或 Tailless Maucauco（无尾毛考蔻猴）。“是分布于锡兰[①]的一种小动物。”其描述主要摘自艾尔伯特 · 瑟巴 1834 年的《自然奇珍》。斯梅利告诉我们，Loris 这个词是“荷兰人给这种动物取的名字”，但它不是现代的荷兰词。我请教了埃里克 · 梅加德，他还不得不在古怪的和不常用的字典中去查找。这个词实际上是 *loeres*，它的意思是一个愚蠢的人，一个易受骗的人，一个乡巴佬，或无赖、流氓、恶棍。可怜的懒猴！

第 8 卷因某个理由以一篇关于骡子的论文开始。接下来的内容就是“猿的命名法”。布丰写道：“我称为猿（ape，在法文原版中是 *Singe*）的是没有尾巴的动物……”其相应的希腊词是 *pithecos*，拉丁词是 *simia*；猿还包括“pigmies”、大体型的类人猿（印度人所称的“*Orang-outang*”，黑人所称的“*Pongo*”），以及

① 1972 年改称斯里兰卡。——译者注

体型较小的 *gibbon*（长臂猿）。他继而列出了短尾长面的 *babouins*（狒狒），然后是 *guenons*（有尾猴），并讨论了人类与这些（形态像人的）野兽之间（在思考、语言和心灵方面）的区别。而后就是以下内容：

● The Orang-Outangs（红毛猩猩）或 Pongo 和 Jocko。他认为，尽管 jocko 可能有一点小的差异，但这些可能是同样的种。他引用了杜普、泰逊、巴特尔，以及 17 世纪后期和 18 世纪早期各种航海家的描述。依据法文原版，道本顿亲眼看到了捕自“安哥拉海岸”加蓬境内的一只红毛猩猩。它在巴黎生活了一个夏天（1740 年），于次年的冬天死于伦敦。他的雕刻画很可能就是黑猩猩（chimpanzee），拄着一根棍子站立；后来荷兰解剖学家康伯说，实际上那是根据一件剥制标本创作出来的，艺术家重现其形态时要使它尽可能看起来像人。可能这也是 1738 年到达伦敦的那只黑猩猩，1739 年在一篇匿名的文章中对其进行了描述和绘图：两者都捕自安哥拉，都喜欢喝茶。如果确实如此，那么这个可怜的生命往返于英吉利海峡，可能被折腾死了。

● The Pigmy（法语词 *Pithèque*）（俾格米，或倭黑猩猩）。对于这个种，布丰并没有怀疑其真实存在，仅引用了经典作家的论述。斯梅利引述彭南特、林奈和其他人一般说来是第二手的描述——其实，所有这些描述可能都是针对巴巴利猕猴的。

● The Gibbon（长臂猿）。布丰由斯特拉博提出的 *cephus* 一词变体衍生出 *keipon* 这个词。他看到过一只活的幼长臂猿，提到皇家陈列室的两只，一只黑色，另一只较小，呈棕褐色。他的雕刻画（大长臂猿和小长臂猿）都画出了颜色较深阶段的白掌长臂猿，但可能是不同的亚种。

● The Magot（无尾猿）或 Barbary Ape（巴巴利猿）。斯梅利解释：“*Magot* 是这种猿的古法语名字”。这个名字好像很古怪，意思是“聪明的老人”，源于拉丁词 *magus*。布丰说，其分布包括鞑靼、阿拉伯半岛、埃塞俄比亚、马拉巴尔、巴巴利、毛里塔尼亚，远至好望角。

● 这种狒狒被正确地给予了称谓。其臀部“裸露，血红色”。毛发“红褐色”。其描述及雕刻画都提示，这是几内亚狒狒（*Papio papio*）。

● The Great Baboon（大狒狒）。这个种是斯梅利补充的：“1779 年 8 月，一只雄狒狒，个子硕大而强壮，体毛漂亮，在爱丁堡展出”。他引述了彭南特的一份手稿中的内容，其中描述的是同样的动物，显然是一只大的雄山魈，以及保存在阿什顿·利瓦先生的博物馆中的一件标本。这里有些混淆：“译者引出了一幅画像（见版画）”，但是这篇文章下面附了两幅画，两幅画的标注都是 Mandrill

（山魈）。的确很清楚，就是山魈，可是，斯梅利显然怀疑：“大狒狒实际上是否就是山魈？”因为（像他所说的），布丰评述：“山魈是最令人厌恶的畸形动物，老是舔食从鼻孔流下的鼻涕。但是试想狒狒是极其漂亮的动物，根本看不到鼻孔中有精华流出。”

Plate CCLXV　　Plate CCLXVI

布丰著作英文版中第一次描绘的确切无疑的“山魈或肋鼻狒”图

• The Mandrill（山魈）或肋鼻狒（ribbed nose baboon）。版画中标明，是雌山魈，也与描述的一模一样。也许面部颜色上的差异误导了斯梅利，可是奇怪的还是那两幅插图。（一幅画的是一只雄山魈站在一只箱子上，腰部绑着一条带绳；另一幅画得不太精确，可还是能识别，它坐在一个假定的自然生境中——或许 Plate CCLXVI 就是斯梅利和彭南特所见过的，Plate CCLXV 则是利瓦博物馆的标本？）

• The Ouanderou 和 the Lowando。这两种都生活在锡兰。前者的身体被毛呈黑褐色，头发浓密，胡须粗浓（我推测是紫脸叶猴 *Trachyipthecus vetulus*），而后者的被毛白色，头发和胡须均黑——这是不是一种色型？

• The Maimon（迈蒙狒），或猪尾狒。这是豚尾猴（*Macaca nemestrina*）。

• The Macaque（猕猴），或 hair- lipped（毛唇猴）和 Egret（伊格勒特）。Macaque 这个词在马可格雷夫 1648 年的书中首次提到；*macaquo* 是一种产于安哥拉的猴，或许是一种狒狒（“安哥拉大长尾猴，在刚果被称为玛卡扣”，即一种如狼般的毛色，头似熊，尾总是呈弓形的猴）。布丰对 Macaque 和 Egret（伊格勒

山魈（*Mandrillus sphinx*）

特，这不是你可能想到的白鹭或苍鹭，而是由原来法语词“aigrettte”翻译过来的，它的意思是“成簇的”）的描述即源于此书中的描述和图画，两者均是 *Macaca fascicularis*（食蟹猴），布丰说：“这是刚果和非洲其他南部地区的土著种。”现在，*Kako* 和 *kaku* 这两个词都是指 mangabey（白眉猴）！在加蓬/刚果一带的几种语言中都是这样，虽然在这个地区的通用语——尼加拉语中，人们倾向于指任一种猴。这些语言与所有的班图语一样，通过添加前缀的形式构成复数。本例中，添加的前缀就是 *ma*-。哦！原来猕猴实际上是白眉猴，或者可能是狒狒。

• The Patas（赤猴或红猴）、the Malbrouck（狗尾猴）和 Chinese-Bonnet（中国帽猴）。这几个种没有什么问题，尽管后两者据说来自孟加拉。

• The Mangabey（白眉猴）。“我们有这个种的两个个体，它们都是以马达加斯加猿（*Madagascar apes*）的名称送到我处的”。或许它们被认为是来自马达加斯加近海的努西曼格贝岛（Nosy Mangabé）。一张版画画的是 *Cercocebus atys*（白顶白眉猴），另一张画的是 *C. torquatus*（白领白眉猴）。

• The Mona（莫娜猴），或杂色猴。布丰认为，“古人”称这种猴为 *kebos* 或 *cephus*。根据描述可识别为 *Cercopithecus mona*（莫娜长尾猴或白腹长尾猴）。

• The Callithrix（狨），或绿猴。虽然对于“Callithrix”的经典描述是根据

Colobus guereza（东非黑白疣猴），但布丰对疣猴的任何一个种都一无所知；甚至布丰所描述的 *Chlorocebus sabaeus*（绿猴）（它就是这个种）也完全不像老普林尼对 *callithrix* 的描述。

• The Mustache（髭猴），即 *Cercopithecus cephus*（髭长尾猴）；the Talapoin（侏儒长尾猴），即安哥拉侏儒须猴，并非熟知的分布于加蓬境内的猴种；the Douc（毛臀叶猴），或 Cochin-china（交趾支那猴），即一种红腿白臀叶猴（*Pygathrix nemaeus*）。

然后，有一段短的引言，介绍 Sapajous（卷尾猴）和 Sagouin（狨），术语涵盖了所有的新世界猴：

• The Ouarine（瓦利猴）和 Alouate（白孔猴）。这两种分别是魔王吼猴（*Alouatta belzebul*）和赤吼猴（*A. seniculus*）。斯梅利说，alouate 是卡宴地区给这个种所取的名字。（它的意思是“嬉闹”，像著名的法国荒谬歌曲中所表现的，歌唱者威胁说，要拔光那只可怜鸟的毛。）

• The Coaita（科依特猴）和 Exquima（厄克斯奎玛猴）。前者是指 *Ateles paniscus*（朱颜蜘蛛猴）；后者是指 *Cercopithicus diana*（戴安娜长尾猴），由于在马可格雷夫所绘制的图片中其尾巴上卷，布丰将其误认为是新世界猴。对于 exquima 的描述，布丰所引述的与 coaita 的完全不同。我只能推断，要么布丰当天写作该种的时候真是心情不好，要不就是他对这个真实存在的物种存有偏见。

• The Sajou，或 Capuchin Monkey（卷尾猴）。两个不同的卷尾猴种似乎被归为这一类：*C. paella*（黑帽卷属猴）群中的成员之一，以及 *C. albifrons*（白化长尾猴）。

• The Sai，或 weeper（泣猴）。也有两个种都叫这个名字：*C. olivaceus*（橄榄长尾猴）和 *C. capucinus*（僧帽猴）。

• The Saimiri（松鼠猴），或 Orange Monkey（奥伦治猴，即松鼠猴 *Saimiri sciurea*）；the Saki（粗尾猴），或 *Pithecia pithecia*（白脸僧面猴）；Tamarin（绢毛猴），或 *Saguinus midas*（柽柳猴）；the Ouistiti（狨），或普通狨（*Callithrix jacchus*）；the Marikina（马利金纳猴），或狮面狨（*Leontopithecus rosalia*）；the Pinche（绒顶柽柳猴）或红尾猴（*Saguinus oedipus*）。据说，“在梅纳斯（=玛瑙斯），Pinche 是这种动物的名字”。*S. oedipus* 可能被错误地鉴定为 1743 年查尔斯-玛丽·德拉康达迈恩在亚马孙探险期间所见的 *S. bicolor*（黑白花狨）。最后还有 Mico（米可），或 *Callithrix argentata*（银毛狨）。

1789 年，拉塞佩德组织发行了布丰的遗著增版。书中记载，布丰已得出结论，有两种“红毛猩猩”（orang-outang）：大的叫*pongo*，小的叫*jocko*，他看到过活体，它们都在沃斯迈尔的照料下生活（见后述）。该增版还描述了更多的猴。旧世界猴包括：黑脸山魈；猪尾猴、恒河猴、阿萨姆猴、狮尾猴、兰卡猕猴；阿拉伯狒狒、大狒狒；长鼻猴；王疣猴；大斑鼻猴、小斑鼻猴；白腹长尾猴、罗洛威须猴；紫脸叶猴，以及一种被称为“拉内格勒”的长尾猴。新世界猴有：增添的两种卷尾猴、狐尾猴、夜猴，以及黑绢毛猴。描述的狐猴有：獴狐猴、黑狐猴、灰驯狐猴、马达加斯加大狐猴、狨毛狐猴，以及孟加拉懒猴。更重要的还是把指猴放在远离猴和狐猴的位置，插在鼯鼠和袋猴之间。

对指猴的描述，也像对马达加斯加大狐猴和“灰狐猴”的描述一样，都是依据皮埃尔·索纳拉特的资料，他于18世纪70年代到访中国、东南亚和马达加斯加。索纳拉特对指猴的描述相当精确和细致：

• 与其他动物截然不同……它虽然具有*maki*、松鼠和猴的特征……但其主要的特征也是最特别的地方是前肢中的中指，最后2个关节延长，细弱而裸露，用于从树洞中把幼虫掘出来送进口内，在钩挂树枝的时候，中指也很管用。这种动物似乎生活在洞穴中，白天它看不见东西，它的眼睛呈现出茶色，就像黄褐色的猫头鹰一样的眼睛。它不太好动，反应迟钝，因而也非常地温顺……它生活了差不多两个月，除了米饭，什么都不吃。吃的时候，就像中国人用筷子一样用两个手指夹东西往嘴里送。

在布丰的遗著增版中，道本顿对该动物的遗体进行了很好地描述，注意到它与眼镜猴相像，拇指平扁；长尾被毛；耳朵直立、裸露、透明；毛被厚密；指、趾极度伸长。他注意到这只指猴是雌性，两个乳房在下腹部。道本顿（或是拉塞佩德的解释，甚至可能是布丰自己的解释？）解释道：“指猴”是马达加斯加最令人惊叹的动物，索纳拉特把它的名字搞错了。现今，他是怎么知道这一错误的？

在此之前的一年，指猴已经被格梅林赋予了一个学名。这本遗著已经过时了：每个人，甚至法国人现在都采用了林奈的分类系统。

那么，布丰对灵长类学有什么样的影响？我说，影响非常小。他所引入的各类新信息严重损害了他的形象，甚至有过于格斯纳，他的动物寓言故事没有把道理说透。他拒绝任何分类系统，意味着他不可避免地把非常明显的分类群混为一谈，因此名字、分布和属性弄错也就不足为怪。然而，他的继承者对待他非常地认真，特别是法国的动物学者使用他的描述作为学名的依据，所以对于他的著作有必要非常仔细地思考他的真正意思。他的确研究了一些原始的标本。其中，一

这是道本顿首次详细描述过的指猴，属名为道本顿属，是以他自己的名字来命名的

些在巴黎博物馆还可以找到，尽管在法国大革命期间皇家陈列馆不知被搬到了哪里；另一些描述仅仅是道听途说。某些描述使人感到恼火，因为通常没有给出关键性的特征。他把它们描述为美丽，或者更经常是丑恶、可怕；描写眼睛的颜色和表情，或者更一般是它们过分好色，而对于脚、头或尾的颜色却没有涉及。

时至今日，布丰对灵长类动物的描述一般来说似乎都相当离奇，只在法文首版道本顿的解剖学附记和英文版斯梅利的插语中有部分地补救。

“离奇”并非突然想到的一个词，当读到布丰的同辈人——林奈的著作时，你就会承认这一点。

4.2 新做法的第一人

卡尔·林奈 1707 年 5 月 23 日出生于瑞典南部的斯莫兰德。他的父亲尼尔斯·英格玛森·林奈是路德教会的一个牧师，在卡尔很小的时候就教育他热爱植物。认识到他的儿子对教堂的那些事没有什么兴趣，尼尔斯鼓励他学习医学（那时，学医一般就是用草药治病之类的事），先是在隆德大学，而后到乌普萨拉大学。完成这些早期学习以后，1731 年卡尔 · 林奈旅行到拉普兰德采集药用植物。

在这期间，约翰 · 雷提出"植物学需要一种系统的方法"的想法一直在他的脑海里回荡。在乌普萨拉大学学习期间，他遇见了柏图斯 · 阿克特第尔斯——一个很有前途的未来的鱼类学家，他的目标与林奈的非常相像，也喜欢约翰 · 雷和维路格比，他们组成了一个很好的搭配，植物学家和动物学家，都试图通过系统分类在自己所选择的领域引发一场革命。

1735 年，林奈去荷兰深造，先到了哈德维克，然后到了莱顿，在那里，他碰巧又遇上了阿克特第尔斯。此前的一段时间，阿克特第尔斯在伦敦汉斯 · 斯洛恩先生的标本馆访学。或许语言上的挑战使英国人必须用瑞典语思维，他把名字改成了阿特迪。阿特迪给林奈看了几乎完成的《鱼类学》手稿，两人继续讨论系统学。

荷兰除了是知识分子的活动中心以外，也是许多重要标本的收藏地，公共的、私人的自然历史标本馆（或标本室）很多。其中，位于阿姆斯特丹城的艾尔伯特 · 瑟巴私人标本馆小有名气。林奈和阿特迪都拜访过瑟巴，并在其标本室做过研究。可惜的是，在阿姆斯特丹一次访问期间的一个晚上，阿特迪在酒馆待得太晚，在他跌跌撞撞回住所的路上，掉进一条水渠，被淹而死。林奈极度悲痛，他失去了一个朋友，永远地失去了一个有共同理想和目标的战友——一个与自己作为植物学者相对应的可以并肩奋斗的动物学家。

本着对阿特迪的纪念，林奈做了一件好事，于 1738 年安排出版了阿特迪的《鱼类学》。这也可能促使他更认真地对待动物。以前他就已经积累了一些有关昆虫和鸟类的知识，并乐意把其他动物类群留给阿特迪去研究。他的《自然系统》（在该书的写作过程中，阿特迪正在写《鱼类学》）第一版于 1735 年出版，内容涵盖了动物界、植物界和矿物界，但只是大纲式的，仅 12 页多。随后的版本越来越详细，无论是植物还是动物。

因为《自然系统》的出版，当时还不到 30 岁的林奈成为了震惊欧洲、最令人羡慕的植物学家。他回到瑞典，做了一段时间的医药实践工作，然后到斯德哥尔摩大学教书，继而在乌普萨拉大学获得了终生教授职位，不过他还是找空闲尽可能多地做些医药工作。最后，他成为了瑞典皇家医师；打理国王和王后的陈列室；负责振兴日益衰败的乌普萨拉植物园。他写了四本自传，没有一本不凸显自我。他非常清楚，他是他那个时代领衔的生物学家，他要尽最大的努力促使其他人都认识到这个事实。人们要清楚，他的天赋很早就显露出来了。从拉普兰德返回后，他安排人把他的画像印在了萨米族（拉普兰人）的服装上。

在他的一生当中，《自然系统》一共出版了12版。1758年出版的第10版建立了动物学上的“双名法”，被认为是所有动物学命名法的一个开端（虽然他1753年出版的《植物种志》是植物命名法的开端）。可是，1758年以前出版的双名系统中没有动物名可用于动物命名参考，而其后出版的有关动物的著作都一贯地使用了双名法命名。

18世纪60年代，系统学和双名法几乎已被自然科学普遍接受。最令人欣慰的是，法兰西国王发布命令，皇家花园以后改名为“植物园”，按照“林奈原则”布局，而不顾布丰的反对。

1761年，瑞典国会颁布法令，授予林奈爵位。现在他以卡尔·冯·林奈（Carl von Linné）的名字著称。所有的《自然系统》版本都使用当时的科学通用语言——拉丁文，这是与布丰的又一个差别。第10版的标题页上印着《卡尔·林奈之自然系统》（“Caroli Linnaei *Systema Naturae*”），可是在1766年出版的第12版，不仅书的内容全用拉丁文，而且书名也是整齐的拉丁文字样“Carole a Linné. . .”。

有一点奇怪，词尾-us在瑞典人的名字中普遍使用，但因为用拉丁文写的姓“Linnaeus”有时会让人臆想，他的姓一直是“Linné”，怎么拉丁化为“Linnaeus”？要不，他的名也应该是Carolus。是他在被授爵的时候将其改成了Carl。果真如此？如果你不信，就看一看第12版的标题页。

实际上，他的家庭祖辈都过着简单的农耕生活，没有姓，在他们狭小的地方社区范围内生活与劳作，也不需要姓。可是当卡尔的父亲尼尔斯学习想当一个牧师时，才发现需要一个姓。家庭农场上有一棵硕大的菩提树，尼尔斯成了“这棵菩提树的主人”——Linnaeus。

18世纪70年代，林奈遭受中风的折磨。1778年离开人世。

这个伟人也在其他方面被人铭记。18世纪上半叶困扰人们的一个难题就是，如何找到一种方法测量温度。德国人丹尼尔·华兰海特（Daniel Fahrenheit）于1714年发明了水银温度计，并明确地提出，测量温度最有用的方法是将德国正常情况下最冷时的温度（是盐和冰混合物的温度）设置为零度，而最热时的温度设置为100度。在这种系统中，32度就是水的结冰点，212度则是水的沸点。时至今日，这个古怪的系统仍然使美国人（是否没有别的人）感到满意。

林奈早年钦佩法国博物学家雷内·雷尔玛。雷尔玛对蜜蜂无所不知，以“蜜蜂史学家”著称。他曾提出有些离奇的标准测量方法。他对蜜蜂蜂巢中巢室大小的精确一致性印象深刻，于是提出蜜蜂的巢室确实可用作测量物体大小的标准。

因此，的确并不奇怪他会成为对温度测量问题感兴趣的人之一。1731年，他发明了一种新的测温计。它对华氏温度进行了巨大的改进，水的结冰点是零度，这是一个很好的开始，可是常识似乎背离了他，他把水的沸点指定为80度。

安德斯·摄尔修斯（Anders Celsius）作为摄氏温度测量法（他于1742年提出）的发明人而被人们铭记，但它的设置非常古怪，完全相反，零度是沸点，100度是冰点。1744年，处理这个逻辑问题并将之扭转过来的是我们的英雄——林奈。的确，我们谈到的不该是“摄氏度”，而应该是“林氏度”。我是否应该脱下背心，冒着受凉生病的危险，穿上T恤衫出去转悠？温度计指示气温还不到林氏15度（15°L）。在一个春光明媚的早晨，我们是否应该脱下鞋袜，穿上便服，在外面漫步春晨？除非天气预报说气温在林氏20度（20°L）以上，不然就不行。

作为一位植物学家，林奈在日常工作中产生了一种感觉，1729年他在写作《植物婚配的前奏》期间，偶然地想到了“摄氏问题”。在这本小书中，他有些冒失地提出：鲜花，这些纯洁的象征，其实是在展示器官——我几乎不喜欢表达这个单词——性。雄蕊和雌蕊不正是植物的性器官！这一骇人听闻的概念赢得了同事们对他卓越智慧的赞赏，他的职业生涯真由此起飞。

我们也不应该把林奈去拉普兰德的旅行看成只不过是度假。即使大部分时间都是在游玩，正如大多数瑞典人所说，拉普兰德就像在火星上一样，一片荒芜，也没有什么好玩的。林奈骑马北行，途中采集植物标本，观看萨米族人的风俗和生活方式，不知不觉地走进了全昼（因为那是夏天），受尽了蚊虫的叮扰。毫无疑问他还相当的怡然自得，泰然自若，让人给他画了一幅肖像。

林奈系统如下：自然界（自然的王国）被分成三个界：动物界、植物界和矿物界。（除了一些化石以外，现在已不再提矿物界。）

动物界和植物界被划分为纲，纲被分成目，目被分成属，属被分成种。一个生物种的名字由两部分组成：属名和种本名。

每一个界以下的纲之间有明显的差异可以区分。动物界划分为6个纲，首先可以通过心脏的构造、血温和血色加以区分。哺乳纲和鸟纲有两心房两心室，温血呈红色；两栖纲（也包括爬行类动物）和鱼纲一心房一心室，冷血呈红色；昆虫纲和蠕虫纲单心房，无窦房心脏，冷血呈白色。如何更简洁一些？上述每对进一步划分：哺乳纲是胎生的，鸟纲是卵生的；两栖纲有肺，鱼纲有鳃；昆虫纲有触角，蠕虫纲有触手。

每一个纲以下的目按同样的方法继续往下分。为了区分哺乳纲以下的目，林奈选择了前（门）齿。在哺乳纲的 8 个目中，鲸目的附肢呈鳍状，没有前齿，其余的 7 个目是四足型的，有前齿。四足型的 7 个目各自具有不同的前齿种类和数目。就灵长目来说，有 6 枚上前齿，“是同型的”。

当谈到属的时候，虽然林奈仍然对其牙齿印象深刻，但这种对牙齿的连续分析有点中断。灵长目分为 4 个属：

- 人属：有自我意识。
- 类人猿属：前齿 4 枚，犬齿与其他齿分离。
- 狐猴属：下前齿 6 枚。
- 蝙蝠属：手呈棕榈叶状，用于飞行。

蝙蝠属（*Vespertilio*）包括蝙蝠这一类。这个属已经从灵长目中排出去很久了。现在我们需要考虑其他 3 个目，既可以举例说明系统学的一些做法，又可以看一看林奈的灵长类学是个什么样子。

人属（*Homo*）有一个很长的脚注解释这个属的定义，“自我意识”（雅典立法者梭伦的一则格言），然后详细地描述了人类的心理、饮食、病理、本性、政治和道德。而后他列出了两个种：*sapiens* 和 *troglodytes*。

智人或现代人（*Homo sapiens*）被简单定义为“白天活动的”，然后我们可以读到“随着文化和地理的差异而有所不同”。这一点是重要的，因为紧接着在书页的边缘列出了 6 个变种：菲茹斯人、美洲人、欧洲人、亚洲人、非洲人和畸形人。其中，4 个地理差异有时被人误解为是 4 个种，似乎林奈把美洲、亚洲、欧洲和非洲的本土居民都看成是 4 个不同的人种，或者至少给这 4 个种族取了不同的名字。真是莫名其妙，具有这种设想的人没有注意到另外的两个名称：

菲茹斯人：四足、不会说话，毛发多而长。是孩子在野外跟动物一起长大所致，如狼孩。他指出了文献中所描述的 6 个案例，或多或少有一定的可信度。

畸形人：（a）高山矮人，或许是白痴病患者或呆小人（山区碘缺乏病人）和巴塔哥尼亚巨人；（b）单侧隐睾症者和联体双胎；（c）巨头人和斜头人。

显然，那 4 个地理差异的区分和这两个是在同样的背景条件下提出的，根本不会是不同的种。不是吗？同样，当林奈对他们的个性特征、服饰、组织管理形式予以归类分析时，他也没有把这些当作是不可改变的条件，而是重申他的陈述，人种具有文化和地理方面的差异。

林奈的第二个人种——黑猩猩（*Homo troglodytes*），与 *Homo sapiens* 相对应，被简单地定义为“夜行性的”。作为证据，他从文献中摘录了两个名称和该种存在的 3 份资料：

Homo sylvestris Orang Outang. *Bont. jav.* 84. *t.* 84.

Kakurlacko. *Kjoep. itin. c.* 86 *Dalin. orat.* 5.

就其“栖息地”来说，他写明：埃塞俄比亚（依老普林尼!）、爪哇、安汶和特尔纳特岛，“栖于洞穴”。

第一份资料是朋木斯（雅克布·德波特）的。或许是一只红毛猩猩，但正如我们前面所说过的，也许仅仅是一个多毛的妇女。对于另一个名字“kakurlacko”，伯纳德·霍伊维尔曼已经解释道，它是法语词“chancrelat”（意为：一个白化体）的葡萄牙语写法。瑞典航海者邱依平（Kjoeping）在特尔纳特岛遇见了这样一些个体，它们的确躲在没有光的洞穴里，被其他的人猎杀和捕捉，好像它们是亚人类。达林（Dalin）是瑞典皇家科学院的主席，在一次做演讲的时候提到过它们。或许，它们穴居的习性就是林奈将它们与老普林尼的神话般的 troglodytes（也是生活在洞穴中）相联系的原因。他对这个种的描述及其鉴别特征、来源与生活环境忽视了朋木斯的资料，完全针对的是白化体。

那么，林奈描述的第二个人种是一个幽灵，有名无实。真使人失望！列于这本伟大著作——整个动物分类科学的开篇著作中的第二个种是一个神话。

最近，针对把黑猩猩置于人属这个问题已出现了一些新的情况。目前，普通黑猩猩一般被称为 *Pan troglodytes* Boddaert，1785。如果把它们放入人属，那么林奈所命名的 *Homo troglodytes*（意指一种幻想中的生物，部分或全部由真实的人类所组成）就优先占用了 *troglodytes* 这个种名，这是否意味着必须为普通黑猩猩另找一个可用名？1997 年，伊丽莎白·沃森在修改她的论文准备发表的时候，她本人并代表她的同事，向我询问这个问题。我引述了《国际动物命名法规》第三版中的第 52（a）条款：“同名性原则：如果一个可用名（available name）是另一个可用名的次同名（junior homonym），那么该可用名不能用作有效名（valid name）”，以及第 57（c）条款：“如果完全相同的种团名（species-group names）已被用作不同的分类阶元命名，那么它们连同其命名时的属名一起构成后同名（secondary homonyms），次同名无效”。由于该法规中没有其他条款提供遁道，显然 *Homo troglodytes* 不能被用于黑猩猩的命名。

可是，自 2000 年生效的《国际动物命名法规》第 4 版做了修改。第 23.9.1 条款陈述：“当满足以下两个条件时，必须保持流行用法：（23.9.1.1 款）1899 年以后，首同名（senior homonym）还没有被用作有效名；（23.9.1.2 款）初级同名作为一个假定的有效名已经被用于一个特别的分类阶元，必须是在紧接的 50 年，时间跨度不少于 10 年，至少见于 25 份论著，不少于 10 个作者。”在这种情况下，*Homo troglodytes* Linnaeus，1758，就是高级同名；1899 年以后，没有人把它用作有效名（甚至可能自林奈那时起也没有）。而 *Homo troglodytes*（Boddaert，1785）是初级同名；尽管它几乎总是与 *Pan troglodytes* 联合使用，只要它一旦被转移到了人属（*Homo*），*troglodytes* 就变成了次同名。所以，只要我们可以肯定至少 10 位作者已经使用 *troglodytes* 这个名字指向黑猩猩长达 50 年以上，我们就可以拒绝 *troglodytes* Linnaeus。

类人猿属（*Simia*）是林奈系统的第二属，包括所有的非人类人猿。他把该属分为通俗的 3 个类群：①无尾类（即无尾的类人猿）；②短尾类（狒狒）；③长尾类（长尾猴）。第一群包括萨梯（*satyrus*）和塞万努斯（*sylvanus*），第二群包括斯芬克斯（*sphinx*）和阿匹第亚（*apedia*），第三群包括塞勒诺斯猴（*silenus*）、福纳斯猴（*faunus*）、潘尼斯柯斯猴（*paniscus*）、黛安娜长尾猴（*diana*）、克普斯猴（*cephus*）、艾古拉猴（*aygula*）、哈玛菊亚斯猴（*hamadryas*）、佳克斯猴（*jacchus*）、俄狄浦斯猴（*Oedipus*）、埃塞俄比亚长尾猴（*aethiops*）、迈达斯猴（*midas*）、西纳摩尔哥斯猴（*cynamolgos*）、阿帕拉猴（*apella*）、摩塔猴（*morta*）、卡甫西纳猴（*capucina*）、松鼠猴（*sciurea*）、眼镜猴（*syrichta*）。

1911 年，奥德菲尔德·托马斯仔细考查了这份表，试图弄清它们的真实面目。其重要性在于，它们是任何灵长类动物确定无疑的最早的可用名。但是，不那么容易，一些名字被简单地弃用了，取而代之的是另外的一个名字，它可能已经被接受作为一个已知物种的名称，但其指代实际上又不是那么明确。所以我也要亲自尝试一下，无论如何，弄明白林奈所知道的东西是相当有趣的事，何况有时还有标本可以参考。

在考虑它们究竟是什么以前，先让我做一个大体上的说明。林奈提出的一些种名用的是名词形式，希腊名或拉丁名（如 *Cephus*），或者是要通过这个种使人追忆的某一个人或神的名字（如 *Sylvanus*——一个罗马神）。有时，某些种名是根据其地理来源取的（如 *Aethiops*——来自非洲）。其余的种名则仅仅是描述性的形容词（如 *sciurea*——似松鼠的）。对于前两种类型的种名，林奈将其第一个字母大写，而对于第三种类型则小写。（今天，强制性的要求任何一个种本名的第一个字母都小写）。如果要将一个物种转移到另一个属中，我们是不是要改变其名称？弄清楚了上述问题就比较好办。比如，物种 *Syrichta* 现在被放入了 *Tarsius* 属，因为林奈拼写时将其第一个字母大写了，所以我们就没有必要将其名称改变成“syrichtus”，以使其与属名“*Tarsius*”相符，即使它是一个阳性词也不必改。

（我认为，“syrichta” 的意思有点像“一个编篮的妇女”，但我想不出他用这个名字的理由。）

那么，接下来，我们逐一叙述：

• *Satyrus*（萨梯）。以这个最有争议性的名称开始。林奈对这个名字仅有的参考文献，一个是他自己的《自然系统》第 6 版（也是基于杜普和朋木斯的文献），另一个是杜普的著作。前已述及，对于“杜普猿”有 3 种不同的解读：普通黑猩猩、倭黑猩猩（俾格米）和红毛猩猩。真有些莫明其妙，*satyrus* 这个名字大多被用于红毛猩猩，在整个 19 世纪和 20 世纪早期的文献中，红毛猩猩都被称为 *Simia satyrus*，也有少数的几个作者把这个名字用于黑猩猩（如 *Pan satyrus*，伟大的动物学家恩斯特 · 施瓦兹就是将这一名称指向黑猩猩的最有影响的人物）。1927 年，斯泰尔斯和奥利曼认真审查了黑猩猩和红毛猩猩的早期命名历史，同时也考查了巴巴利猕猴，结果对于整个混乱不堪的局面，他们感到非常遗憾，于是提出建议，彻底地弃用 *Simia satyrus* 这个名字（同时废弃属名 *Simia*，以及另一个具有混乱历史的属名 *Pithecus*）。国际动物命名法委员会同意了他们的提议，1929 年废止了这 3 个名称。这意味着，只要是与林奈所指的 *Simia satyrus* 名称相关，其属名 *Simia* 和种本名 *satyrus* 就无效。

• *Sylvanus*（塞万努斯）。这个名称参考了几份文献，均指明是巴巴利猕猴。很好！

• *Sphinx*（斯芬克斯）。虽然引述“婆罗洲”作为其栖息地，但林奈同样参考了他自己的第 6 版，以及格斯纳、奥德罗瓦德斯、约翰斯顿纳斯和约翰 · 雷的资料，所有这些文献都可回溯到格斯纳的最早的文献。尽管我认为格斯纳最有可能描述的是一只山魈，但这个名称早期一直被用于西非产的大狒狒，为了解决这个问题，为 *sphinx* 指定了一个新的类型。

• *Apedia*（阿匹第亚）。这个新种是根据实际标本描述的。它的尾巴非常短，指甲扁平，拇指与掌相对，体色灰白，似松鼠猴。20 世纪 60 年代，杰克 · 辅登在乌普萨拉的林奈博物馆（现称林奈馆）找到了这个模式标本的头骨，将其鉴定为松鼠猴。其皮张好像找不到了。辅登认为，其尾巴一定被损坏了，也正如林奈自己所注意到的，在其他方面它与松鼠猴很相像。因为某个理由，这个名字的意思是“断子绝孙”。

• *Silenus*（塞勒诺斯猴）。其描述相当清楚（体毛黑色、胡须多而呈雪白色）。它的确是现在所称的狮尾猴（*Macaca silenus*）。可是，林奈的参考文献是由一个名叫普洛斯波 · 阿尔派南的帕多瓦籍医师于 1591 年出版的《埃及医药》，这其中的引述就有一点问题。我没有看过这本著作，但辅登在他关于这个种及其亲缘种的一本专著中指出，这本书中描绘的是一只黑胡须猴，可能来自埃及。另外还参考了约翰·雷的文献，他描述了一只来自锡兰的叶猴（*Trachyithecus vetulus*）。为了把这个名字确定地用于这个物种，辅登建议将布丰对“Ouanderou”的描画作为模式。Silenus——正确应是 Silenos——是希腊神话中一个具有智慧的老年萨梯（satyr，意为好色之徒）（或许只有那个好色且具有冒险精神的暴徒实际上才会是聪明和长寿的）。

• *Faunus*（福纳斯猴）。林奈使用的资料是荷兰植物学家查尔斯·库希乌斯（以“克鲁修斯”之名著称）于 1605 年出版的 Exoticorum，这本书我也没有看过。林奈描述其特征：有胡须，尾毛丛生，体色较黑，胡须、胸部和前腹呈现白色。奥德菲尔德·托马斯认为，胡须白色和胸部白色是戴安娜长尾猴的特征，而尾毛丛生与白须是疣猴的特征。这个名字一直没有被分配指定为确切的猴种，似乎很明智！Faunus 是罗马森林之神，多多少少与希腊语 Pan 相当。

• *Paniscus*（潘尼斯柯斯猴）。前已述及，朱颜蜘蛛猴（*Ateles paniscus*）产于巴西的伯南布哥州，对它的描述依据是马可格雷夫的“Coaita”。很好，找到了一个名称，它毫不含糊地属于现在所指的这个物种。

• *Diana*（黛安娜长尾猴）。这是依据马可格雷夫所描述的又一个种（the “Exquima”）。另一个种实际上已被正确地解释。

• *Cephus*（克普斯猴，即髭长尾猴）。这是马可格雷夫所命名的另一种猴，再一次被正确地分派了名称。

• *Aygula*（艾古拉猴）。根据奥德菲尔德·托马斯所说的，这个种过去通常被认为是我们现在所知道的爪哇灰叶猴（*Presbytis comata*）。直到 60 多年以后，普鲁·纳皮尔和我才发现，*Simia aygula* 实际上是食蟹猴或长尾猕猴（*Macaca fascicularis*）的先定同物异名，我们将其废止了。（普鲁·纳皮尔的直觉开始充分地发挥作用，她注意到林奈的标本来自于他自己的学生奥斯贝克。奥斯贝克既描述了爪哇的猕猴，也应其主人的要求，去查看了阿尔博加市市长所养的一只宠物。）这个名字的意思是“小冠”，使人联想到布丰的“白鹭”。

• *Hamadryas*（哈玛菊亚斯猴）。毫无疑问，这是阿拉伯狒狒。在希腊神话中，这个名字是指一个森林女神——有人可能会认为，这与沙漠生活的狒狒不太相符。

• *Jacchus*（佳克斯猴）。毫无疑问，这是普通狨。描述的依据是马可格雷夫采自巴西伯南布哥州的标本。Jacchus（严格地说应是 Iacchos）是古希腊时代埃勒夫西斯谜案中所引出的一个神秘的玉米神。

• *Oedipus*（俄狄浦斯猴）。这个名字也没有什么问题，但很难理解的是为什么林奈要把一个命中注定要凶杀自己父亲和婚娶自己母亲的不幸的人的名字用于这种清清白白的猴子。

• *Aethiops*（埃塞俄比亚长尾猴）。林奈引述他的一个名叫哈塞尔奎斯特的学生的资料，他到过埃及，描述了我们现在知道产于上埃及（即埃及南部地区）的一种绿猴（*Chlorocebus aethiops*）。这个名字的意思是"一个埃塞俄比亚人"。

• *Midas*（迈达斯猴）。即金手绢毛猴，这个可爱的名字取自迈达斯国王，他有一种神奇的魔力，能点石成金。

• *Cynamolgos*（西纳摩尔哥斯猴）。正如奥德菲尔德·托马斯所指出的，林奈主要是根据马可格雷夫所谓的"分布于刚果瓦卡特地区马卡扣一带的安哥拉大长尾猴"而定该名。也如我们前述，它可能指的是一种狒狒。所以，该学名是 *Papio ursinus* 或 *Papio kindae* 的先定同物异名——而不是如托马斯所坚持的是 *Papio hamadryas* 的同物异名。这个名字有点"像狗一样贪欲的一种动物"的意味。

• *Apella*（阿帕拉猴）。仅有的描述是："无须，尾半缠绕性，体毛深褐色，脚黑"，但托马斯也据此将其认定为我们现在所称的产于圭亚那的黑帽卷尾猴（*Cebus apella*）。林奈也说，它发出一种像雏火鸡一样的声音，其名称可能由此而来：在希腊语中，ελλος 的意思是"年幼动物"，απο 的意思是"来自"——这可能有点牵强附会，但比其他说法更令人信服（如 α+πελλα，意思是无皮的！）。

• *Morta*（摩塔猴）。"无须，嘴唇较暗，体毛栗色，尾部裸露多被鳞"。在德国瑟巴的标本馆有一个标本，托马斯说，它是松鼠猴（或许尾部已被损坏），但是还没有鉴定到种。这个名字的意思是"骷髅头"，跟德语中的"Totenkopfaffe"意思相近，是松鼠猴的常用名。

• *Capucina*（卡甫西纳猴）。在斯德哥尔摩的自然历史博物馆现在有以这个名字命名的一个模式标本。没问题，它就是群栖于中美和南美热带森林中的卷尾猴 *Cebus capucinus*。名字的意思是"戴风帽的"（像僧侣）。

• *sciurea*（松鼠猴）。在斯德哥尔摩又有一个模式标本，我很遗憾地说，它现在的学名是 *Saimiri boliviensis*，而不是 *S. sciurea*。对于这个令人不愉快的事情可能有些隐情……

• *Syrichta*（眼镜猴）。据载，产于菲律宾的吕宋岛。据奥德菲尔德·托马斯评述，这个名字是基于彼提瓦的一本书中的一个可怕的滑稽人物。托马斯认为，它一定是菲律宾猕猴，这是在吕宋岛发现的唯一的一种猴。可是，安吉尔·卡布雷拉后来的研究表明，尽管地点没错，但它却是菲律宾眼镜猴，因此现在将其学名改为 *Tarsius syrichta*。

狐猴属（*Lemur*）。在古罗马，狐猴意指“幽灵”——一种邪恶的亡灵。（现代相当一部分人都还接受这一主题）。林奈仅列出了 3 种：*tardigradus*、*catta* 和 *volans*。*Lemur tardigradus* 所依据的标本是由瑟巴采集的，收藏于斯德哥尔摩博物馆。它是来自斯里兰卡潮湿地带的一种小型红色的懒猴，现今被称为瘠懒猴（*Loris tardigradus*）。*Lemur catta* 是环尾狐猴，这是没有疑问的。*Lemur volans* 实际上是一种皮翼目动物（或鼯鼠），根本就不是灵长类动物。

以上列出的正是灵长类动物的第一份学名名单。林奈共命名了 3 个属（*Homo*、*Simia* 和 *Lemur*），计 26 种。其中，18 种灵长类动物的学名现在还是沿用他 1758 年的命名。其余的 8 种，要么有争议（4 种），要么被弃用（2 种）；有一种是被误解了，现已被废止（*Simia aygula*）；还有一种（*Lemur volans*）全然就不是灵长类动物。

然而，林奈的事还没有完。他的属名中，人属（*Homo*）和狐猴属（*Lemur*）还在使用（后一个属名适合于 *Lemur catta*，却不适合于该属名单中列于首位的 *tardigradus*）。可是，我已经谈到，对于类人猿属（*Simia*）究竟应该包括哪些种，人们的想法差别很大。真正的类人猿属的属名范围如此混乱不清，以致现在被完全废止。20 世纪，*Cercopithecus* 这一名称被广泛用于非洲长尾猴，而没有严格地遵循命名优先法则，1954 年国际动物学命名法委员会决定顺应这一潮流，对林奈提出的“Cercopitheci”做如下处理：①它应该用单数（“Cercopithecus”），而不是复数；②它应该是一个实际的属名，而不只是类人猿属（*Simia*）中的一个俗名；③它应该有一个模式种——*Simia diana*。这样，今天真就有这么一个属 *Cercopithecus*，其模式种为戴安娜长尾猴 *Cercopithecus diana*（Linnaeus，1758）。

全然是一派怪异的谎言，但有用。

现在讲一讲林奈的一个学生——克里斯汀·伊曼纽尔·霍普，他于 1760 年提交的博士学位论文为“*Anthropomorpha*”（人形类）。像林奈所有学生的博士学位论文一样，这篇论文也是用拉丁文写的，所以“Hoppe”这个名字拉丁化为“Hoppius”（霍匹乌斯）。这篇论文发表在 1766 年《学术采风》序列上。文中描述和描绘了 4 种类人猿：*Simia pygmaeus*、*Simia satyrus*、*Simia lucifer*、*Simia troglodyte*。其中，第一个名字——*pygmaeus*，就是今天用于婆罗洲猩猩的学名，它与属名结合起来就是 *Pongo pygmaeus*。

可是，在1852年以前都还经常有人指出，按照瑞典当时的习惯，教授写论文，然后学生掏钱打印出版，论文可用作学生晋升的凭证。所以，“人形类”的作者不是“霍普”（甚至也不是“霍匹乌斯”），而是Linnaeus（林尼厄斯）。

人形类

黑猩猩　　路西法猿　　萨梯　　俾格米猩猩

林奈描述的“人形类”中黑猩猩、路西法猿、萨梯和俾格米猩猩的雕刻画——通常认为这是他的学生霍匹乌斯的作品，但实际上这篇论文是他的导师林奈本人所作。俾格米猩猩（或倭黑猩猩，现今学名为*Pongo pygmaeus*）是基于爱德华兹的作品绘制；萨梯这幅画虽可追索到杜普的作品，但实际上它是对史考亭作品的粗糙仿制；“路西法猿”是由“布雷登巴赫的阿拉伯狒狒”经过多次扭曲式的错误拷贝逐渐衍生而来；黑猩猩的画则引自朋木斯

这4个名字表达相当混乱：

[*Simia*] *Pygmaeus Edwardi*

[*Simia*] *Satyrus Tulpii*

[*Simia*] *Lucifer Aldrovandi*

[*Simia*] *Troglodyta Bontii*

上述每一个名称的第三个词并不意味着它是学名的一部分，而是指对这个物种进行描述的人的名字：Edwards（原文如此——不是“Edward”）、Tulp、Aldrovandi、de Bondt。

乔治·爱德华兹（1694～1773）是一位英国的博物学家，1758年出版了一

这是爱德华兹的《自然历史拾遗》(1758) 所谓的“森林之人、野蛮人、西瓦斯区斯人、萨梯、红毛猩猩或者黑猩猩”。这幅画是根据一只(一件确实保存下来的标本) 红毛猩猩幼体描绘的——是欧洲文献中第一幅确切无疑的有关红毛猩猩的图画

本著作《自然历史拾遗》，书中包括了对鸟类及其他动物的描述和精美彩画，描述了来自马达加斯加的“毛考蔻猴”、“黑毛考蔻猴”、“獴狐猴”和其他灵长类动物，其中还描述了一只红毛猩猩，那是一件幼体标本，用酒精保存在汉斯·斯洛恩先生的博物馆中，被称为“森林之人、野蛮人、西瓦斯区斯人、萨梯，或者红毛猩猩、黑猩猩”。这幅画描绘了一只瘦小的红毛猩猩幼体坐在一条木板凳上，手里拿着一根棍子，头部的侧面素描效果也比较好。据说，此后爱德华兹把这只动物的头骨送给了林奈。位于乌普萨拉大学的动物博物馆中有这么一个头骨(也许就是这个，但缺乏真实的证据)。所以，林奈确实非常明确地给红毛猩猩取了第一个学名 [*Simia*] *pygmaeus*，事实上，他认为这就是已长期丢失的荷马所谓的“pygmy”(俾格米)，因此这也就终止了这种现生非人灵长类动物中个体第二

大的动物被称为“*pygmaeus*”的异常滑稽的场面了。

第二个名字即杜普所描述的［*Simia*］*Satyrus*。对它的描画依据的不是杜普所描述的猿，而是基于史考亭雕刻画的一件质量不高的复制品。千万要记住，这个名字不能再用了，因为国际动物学命名法委员会已将其废止。

第三个名字是奥德罗瓦德斯提出的［*Simia*］*Lucifer*。描绘有点像一个女人的身体，脚细长，大跗趾几乎与其他趾并齐，还悬吊着两个乳房，尾巴中等长度，大腿后缘生着长毛，头上环生一圈长发。已故伯纳德·霍伊维尔曼斯是一位著名的（对传奇动物进行研究的）隐生动物学家（这个领域要求从业者具有一定程度的夏洛克·福尔摩斯私家侦探般的能力）。他追溯了这幅画的历史，结果非常引人注目。它是经过多次复制而来，并且每次复制的质量都很差：最早的复制品或许是对艾哈德·罗依维奇现场素描的一只阿拉伯狒狒画的复制，然后经冯·布雷登巴赫于1486所复制的“朝圣画”，格斯纳的“毛人画”，以及奥德罗瓦德斯的“长尾猴（*Cercopithecus formae rarae*）”逐一复制而来。以这种方式，一只狒狒经过变形成为了林奈著作中奇怪的类人动物，还莫名其妙地获得了一个名字——“Lucifer”（路西法）。

第四个名字即朋木斯提出的［*Simia*］*Troglodyta*。德波特已把它描绘成了一个可怕的滑稽人物，仅仅头上有发，而脸盘上没有了一圈毛。仍然是雌的，但身上的毛较多，或多或少像一个毛人。

我恐怕，这个伟人做得也不是非常好。我只是不能理解他怎么就轻易地采用了朋木斯和奥德罗瓦德斯粗制滥造的画，须知面部的特征极为重要，蛮横地窜改它们的真实特征，这还不够，还给它们取了科学名称，这绝对是厚颜无耻。接受杜普对猿的描画可以理解，但使用一种不同动物的画像就不对了。只是对爱德华兹所描述的猿这一点做得比较好——他第一次对一种非人巨猿给出了可以接受的学名。

《自然系统》第12版做了一些变化，在第10版的基础上增添了某些内容。在第10版与第12版的出版期间，出版了两本重要的著作。一本是爱德华兹的《自然历史拾遗》，另一本是布里森的《动物界九纲的分布暨系统方法纲要》第二版。

许多著名的自然科学家在早年的时候都认为，他们可能会进入教堂，献身于宗教，或者就像他们的父亲所期望的那样成为牧师，其中就包括林奈和达尔文。但是马蒂兰·雅克·布里森（1723～1806）比大多数人都有过之而无不及，实际上他已经接受了削发仪式，但就在做完牧师的圣礼后，他变卦了。他也成为了林奈所敬慕的雷内·雷默尔的助手，雷默尔给他介绍系统学概念。1756年，布里森创作了《动物界九纲的分布暨系统方法纲要》。书中，他提出，林奈已经劈开了整个动物界，就应该有更多的纲、更多的目，以及更多的属。1762年，出版了第二版，其中描述了大量的新种。他当然是对的，需要更多的纲、目、属，如此深刻的认识值得信赖。不幸的是，他对双名法的使用是前后矛盾的，至少可以说，这本书已经被拒绝用于动物命名的原始文献，可是它的确也像爱德华兹的《自然历史拾遗》一样用作林奈《自然系统》最后版本（第12版）新种命名的参考资料。

在这最后一版中，对于 *Simia satyrus* 这个种的描述首先主要引用的是爱德华兹的文献，其次才是杜普的资料。这或许就是许多作者感觉到能够把 *satyrus* 这个种名用于“婆罗洲猩猩”的原因，直到斯泰尔斯和奥利曼提出停用这个名称为止。他还摘录了爱德华兹文献中的以下内容：

- “狒狒”的第三个种——*Simia Nemestrina*，这是来自苏门答腊岛的猪尾猴。我不明白这个名字意指什么。
- *Simia trepida*，一种来自苏里南的卷尾猴。这个名字的意思是“胆小”。
- *Lemur mongoz*，是指爱德华兹所谓的来自马达加斯加的“Mongooz”（獴狐猴）。
- *Lemur macaco*，是指来自马达加斯加的“毛考蔻猴”，也提到它曾被布里森当作 *Prosimia fusca*（褐原猴）。

从布里森的文献中，林奈摘录了更多的种。

- *Simia Inuus*，与 *Simia sylvanus* 稍有不同，很明显是另一种巴巴利猕猴。他显然没有从布里森的描述中看出细微差异，只是简单地重新描述了同样的内容。Inuus 是另一个罗马森林之神。
- *Simia Maimon*，一种真正红鼻子的山魈，但很显然它生活在锡兰！Maimon（迈蒙）是一个阿拉伯词，意指狒狒。
- *Simia Veter*，一种神秘的黑须白猴，来自锡兰。Veter 的意思是“一个老人”。
- *Simia Belzebul* 和 *Seniculus*，两种吼猴：第一种来自巴西；第二种来自哥伦比亚的卡塞根纳。Belzebul 是 Beelzebuth（巴力西卜）的一种写法，意指“圣君”，是迦南人的太阳神“巴尔”的头衔；以希伯来语的写法，它就变成 Beelzebub，意为“蝇王”。*Seniculus* 的意思是“一个小老头”。
- *Simia Cynocephalus*，一种黄色的长脸猴，显然是黄狒狒。这个名字是一个旧希腊词，意指狒狒。

• *Simia Sabaea*，西非绿猴。名字指明它来自 Saba（塞巴）或 Sheba（示巴），时至今日，埃塞俄比亚人坚持认为这个地方不在也门，而在埃塞俄比亚。

• *Simia Pithecia*，白脸粗尾猴，来自圭亚那，这个词的意思是“一种似猿的动物”。

• *Simia nictitans*，是一种大白鼻长尾猴，来自“几内亚”。这个名字意味着波动或摆动［由这种猴可以想起法语词 hocheur（点头人）］。

• *Simia Rosalia*，金狮绢毛猴，来自巴西。

• *Simia fatuellus*，另一种卷尾猴。这个名字的意思是“有点傻呆”，可怜的家伙。

有人会以为，至此林奈的灵长类动物世界已经完整了。并非如此。他在写最后一部主要著作《植物补遗》第三卷时，又描述了 3 种灵长类动物，虽然我认为，它们不是植物，但他却把它们列于附录中。

• *Simia sinica*，斯里兰卡猕猴。种名的意思却是“中国的”。

• *Simia Nemaeus*，白臀叶猴。这个名字似乎意味着“充满线条的”，我认为意指“多彩的外表”。

• *Homo Lar*，长臂猿。把一种真正的非人物种放在人属（*Homo*）中，这一做法确实引人注目而又恰如其分。在古罗马，Lar 是指祖辈的精灵，一种善良的逝去的精灵，与 Lemur 所代表的邪灵恰好相反。这个新种的资料源包括布丰的大、小长臂猿，以及一个英国人对白眉长臂猿的描述，因此实际上它是基于三个不同的分类群。

1982 年，国际动物学命名法委员会把其限定为马来白手长臂猿。

那么，我们应该从林奈所描述的灵长类动物中获得些什么？首先，我们得心理有数，他是一位植物学家，虽然他的雄心壮志（不是前述所提到的阿特迪的早逝）迫使他认真对待动物，但也许他没有真正地理解“步行”和“游泳”之类的事。对于他来说，客观存在的是属而不是种（这就是在双名法中属名被尊置于前的理由）。植物的属可以通过繁殖器官的特征予以区分，林奈也在哺乳动物中寻找相应的区分特征——在哺乳动物中，他认为牙齿有区分作用，可是灵长类动物的情况让他感到有点失望（这也就是他坚持把蝙蝠置于灵长目中的部分原因）。

实际上，他对灵长类动物的分类编排有些零碎杂乱。在这一点上他比布丰好不到哪里去，事实上还更差，因为布丰把握了旧世界猴和新世界猴的基本差异，而林奈没有。有些物种有实际的标本对照，同时混杂着别人（是否像马可格雷夫那样基于可靠的资料?）的描述，还有少数物种依据的纯粹是幽默，如 *Homo nocturnus* 和令人可怕的 *Simia Lucifer*。从布里森开始，林奈的追随者和继承者们认为，林奈的划分很不够。确实如此，可是林奈只不过是奠定了一个基础，其他人则可以在上面建筑大厦。

的确，林奈迈出了非凡的一步，使与之同时代的人感到惊骇，而其继承者则轻率地倒退了。林奈坚定地把人类置于灵长目中。

4.3 第一批林奈学者

在林奈的一生中，或在他还活跃于这个领域时，好像很少有其他博物学家敢于与他竞先。可是，甚至就是在他于1778年逝世前的一段时间，整个分类学事业突飞猛进。接下来的20年间，系统动物学家具有两种类型：一类是简单地系统化，实际上（有时是有意识地）是在出版《自然系统》的新版本；另一类是在做具有其自身特色的自然系统工作。

约翰·弗里德里希·格梅林（1748~1804）是一位医学教授，他于1788年出版的《自然系统》被公认为是第13版。该书把黑猩猩（*troglodytes*）这个种转移到了类人猿属（*Simia*），以布鲁门巴赫、杜普和史考亭的资料作为引证。指猴，作为松鼠的一个种——马达加斯加松鼠（*Sciurus madagascariensis*）被予以了最早的描述，像是依据布丰增版中索纳拉特的描述而来。

1792年，格梅林的版本被译成了英文（有新增内容），译者是另一位医学科班出身、在爱丁堡孤儿医院工作的外科医师罗伯特·克尔（1755~1813），译版展现的是感情洋溢的标题“著名的查尔斯·林奈先生最新动物界或动物系统重大改进版——哥廷根大学格梅林教授编著”。克尔采用了“亚属”这个创新的概念，把亚属名置于属名和种名之间。

约翰·克里斯汀·坡利卡·艾克斯勒本（1744~1777）是哥廷根大学的一位哲学教授，于1777年出版了他自己的《动物系统》。书中有些进步的内容，例如：他首次认识到布丰的眼镜猴是一种灵长类动物，把它以学名 *Lemur tarsier* 的形式放进了狐猴属（*Lemur*）。

内科医师彼特·伯德特（1730~1795）是浪漫诗之子和情欲诗之父。他拥有自己的自然历史陈列室，晚年他以私人的身份在乌特勒支大学教自然历史。他于1785年出版的《动物辨析》催生了四个杰出的林奈学者：约瑟夫·班克斯先生随库克船长旅行到了太平洋，在他的一生中做出了凡人只能梦想的卓越成就；博物学家彼得·西蒙·帕拉斯因在俄罗斯帝国旅行而闻名；齐默尔曼的情况放在后面重点叙述；荷兰植物学家伯尔曼恩。这本《动物辨析》是重要的，主要是因为它很好地继承了布里逊的优点，但是又严格地遵循了双名法。有别于林奈和格梅林的观点，他效仿的是布鲁门巴赫（参见后述）的做法把人类从动物中排除，所以废除了灵长目。其余的灵长类动物全都被放在了一个缺乏分类等级的四手型（四肢皆可当手用的）动物群中，与懒猴、蝙蝠、犰狳、穿山甲和食蚁兽混在一起。红毛猩猩、长臂猿和猴被一起放入了通常很笼统的类人猿属（*Simia*）中，但废除了林奈的狐猴属，而把该属中的成员归入两个新属：马达加斯加狐猴、鼯猴和眼镜猴归入原猴属（*Prosimia*），而把懒猴归入缓步属（*Tardigradus*）。后者仅包括两种，即瘠懒猴（*T. loris*）和蜂猴（*T. coucang*）。*T. coucang* 是他的首次描述，但是完全依赖的是彭南特和沃斯麦尔的描述。

说点闲话。现代的命名法规坚持：物种和属的名称及命名方式是不同的。可是，在伯德特那个时代，你可以简单地把一个种提升为属，并且还可以用同一个名称。因此，他把林奈的 *Lemur tardigradus*“提升”为一个属而将其命名为 *Tardigradus*，于是他不得不为之发明一个新的种名（因此就有 *T. loris* 之名）。此外，现代动物命名法规规定：必须使用最早的可用名（除非名称有错误），当一个属被拆分之后，种名不变，旧属名被用于包含模式种的那个属中的所有种。可是，当伯德特把林奈的狐猴属分成两个属的时候，认为狐猴属就不存在了，因此他不得不创造两个新的属名。在 18 世纪甚至 19 世纪，这是司空见惯的事，由此导致了我们不需要的冗余的名称。

伯德特的书可能是最后一本以《自然系统》的陈旧版式（也是用拉丁文）写作的。所以，我们要转而介绍那些走自己道路的人的工作及其著作。有的是用当时通行的拉丁文写的，有的则是用地方文字写的。某些限于分类学方面，某些则涉及诸如地理学或解剖学等广泛领域。

约翰·克里斯汀·丹尼尔·冯施雷贝（1739～1810）是埃朗根大学的一位医科教授。他是林奈的一个学生，写下了颇有影响力的多卷著作《哺乳动物》，书中对于记述的新种附刻了彩画。这一套丛书在 19 世纪时，被瓦格纳复兴，增版了 5 卷。

虽然埃伯哈德·奥古斯特·威廉·齐默尔曼（1743～1815）的最好名声可能是被认作统计学家卡尔·弗里德里希·高斯的老师，但他却是一个地理学家和博物学家，广泛地在旧世界和新世界旅行，出版了关于人类与动物地理的地图。他在 1780 年出版的《地理学历史》书中采用了林奈系统，给一些灵长类动物命了名——不是对他自己发现的物种命名，而是对除了彭南特那些非林奈式的著作以外的自然系统中描述的物种命名。命名 *Cercopithecus mulatta*——现为 *Macaca mulatta*，可能是他最著名的知识贡献，尽管这个种名很长时间被弃用，19 世纪它通常被当作 *rhesus*，还总是被称为恒河猴。

林奈及其继承者都试图采用双名法对更多的物种进行命名，许多学者努力领会并寻求正确的途径运用双名法。但直到 19 世纪初，科学家才逐渐认识到，需要一些统一的规则，给物种命名，才不至于造成更多的混乱。1842 年开了一个好头，之后多次商讨与修改，第一本官方编纂的《国际动物命名规则》于 1905 年出版发行。后来，经更多次的精心讨论和修订，直到1961 年，《国际动物命名法规》第一版才正式颁发。在世界范围内全面遵照执行的基础上，先后进行了多处修订和补充。迄今，我们能够见到的是 1999 年颁布的第四版，但无疑今后国际动物命名法委员会还会适时地颁布新的版本。

在独树一帜的学者当中，解剖学家暨外科医生彼得·康姆伯（1723 ~1789）因首次详细解剖红毛猩猩而创造了历史。他主要通过面部的角度区分物种：直立型脸有高的面角，而下巴突出型脸的面角低。他说，白人的面角高，黑人和卡尔梅克人的面角低，而红毛猩猩的面角更低，为 58 度。平心而论，他试图说明的不是“非白人的面角介于白人和红毛猩猩之间”，而是“红毛猩猩的面角与所有人类的不同”。种族主义者总归是种族主义者，康姆伯的面角被用于头部指数中，整个 19 世纪都将其作为种族等级的标志。

康姆伯总共研究了 8 个标本，包括一只由奥兰治王子所饲养的雌猩猩。他感到非常困惑：其中，7 只的蹞趾中都缺乏趾甲和末端趾骨，而另一只的也非常小。因为爱德华兹根据自己已描述的个体把它们都描绘出来了，他就请一个当时在伦敦的朋友去查看爱德华兹的标本。结果证明是爱德华兹抄写错了。“杜普猿”和“泰森猿”的蹞趾中也都有趾甲。就这一点，加上毛发颜色和所报道的标本采集地与分布方面的差异，使得康姆伯认识到：有两种不同的猿。他的同胞和同辈，高贵的动物园饲养员——沃斯麦尔（1720 ~1799）仔细观察了这只活着的雌猩猩，同样清楚地表明：这只红毛猩猩与黑猩猩不一样，但是他更感兴趣的是：它与人类有多像。这只雌猩猩没有活多久，沃斯麦尔和其他人都想知道是否可能有两个物种：一种小，一种大。因为巨猿在东印度群岛报道过，布丰对“Pongo”的描述表明：大猿是存在的。

没等多久。1780 年，巴达维亚学会秘书范·沃姆布男爵描述了一种体形较大的雄性红毛猩猩，他毫不犹豫地将其鉴定为布丰的“Pongo”；其莱茵兰制身高

3 英尺 10.3 英寸，英制身高大约为 4 英尺多。它是被杀死的，因为不可能活着把它带到萨卡达纳。

那么，真是两个物种吗？一些人认为是。西铁城·拉塞佩德于新法兰西共和国成立的第七个年头（即自 1798 年 9 月 22 日至 1799 年 9 月 21 日）列出了他所知道的哺乳动物的所有属，并对每一个属都用一个种将其模式化。承袭林奈的传统，通过始终如一的特征区分不同的属。他利用门齿的数目、康姆伯面角，以及颊囊和尾的有无鉴别了四手型（四肢皆可当手用的）灵长类动物的 13 个属。第一个属是类人猿属（*Simia*），其模式种是萨梯（*Simia satyrus*）："颌骨上有门齿 4 枚，面角 65 度，既无颊囊也无尾"。他脑海中究竟是哪一个物种并不清楚，黑猩猩或者年幼的红毛猩猩适合于这一鉴别特征。更可能是后者，因为没有证据表明，那段时期法国有黑猩猩头骨可供利用。第七个属是 *Pongo*，以婆罗洲猩猩（*Pongo borneo*）作为模式种："颌骨上有门齿 4 枚，面角 30 度，有颊囊和尾，臀部呈胼胝状。"显然，他把面部凸缘作为颊囊的一个外部指标，因为沃姆布的红毛猩猩清楚地印在他的脑海中。这么一来，成年雄性和幼年红毛猩猩不仅是不同的种而且还是不同的属。后来，费舍尔·冯·瓦尔德海姆在他于 1813 年出版的《动物学》中，因对"Pongo"这件事感到很不好办，干脆给这只成年雄猩猩另取了一个属名——*Lophotus*。

哥廷根大学的约翰·弗里德里希·布鲁门巴赫（1752～1840）是早期的林奈学者中最伟大的人物，他欣赏康姆伯的一切。他接受医科教育，1775 年获得医学博士学位，博士学位论文为"关于人种的自然变异"。与瑞典的同辈们不同，德国人确确实实在做博士学位论文，布鲁门巴赫的博士学位论文的研究工作非常扎实。他请求探险家，不管他们走到哪，都要帮他收集人的头骨——购买或多数情况下是以礼物的形式交换获得，并且那时盗墓也是相当普遍的事。最终，他累积了 60 个人类头骨，把它们分为 4 个人种——高加索人种、蒙古人种、埃塞俄比亚人种和美洲人种，后来还加上了第五个人种，即马来人种。

在 18～19 世纪的大部分时间内，欧洲人都设想他们比其他人类优秀。尽管有关"是否某些人优秀，其他人低下"是自然现象，还是文化现象的问题有争论的空间，但是如果没有这一设想，奴隶制可能不会被容忍。如果黑人天生低等，那么做奴隶就是他们的宿命；如果他们的次等仅是文化的差异所致，那么对于这种不幸的状态可以做些事，把他们纳入欧洲人的文化圈，他们的后代当然是最好的奴化。[1] 布鲁门巴赫想摆脱种族主义者的设想，因为他在当时当地可能做

① 当时，欧洲的社会普遍存在对黑人的种族歧视，所以才会有这种认识。

到这一点。他悲痛地抗拒奴隶制，尽管没有记述他的反对是否积极。他在写人类族群的时候也调味式地描述了其他族群中的杰出人物，特别是“埃塞俄比亚人种”：一个黑人写出的论著反映了他的博学才智；另一个黑人妇女天生丽质，是享誉社会的名流；等等。在同时代的人当中，布鲁门巴赫很有名气，因为黑人大量收藏他的书。

当时，普遍倾向于这么一种想法——要在无法改变的事物当中，给美丽定个标准。布鲁门巴赫也简单地认为：欧洲人比其他种族更美丽。但是他也清楚地表明，因为每一个人种内都有各种各样的差异，人种之间的差异也不是绝对的，而是平均的。依他的观点，一般来说，最美丽的人生活在高加索（即“高加索山”，因为他称为山脉），特别是格鲁吉亚一带。他不是一个早期的进化主义者，但他的确相信一个物种内部的类型可能是变化的，可是这些类型更倾向于退化而不是改进，因此最美丽的人所生活的地方一定是所有人类（至少是那个人种）的起源地。“高加索人”这一术语即由此而来。

今天，人们（包括许多应该知道得更清楚的人）都使用“高加索人”作为“白人”或“欧洲人”或“欧洲人血统的”的同义词，这当然是不对的。布鲁门巴赫使用这个术语更多的是为人类学家所用，或者今天应该引述他的语句：“是指欧洲和西亚，远至奥比河、里海、恒河，以至北非一带的居民。”

我仔细地查阅到，布鲁门巴赫作为人类学奠基人不仅主要是因为他至今都还被人记起，而且还因为这个不同寻常的人经常地被人误解。

布鲁门巴赫对解剖学上的功能概念有比较好的理解，是将化石引入林奈系统的第一人。梅克尔（发现了梅氏软骨）、亚历山大·冯·洪堡和英国地质学家威廉·哈密顿都是他的门生。不幸的是，在“关于人种的自然变异”中，他违背了“人类是动物”这一概念，可能也是坚持把人类列为一个独立的目——两手目、把其他灵长类动物列为四手目的第一人。至于红毛猩猩，他不相信“一种大，一种小”的说法：

• 一些标本被带到欧洲的时候非常小，因为它们还不到成年就死了，这就使得我们无法确定它们成体时的体型大小。再者，我认为，把各器官的构造型式及整个身体的生活习性作为物种的鉴别特征更为合理。因此，可以允许我承认至少有两个种，并且为了避免增加不必要的名字，我应该列出在林奈著作中出现过的名称：一个名称已被图画作家错误地应用于人，另一个名称被用于第一个猿类物种。兹列如下：

（1）*Simia troglodytes* 或 *Chimpansi*（黑猩猩）：杜普和史考亭描述为：头部巨

大，肌肉发达，仅在身体的背部长有毛，除肩部外，体前部裸露。

（2）*Satyrus*（萨梯）或 *Orang-utan*（红毛猩猩）：泰森、爱德华兹、乐卡特和布丰作过描述：相对瘦小，头小，身上的毛被厚实，上臂和前臂的毛向相反。我提到过，我曾经在耶拿看到过的那只活着的雄性个体就是这个模样（布鲁门巴赫，1775，邦迪雪译）。

虽然看得有点晕，但这段叙述是重要的，因为它把种名 *troglodytes* 和属名 *Simia* 联系了起来，而不像林奈把 *troglodytes* 与属名 *Homo* 相联系。他把 *Simia troglodyte* 这个名称用于一个不同的物种，而不像朋木斯那么古怪，以致"白化"。他使用这个名称所对应的物种是史考亭所描绘的确定无疑的黑猩猩，以及杜普认为很有可能就是的黑猩猩。今天，*Simia troglodytes* Blumenbach，1775（当前已经被修改为 *Pan troglodytes*）被认为是最早提出的黑猩猩的名称。

林奈世纪的真正结束大约是1790年，而不是1800年。它结束的不是对巨猿或懒猴的错综追查，而是它的结束伴随着引发法国大革命的新思潮的酝酿。

能活在那黎明时光是何等幸福，
可年轻恰似天堂！——哦！时代，
处处贫弱，陈腐，险恶。
习俗、法律、法规，即刻过去。
国家的魅力即在浪漫！
理性似乎最能凸显她的权利，
她迫不及待地装扮，
情实销魂……

威廉·华滋华斯，1805年

第 5 章　探险家的时代

欧洲国家极力扩张其帝国的版图，勇敢的探险家和猎人接踵而至，他们理所当然地要猎杀灵长类动物，并把标本带回欧洲。灵长类动物越来越多地被欧洲人所了解。尽管达尔文提出了进化理论，但人们对于灵长类动物的理解并非总是更好。

1829 年 7 月的一天，德国最伟大的诗人歌德正在招待一位来访的客人。“你知道来自巴黎的特大消息吗?”他激切地问。“知道，新革命，废黜国王”，客人答道。“不，不对”，歌德大声说道：“是杰佛罗依和居维叶在科学院的争论。”

这两个法国伟大的天才之间的矛盾已经白热化。杰佛罗依·圣伊莱尔是拉马克的追随者，他相信“变形”，即我们现在所说的“进化”可以解释动物的多样性，特别是每一个动物群都源于一个共同的祖先，所有的动物群又可以追溯到一个总的祖先。居维叶却根本不信这一套。他认为，生物是设计出来的，一经设计就不再变化；生物的形成并不像法国大革命逐渐蔓延、波及全球一样渐变而来，而是大多数旧的生物被清除后，又会创造出新的生物。

杰佛罗依 1818 ~ 1822 年出版了两卷《解剖哲学》。他在书中写道：“动物的习性是由器官的结构模式所决定的，结构上的差异会引发活力、功能和行动上的差异。”居维叶的看法正好相反：“如果鱼类与其他脊椎动物纲在器官上相似，那仅仅是因为它们有类似的功能。”可见，他们争论的焦点是：结构与功能，以及转变与稳定的关系问题。

在以前和拉马克的辩论中，居维叶占了上风，但这场与杰佛罗依的争论，悬而未决，可是也都没有恶意。在 1832 年居维叶去世时，杰佛罗依还在葬礼上致辞。

5.1　有趣时代的法国灵长类动物

伯纳德–日尔曼–艾蒂安·德拉维尔——孔德·德·拉塞佩德（1756 ~ 1825）是布丰的门徒，编辑出版了布丰的《自然历史》最后一卷遗著。之后，他转向了政治革命。他剥离自身的贵族头衔而成为一个普通公民“拉塞佩德”，从事社会改革事业以致被选为巴黎代表。但是，随着罗伯斯庇尔的强大，他开始害怕，而后干脆逃出巴黎，直到恐惧结束后才返回，那时他也刚好完成了反林奈的培训。巴黎生物学界特意为他摆了第三把交椅（另两把属于拉马克和朱西厄）。

拉塞佩德是法国的博物学家，他的职业生涯跨越法国大革命，对于革命所代表的新的思想方式，他好像不太适应。道本顿尽管保持着沉默，但在革命中也坚持下来了。新浪潮的主角是杰佛罗依与居维叶。

艾蒂安·杰佛罗依·圣伊莱尔 1772 年 4 月 15 日生于巴黎的埃唐普。他的父亲珍·杰拉德·杰佛罗依是一位律师，因改革意见而闻名。法国大革命之后，老杰佛罗依成为了地方议会议员，并被任命为法官。他利用自己所处的位置节制了激进分子的激进行为，保持了对所有政治派系的尊重。

承袭大博物学家的传统，艾蒂安注定要被他的父亲送进教堂，而后于 1784 年离开埃唐普，进入巴黎的纳瓦拉学院受训。可是，他在巴黎遇见了布里松。布里松激发了他对科学的热情，他也受到勒内·茹斯特·阿羽依神父的影响。阿羽依神父被认为是矿物学和晶体学的奠基人。但是，那时候搞科学是没有前途的，所以他的父亲坚持要他趁年轻的时候多学些法律，仅仅在 1790 年毕业之后，他的父亲才允许他转向医学。那时他已经引起了道本顿的关注。当拉塞佩德从仍被称为“皇家植物园”的一个领导职位上辞职的时候，道本顿提议 21 岁的艾蒂安·杰佛罗依取代他的位置。或许因为某些老资格成员的牢骚，杰佛罗依感到气馁而犹豫不决，只有当拉塞佩德本人亲自委任后，他才走马上任。

当然，这是法国有趣的时代。1792 年，每一个在 1788 年大革命之后认为自己已经没有什么兴趣的人都不得不修正那份希望。这年 8 月，似乎已经停止了进步。虽然国王路易十六的实权多数已被革除，他和家人实际上是杜伊勒里宫的囚犯，但理论上他还是王，他仍是那些革命对象和受奥地利（当时已侵入法国）支持的反革命军队的核心。暴乱发生了，暴徒们开始追杀那些他们认为已轻易逃脱的人，特别是牧师。杰佛罗依的老朋友暨导师阿羽依因为是神父而被关进了监狱，他有些固执，试图冒险以引起他人的注意，杰佛罗依设法营救他。同月，他了解到几乎纳瓦拉学院的全部职工都被囚禁在圣-菲尔曼，他设法去看他们，并试图使用他所获得的仿造文件劝他们逃走，可是他们拒绝了，因为这意味着他们丢下狱中同伴的命运不管。但是，9 月，革命群众开始进入监狱，建立了未授权的法庭，判决很多他们所认为的反革命死刑，并且几乎就在现场处决。本质上，这是一群私刑暴徒，在这种情况下什么事情都可能发生。杰佛罗依担心他的恩师。一个晚上，他搬了一架梯子到圣–菲尔曼，爬到墙上去，把十几个人从墙上救了出来。他守候在墙上，尽可能地把那些还没有定罪的人都一起救出，但是当黎明来临时，他被发现并遭到射击，受了点轻伤后就撤走了。

国民大会对这些事情的反应是："用一块面纱将它们掩盖起来。"罗伯斯庇尔认为这次事件应属恐怖行为，而不是难以驾驭的暴徒所为，他在 1794 年被推翻以前都还坚持认为这只是一次恐怖活动。

杰佛罗依惶惶不可终日，只好离开巴黎，回到埃唐普休整。几个月后，他回到巴黎，在道本顿的支持下得以重新开始学术生涯，当然这还多亏了阿羽依的帮助。

在新的岗位上，他做的第一件事就是查抄了三个巡回马戏团中的所有动物，用这些动物在皇家植物园开辟了一个新的国家马戏场。1793 年，国王弄丢了脑袋（因英国突然宣战），"皇家植物园"变成了"植物园"。

与当时的法国大革命思潮相一致，杰佛罗依决定改造著名的亚历山大博物馆，表面上的意思是"娱乐馆"（意为艺术与科学之场所）。植物园被整合进入了现代馆，杰佛罗依被指定为脊椎动物学专职教授。（不敢肯定，但确有可能是在这个时候，他在自己的名字前加上了"圣伊莱尔"。）在这里，他遇见了珍·巴普蒂斯特·皮埃尔·安托万·德莫奈，德·拉马克骑士（1744 ~ 1829），并深受其影响。拉马克也是在最近的一段时间内被任命为无脊椎动物学教授，他于 1809 年出版的著作《动物哲学》首次直言不讳地提出了"进化理论"。

杰佛罗依于 1794 年开始教书，他的第一个学生不是别人，正是他自己的父亲。他父亲顺利地修完了 40 个专题的讲座。同时，他还在写一本关于指猴的专著，之前格梅林已经把指猴归为松鼠类，杰佛罗依把它从松鼠类中分离出来，归入他自己为了感谢老恩师而建立的新属——道本顿属（*Daubentonia*）。

1794 年，杰佛罗依家的一个朋友——泰茜神父为了逃避巴黎市内及周围的恐怖分子，来到诺曼底的维蒙特逗留了一段时间。在这里，他碰见了一个年轻的博物学者，并与他交上了朋友，他就是德赫里西伯爵的儿子的一位家庭教师。泰茜写信给杰佛罗依，谈论这个年轻人，力劝他邀请这个年轻人去巴黎。杰佛罗依发出了邀请，他同样对这个年轻人印象深刻，以至 1795 年他设法使这个年轻人获得了比较解剖学教授副手的职位。这个年轻人就是乔治斯·居维叶。

1798 年，拿破仑·波拿巴在军队整编后攀升到了最高统帅的位置，他决定侵占埃及以切断英国通往印度的贸易路线。这不只是旧式侵略，而是将科学之光撒向未知土地的机会。与其他科学家相伴，杰佛罗依被邀参加了这次远征探险。

这里的工作条件经常是非常困难和危险，但杰佛罗依克服困难，努力工作，构建动物区系文档。法国远征军虽然在初期打了胜仗，但于1801年8月被打败了，英国军队命令他们交出所有采集和收藏的科研标本。杰佛罗依立场坚定，拒绝交出，并赢得了胜利。他的标本随他回到了巴黎。

1809年，他被派往里斯本，代表巴黎博物馆去葡萄牙自然历史标本馆挑选标本，特别是采自巴西的标本。1794年，入侵荷兰的法国军队也以这种方式偷窃了奥兰治王子的自然历史陈列室。但是，据他儿子给他写的传记所说，杰佛罗依很不情愿干这种偷鸡摸狗的事，所以他从巴黎随身带了一套“复制”的标本上路——以这种方式，原来所谓的掠夺或盗窃实际上就变成了标本的交换。作为一个分类学家，杰佛罗依总以这种方式进行标本交换，并且颇见成效，以至描述了如绒毛蛛猴（*Ateles arachnoides*，现已订正为 *Brachyteles arachnoides*）这个令人吃惊的物种。

实际上，杰佛罗依的行为可能并不像伊西多尔所说的那么相当小心谨慎。的确，与布鲁塞尔和都灵交换过标本，但里斯本陈列室的负责人雅克·酷莘最近写了一本关于费雷拉旅行的书，他告诉我，没有从巴黎交换过标本到里斯本，而且法国军队一进入欧洲一些主要的城市，杰佛罗依将很难跟得上他们的步伐，寻找陈列室进行抢劫。例如，维也纳曾丢失了标本，但这些标本现在仍在巴黎。

杰佛罗依对灵长类动物一直有浓厚的兴趣，在上任后的3年内，他写出了第一篇有关灵长类动物的论文，描述了狐猴、懒猴、婴猴和眼镜猴的已知种和新种，用法文描述得非常简洁精练，而不再用拉丁词。尽管参照了布丰和其他作者的描述，但文中多数的物种名称是新的。种名褐狐猴（*Lemur fulvus*）、白额狐猴（*L. albifrons*）和灰狐猴（*L. griseus*）（前两者现在被归为真狐猴属 *Eulemur*，后者被归为驯狐猴属 *Hapalemur*），以及懒猴属 *Loris* 都出自该文。婴猴或丛猴（bushbaby，*Galago senegalensis*）这个概念也是从这篇文章中第一次被引入学界。他的一篇分为两部分的论文《四手类动物检索表》发表在1812年的博物馆年鉴上。文中虽然没有讲到人类，却对两个“科”的处理很有创意。首先，他将“猴”（Singes）分为“旧大陆猴，即狭鼻类 *Catarrhini*”和“美洲大陆猴，即阔鼻类 *Platyrrhini*”。其次，对“狐猴，即原猴类 *Strepsirrhini*”进行了厘订。他识别了以下的属（带＊的名称为新属）：

Catarrhini（狭鼻类）：

- ＊*Troglodytes*（黑猩猩属），仅黑猩猩（*T. niger*）一种。
- *Pithecus*（猿属），指幼年的红毛猩猩和长臂猿。

• *Pongo*（猩猩属），指成体红毛猩猩（基于范沃姆的标本，其骨骼同时到达巴黎）。

• 那些我们现今称为旧世界猴的属：*Pygathrix*（白臀叶猴属）、* *Nasalis*（长鼻猴属）、*Colobus*（疣猴属）、*Cercopithecus*（长尾猴属）（混杂着一大堆的长尾猴、猕猴和叶猴）、* *Cercocebus*（白眉猴属）（同样包括一些猕猴以及应该归入该属的种）、* *Inuus*（因努尔斯属）（包括巴巴利猕猴和短尾猴），以及 *Papio*（狒狒属）。

Platyrrhini（阔鼻类）：

• "*Helopitheci*"（沼泽猴）：*Ateles*（蛛猴属）、* *Lagothrix*（绒毛猴属）、*Stentor*（斯藤托托耳属）（这个属实际上已经被拉塞佩德于 1799 年命名为吼猴属 *Alouatta*），以及 *Cebus*（卷尾猴属）。

• "*Geopitheci*"（地面猴）：*Callithrix*（狨属）（包括松鼠猴和伶猴）、*Aotus*（夜猴属）、*Pithecia*（僧面猴属）（包括所有的僧面猴）。

• "*Arctopitheci*"（熊猴）：* *Jacchus*（佳克斯属，包括狨）和 * *Midas*（迈达斯猴属）（绢毛猴）。

Strepsirrhini（原猴类）：

• *Indris*（大狐猴属）（包括毛狐猴）、狐猴属（*Lemur*）、懒猴属（*Loris*）（该属此处仅包括瘠懒猴一种）、* *Nycticebus*（蜂猴属）（包括树熊猴）、*Galago*（婴猴属）（现今包括 4 个种，其中一种是鼠狐猴）和 *Tarsius*（眼镜猴属）。

最后，杰佛罗依提到了 5 个种，他认为可能不属于狐猴属，但现今已将它们全部归入了狐猴属，其中包括指猴。他说，关于指猴的问题他的同事德布兰维尔目前正在研究（奇怪的是，杰佛罗依没有提到他自己已经将指猴放入了 1795 年建立的一个新属——道本顿属）。

需要正确地估价杰佛罗依这篇文章的重要性。并非他提出的所有属名都保留至今，可他提出的大多数属的概念被接受了，文中所列的许多物种也是新的，还首次提出了颇具影响力的概念 Catarrhini、Playrrhini 和 Strepsirrhini。

19 世纪 20 年代，杰佛罗依做了一系列题为"关于哺乳动物自然历史过程"的颇有影响的讲座，其中特别有意义的是 1828 年 6 月 6 日所做的关于"原猴"的讲座，显然这一系列讲座不久以后就正式出版了。他以一种全新的方式讨论了哺乳动物的普通生物学特征：梳爪、眼窝封闭、运动、发声、食物、活动节律、一般行为和地理分布，对一个类群进行如此全面的分析似乎还是前所未有的。在分类方面的创新是，他引入了一个新属——倭狐猴属（*Microcebus*），现在他认识到，这个属并不是婴猴。他的行为学数据部分是通过饲养观察所得，部分是引述在野生状态下的观察报告（譬如，他知道塞内加尔的婴猴取食树胶）。

杰佛罗依于1840年退休时已失明，1844年过世。

乔治斯·利奥波德·克雷蒂安·弗雷德里克·达戈贝尔特·居维叶于1769年生于蒙贝利亚尔。他的一个哥哥乔治斯在婴儿期就死了。居维叶的名字取在他的后面；他还有一个弟弟弗雷德里克。他的父亲是瑞士血统，是这个镇上的炮队指挥官。他的叔叔是路德教会的一个牧师，把他带进了图宾根的一所免费学校，开始绝对是学习祭司之类的课程。但是，年轻的乔治斯有些早熟，他才华横溢的传言传到了乌腾堡王子那里。王子接见了他，并对他留下了很深的影响，还资助他到德国斯图加特大学的卡罗来纳学院学习。那是1783年，他刚刚14岁。当时，他不会讲德语，9个月后他获得了该学院的“德语奖”。

19岁毕业后不久，他成为了诺曼底地区卡昂市德赫里西伯爵的儿子的家庭教师。在这里度过了愉快的7年，空闲时间做些海洋生物学方面的研究，甚至还写一些关于软体动物方面的科学论文。他参加了维蒙特附近的一个农学会，最后还当上了学会的秘书。1794年，泰茜神父为逃避恐怖分子的追杀隐姓埋名逃难到了这里。泰茜加入了这个农学会，鉴于他深厚广博的知识和经验，居维叶指定他作为刊载在《方法论百科全书》上的关于农业方面的文章的作者，但许诺不透露他的身份。泰茜劝说杰佛罗依邀请居维叶去巴黎，使居维叶感到吃惊的是，巴黎已经有人读到了他的那些有关软体动物的论文。

杰佛罗依为居维叶找到了一个职位，作为比较解剖学教授麦丘德的一个副手，因为麦丘德年纪大了，身体欠佳。居维叶实际上承担了大部分的工作任务，开始稳定地收藏标本，同时也在写作《动物自然历史编目精要》。

居维叶很快升到了显要的位置。他是国家研究院的创建者之一，当杰佛罗依从埃及（居维叶被邀请陪他去埃及，但被拒绝了）回来的时候，居维叶已经当上了该院的秘书长。基于这种权能，拿破仑敦促他重组法国的教育体制。在研究院本身的重组期间，他成为了自然科学部的常务秘书长，薪水非常丰厚。1800年道本顿过世以后，他接任了道本顿的职位，就在这时他要求他的弟弟弗雷德里克来巴黎跟他一起干。

其间，居维叶一直在做化石的研究，1811年出版了一部共4卷的著作《初论》。他主张，动物被创造，而后被有趣的突发事件所毁灭，所以地球历史上的每一个时代都会有特征性的动物区系；人类正是这最后一次创造中的一部分，“因此过去没有人类的化石存在”。于是，不要期望找到人类与任何绝灭物种之间联系的痕迹。这是一个非常明确的预言，居维叶活着的时候没人颠破它，可是坚持他的“灾变模型”的后继者将会看到它被推翻。

那时，意大利是法兰西帝国的一部分，居维叶受命去罗马创建一所大学，意大利教育当局对此咬牙切齿，他们不情愿让一个新教徒指这说那。在自己外出期间，拿破仑指定居维叶为“必须请教的导师”，1814 年居维叶当上了巴黎大学校长，并被任命为国家顾问。当拿破仑被推翻，君主政治恢复后，新的国王路易十七让居维叶继续正常地在办公室工作。当拿破仑返回时，居维叶有一阵时间很少露面，但拿破仑第二次被推翻，君主政治重建后，他回到了朝廷。尽管每个星期他都要参与很多的政治活动，但他还是设法利用非常有限的空闲时间创作了一共 5 卷的《初论》第二版，同时写作了另一部巨著《动物界》，这两部著作都是在 1817 年出版的。1819 年，路易十七赐予他男爵爵位。居维叶还是 1826 年查尔斯十世加冕礼的主持人之一。

1830 年，软弱无能的查尔斯国王被推翻，他的表兄路易-菲利浦宣称任“法兰西国王”。新任国王做的第一件事就是把居维叶提升到了贵族的地位。1832 年，这个平民出身的国王委任居维叶为国务委员会主席，但居维叶从未上任。突然，他患上了急性脊髓炎，几天之内就离开了人世。

在他死后进行尸体解剖检视，令人吃惊的是，他的脑重达 1830 克，远高于西欧人的平均脑重 1400 克。

为什么要进行尸体剖检？布丰的尸体同样也被解剖检视了。或许这是法国人对一个伟人表示尊敬的方式。我简直弄不明白。

乔治斯·居维叶是一个非同一般的人物、一个怪人、一个天才。他不必大张旗鼓地夸耀使每个人都相信他，尽管我认为这么做有助益。像他这种显耀人物，难免富有奇闻逸事。他发现了动物器官之间的相关性，提出了器官相关性原理，并由此引发了一些轶事。他认为，在哺乳动物中，尖锐的爪和长的犬齿是食肉性的特征；翼膜和三角突预示着是有袋类动物；无齿和强健的挖掘爪是食蚁动物的特征等（“功能决定解剖结构”）。一个晚上，一群喝醉酒的学生劝说他们中的一位同学穿上魔鬼般的衣服，去看居维叶的反应。这个年轻的“恶魔”跳上居维叶卧室的窗台，把他弄醒，吼叫道：“醒来，我是恶魔，我是前来吃你的。”居维叶上下打量了一下，看着他，睡眼惺忪地说：“你有角和蹄，你是食草的，去你的。”

当躺在临终前的病床上，护士用水蛭吸取创口处的淤血时，居维叶的眼睛向下看着，吐露秘密似地说：“你知道吗？是我发现水蛭的血液是红的。”

或许对乔治斯·居维叶这样一个全面准确地把握着全局性事物的人，不期望他通晓某个单一类群的细节，可是这个伟人却并非如此。其实，他对灵长类动物的知识进步贡献很大。他坚持认为，需要给“人类”（man）一个特殊的地位，对那些贬低这个高贵物种的人嗤之以鼻。所以，像布鲁门巴赫和杰佛罗依一样，他把两手类分离出来作为一个独立的目，而将非人灵长类动物称为四手类。在早期的出版物中，他将所有的猿和猴都归入类人猿属（*Simia*），所有的狐猴都归入狐猴属（*Lemur*），甚至在他的《动物界》中，他都保持这种布局，他尽可能地将杰佛罗依的大多数属认可为亚属。（可是他将黑猩猩、长臂猿和年轻的红毛猩猩一起放入了一个亚属，而仍将猩猩属（*Pongo*）分列！）

《动物界》被翻译成了两个带注解的英文版本。一本在他生前的1827年出版，另一本则是在他过世8年之后的1840年出版。格里菲思在他1827年版的注解中确信：“成体红毛猩猩并非另一种猩猩”，并指出是居维叶自己得出的这一结论（可是他没有列出参考文献）。在后一个版本中，布莱斯并没有把人类从猿猴中分离出来，他写道：“我们感觉到没有足够的理由不应该把人属 *Homo* 放在狭鼻类的开头。”可是，当年的《动物界》仅仅是一个框架，布莱斯等的“新版”本质上是一本全新的书。

实际上，对灵长类动物知识进步做出贡献的不是乔治斯·居维叶，而是他一贯做事低调的弟弟——弗雷德里克·居维叶。

1804年，弗雷德里克·居维叶到达巴黎之后，被指派为植物园马戏场的管理员。在工作上，他遇到了困难。在凡尔赛的皇家马戏场中生活的一些动物，活下来的组成了后来在植物园建立起来的核心动物群。但这里并非是一个极乐园，有一次一只骆驼一天之内被人给喂了6瓶葡萄酒。弗雷德里克·居维叶试图扭转局面拯救这只骆驼，并在某种程度上取得了成功。当然博物馆的科学家正等着这只可怜牲畜死去，这样他们就可以利用尸体做深入的解剖研究。另一方面，弗雷德里克·居维叶作为管理员却想劝说上司，活着的骆驼至少与死亡的骆驼有同样的价值。他还时常感到悲愤，总是难以说服大家，别让动物没完没了地过度表演。他的观点得到了证明，并写进了他与杰佛罗依合作的6卷著作《哺乳动物的自然历史》，书中所附的精美图片是根据活动物绘制的，也包括对许多新种的描述。

“本能”，他写道，“是一种自然的、与生俱来的能力，就像感觉、激情或智力一样。狼和狐能识别诱捕它们的陷阱而避开；狗和马理解我们的几个单词，并按我们的要求去做，因此表现出了智力。狗隐藏吃剩的食物、蜜蜂建造蜂窝、鸟建造鸟巢，均属本能活动。甚至人也有本能，人的一个特别的本能是一生下来就会吮奶。可是，人做的每一件事情几乎都是通过智力完成的，智力弥补了本能的不足。动物却恰好相反，智力不足，本能补。”

有趣的是，弗雷德里克·居维叶的第一篇论文根本不是在马戏场做出来的，而是基于对一只雌性红毛猩猩幼体的观察而得，这只猩猩是由一个名叫德卡恩的海军军官引进用来赠送给约瑟芬皇后的；长途航行期间，它病得非常厉害，德卡恩的一个朋友戈达德成功地使它恢复了一些健康，可时间并不长。居维叶对它的描述情感丰富，见解深刻。他注意到，他把“她”叫做“慎重”，认为这是由于“她”很少有其他防卫方式，处处小心谨慎。例如，疲倦的时候，“她”会躲藏在毯子下面，如果房子里有别的不认识的人，“她”会一直藏着，直到人走后才出来。他对“她”如何灵巧地使用手的功能这个问题感兴趣，经过观察得出结论：与有时人们所主张的相反，妨碍“她”具有如人类一样智能的不是“她”缺乏灵敏性，而简单地是因为其脑袋太小。

特别打动他的是“她”的“一般化能力”。有一天一个人试图抓“她”，“她”爬上了一棵树，使劲地猛摇树枝，好像是想使他摔跌下去。居维叶说，在航行途中，“她”发现“身体的强烈晃动”能使人失去平衡，“她”能够使“她”的经验一般化。另一个例子是“她”被关在一间小房子里面，但“她”爬上了门后的一把椅子，拉开门栓出去了。“可是门一关上又开了，有人看见这只猩猩从椅子上下来出去了，它把椅子推向门边以便使自己能够够得着门栓。”居维叶认为，它发现通过爬上椅子可增加高度，它可能在旁边看到过人们搬椅子，它可能看见过人们通过移动门栓把门打开。

这位年轻的居维叶是否应该被当作是灵长类行为学或灵长类心理学的开创者？

在哥哥乔治斯·居维叶去世后的 2 个月，弗雷德里克·居维叶低声下气地要求，给予考虑安排一个专门从事“活动物研究及其教育”方面的岗位。体制之轮运行缓慢，特别是因为还有一些不同的意见，只得搁浅。一直拖到 5 年之后，最后才设立了这个岗位，1837 年 12 月他被指定在这个岗位上工作。仅仅在这个岗位上工作了 8 个月之后，他显然也是像他的哥哥一样死于急性脊髓炎。他最后还是像从前一样的低调，要求在他的墓碑上刻上“居维叶的弟弟”。

此期，另有几个法国的博物学家值得提起。最早比较引人注目的贡献是 1797 ~ 1799 年奥德伯特出版的《猿猴之自然历史：大自然之美妙创造》。满书都是精致的彩图，全都是作者亲自在现实生活中所绘制或雕刻而成的。珍·巴蒂斯

特 · 奥德伯特（1759 ~ 1800）是一位微图画家，他通过使用油基印墨发明了一种防止原件在印刷时保持艳丽颜色的方法。他创作的版画绝对精美，他绘制的一些灵长类动物是新种，他将其命名为：*Simia atys*（白顶白眉猴）（现将其归为白眉猴属 *Cercocebus*）、*ascanius*（红尾长尾猴）和 *petaurista*（小白鼻长尾猴）（现今这两个种都已归为长尾猴属 *Cercopithecus*），以及 *moloch*（摩洛猴）（现为长臂猿属 *Hylobates*）。这些名字的来源很奇怪，甚至还有点古怪：Atys（阿提斯）的意思是女神西芭莉门下的一个穿白色长袍的牧师；Ascanius（阿斯卡尼俄斯）是特洛伊人的英雄 Aeneas（埃涅阿斯）的小儿子；Petaurista 的意思是女性跳绳者；Moloch（摩洛克）是迦南人的一个可怕的神，人类可能要对他敬献祭品。恒河猴也是他命名的，他将其称为 *Simia rhesus*，意思是"与特洛伊人同盟的一个国王"；这个名字在 19 世纪一直被用于该种的名称，直到有人发现齐默尔曼为该种所取的名字"*mulatta*"（意思是，的确是一个"穆拉托"妇女）更早，才将其弃用。

其他人中，我们对安塞姆 · 盖坦 · 德斯马莱斯特（1784 ~ 1838）的情况了解得很少，只知道他是一位非常能干的 α 分类学家，对命名的几个新种进行了详尽的描述和比较。路易斯 · 杜弗雷斯内（1752 ~ 1832）于 1793 年来到博物馆工作，他曾于 1785 ~ 1787 年参加了亚斯托雷比的环球航行，途中采集自然历史标本。他是描述印度灰叶猴的作者之一，将其取名为 *Simia entellus*，这是维吉尔的史诗《埃涅阿斯纪》中一个人物的名字，25 年之后，德斯马莱斯特将其放入了一个独立的属 *Semnopithecus*（意思是神圣之猴）。了解得相对多一点的是雷内 · 普利米瓦勒 · 勒逊（1794 ~ 1849），他是 1822 ~ 1825 年由杜佩里和迪蒙 · 迪尔维尔指挥的"拉科基尔"号后期环球航行船上的外科医生及博物学家。返回后，他工作非常勤奋，整理写出了自然历史标本收藏方面的著作，然后把注意力转向对哺乳动物的重新分类——通常相当烦人的是，他忽视其他人对物种的命名而喜欢自己给出新名。皮埃尔 · 墨纳德 · 戴尔德经常与居维叶的继子阿尔佛雷德 · 杜瓦塞尔合作，工作勤恳，采集了印度和东南亚新的灵长类动物标本，其中大多数都由德斯马莱斯特进行了描述。我们也不应该忘记乔治斯 · 路易斯 · 杜维诺依（1777 ~ 1855），他与居维叶合作编写了比较解剖学课本，后来又发表了一篇标志性的论文，在这篇文章中，他将自己的解剖描述和文献中的描述综合起来分析，提出了自己独到的见解，叶猴（langurs）不是长尾猴属（*Cercopithecus*）中的成员，而是有其极为特殊的胃部形态与结构特征。亨利 · 玛丽 · 杜克罗泰 · 德布兰维尔（1777 ~ 1850）是一位很有才气的比较解剖学家，他是巴黎博物馆中自然历史方

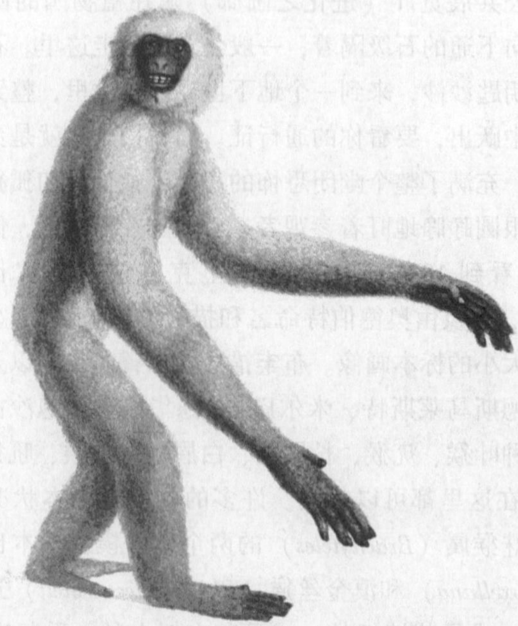

奥德伯特既是一位优秀的自然科学家，也是一名杰出的画家，他描述了一些新种，包括所谓的 *Simia moloch*，即现今所指的爪哇长臂猿或银长臂猿（*Hylobates moloch*）

面拉马克职位的继承者，虽然早期与居维叶是朋友，但后来与居维叶结下了怨恨。最后应该提到的是艾蒂安·杰佛罗依·圣伊莱尔的儿子伊西多尔（1805～1861），他的寿命虽不长，但活过了法国占主导地位的主要时代，并最终能够有机会将大猩猩从 *Troglodytes*（黑猩猩）这个属中提取出来，给它建立了一个属于它自己的新属——大猩猩属（*Gorilla*）。

植物园位于巴黎河谷左岸的第五区，其周围就是隶属于国家自然历史博物馆的建筑群，两边分别是“居维叶路”和“布丰路”，路的一端连着“杰佛罗依·圣伊莱尔路”，“拉塞佩德路”和“道本顿路”分别与之相连。马戏场内现在几乎没有动物了。无论如何，马戏场真是从来都不适合于活动物生活。

哺乳动物和鸟类馆部就在“布丰路”的边上。进入一个镶有点点鹅卵石的庭院，院内周围都是花床，由一敞门通向一条拱道，一上楼梯就到了。踩在木地板上发出嘎吱嘎吱的声音让你感觉到这地方确实不错，门上镶着毛玻璃，室内亮堂通风，小间里满是标本盒。我的期望是这些标本从来没有变动过，仍然弥漫着那些历史的气息。以我的经验，馆长总是友好和乐于助人的。“你要看灵长类动物的模式标本？来，这边请。”

这个博物馆的公共展览厅（进化之画廊）建在植物园的西南角。在通向展厅的入口旁有一道向下通的石级隔着，一般公众不会走这里。石级通向一条地下通道，笨门嘎吱，钥匙沙沙，来到一个地下世界。在这里，整天见不到阳光的门卫从小房间的洞门中跃出，要看你的通行证。门后摆放的就是灵长类动物的模式标本，一排搁一排，充满了整个幽闭恐怖的房间：猿、猴和狐猴的剥制标本姿态栩栩如生，玻璃义眼圆睁睁地盯着参观者，有的挂在电线上，像个吊死鬼。

在这里，你会看到1821年由弗雷德里克描述的黑掌长臂猿（*Hylobates agilis*）的全模标本，以及由奥德伯特命名和描绘的银长臂猿（*Simia moloch*）的模式标本及其同样大小的标本画像。布丰描述的白臀叶猴，以及由艾蒂安与伊西多尔·杰佛罗依、德斯马莱斯特、米尔恩-爱德华兹、德鲍沙古尔斯、乔尔沙特描述和命名的许多种叶猴、疣猴、长尾猴、白眉猴、猕猴、吼猴、蛛猴和绒毛猴（兔猴）、伶猴、狨在这里都可以找到。许多的卷尾猴标本状况并不好，有些还派不上用场。绒毛蛛猴属（*Brachyteles*）的两个种的模式标本也在那里。川金丝猴（*Rhinopithecus roxellana*）和滇金丝猴（*Rhinopithecus bieti*）这两个种的模式标本序列或是立放着，或是装裱好的，或是爬在树上的，看起来的确与旁边米尔恩-爱德华兹画板上画得一模一样，这不得不令人惊叹画者的高超画技。范邦德命名的橄榄绿疣猴（*Colobus verus*）的模式标本于1859年被捐赠到了比利时勒芬市的自然历史博物馆。弗雷德里克·居维叶所描述的黑脸山魈（*Simia leucophaea*）的模式标本，是他在植物园的马戏场工作期间的研究成果，这个标本最初是从一个巡回马戏团那里购买的。拉佩尔所描述的一个狮尾狒标本，是1837年标本交换时换来的。大多数的狐猴种是由艾蒂安和伊西多尔描述的，只有少数几个种是由格兰迪迪埃或米尔恩-爱德华兹（或者两人一起）描述的，只有一种叉斑鼠狐猴（*Phaner furcifer*）是由德布兰维尔描述的。最后也绝对是最重要的，指猴的模式标本原型还在，索纳拉特在其活着时对其进行了描述，格梅林原以为那是一只松鼠，并被用于学名 *Sciurus madagascariensis*（马达加斯加松鼠）的命名依据。

如果你正在做灵长类动物任何一个类群的分类修订工作，你都需要查对模式标本。理所当然，巴黎你必须去。

5.2 横跨莱茵河的地理学和自然哲学

那时候，在灵长类动物学中，法国的自然历史几乎完全占主导地位；只在英国的格雷出现以后才改变了这种局面。可是，德国人的贡献也相当大。其中贡献最大的，事实上是对灵长类动物学贡献最大者之一，就是集探险家、地理学家、气候学家、地图制作师、艺术家、生物学家于一身的全能科学家亚历山大·冯·洪堡（1769～1859）。

洪堡开始是一位受雇于普鲁士政府的矿山督察员，但是当他的母亲过世的时候，他继承了大量的财富，他和植物学家爱默·邦普兰（1773～1858）合作，计划去南美洲探险。当时，南美洲的大部分区域是在西班牙的控制之下，所以他们在获得了西班牙查理二世王的特许之后，于 1799 年启程前往南美洲探险。他们首先绘制了奥利诺科河的地图，然后绘制了厄瓜多尔和秘鲁北部的安第斯山，1804 年在墨西哥结束了探险，由此作为美国杰弗逊总统的客人去美国旅行。至此，他的遗产全部耗尽，他回到柏林，于 1805 年被选为普鲁士科学院院士，后来被指派为国王的朝廷顾问。1827 年开始，他应俄国沙皇之邀去俄罗斯帝国探险，发现了永久性的冻原，建立了大陆性原理（内陆比沿海区有更多的极端气候），制作了第一份等温线地图，当然还发现了洪堡洋流。他出版了 5 卷不朽的著作《宇宙》，书中谈到生命、宇宙，以及亚历山大·冯·洪堡所知道的一切，最后一卷是在他死后的 1862 年出版的。

1802 年，洪堡在秘鲁看见一些不同寻常的皮张被用作骡子的鞍垫。他认为，这些皮张来源于吼猴的一个新种，描述了皮毛的特征及他推测的该种的自然分布区，并将其命名为 *Simia flavicauda*。因此，他成为了描述还鲜为人知的黄绒毛猴（现今被改称为 *Oreonax flavicauda*）的第一人。他也描述了如今被称为 *Lagothrix lagotricha* 的"真正的"绒毛猴，以及白额卷尾猴（*Cebus albifrons*）、黑头秃猴（*Cacajao melanocephalus*）、黑金色吼猴（*Alouatta caraya*）和其他新世界猴，并且还养活了许多。

甚至今天，对洪堡的影响几乎都还没有估价过头。整个南美洲和墨西哥都为他立了纪念牌匾，以感谢他的发现和对独立运动的支持。柏林的主要大学以他的名字命名。

洪堡探险时的同伴邦普兰，却没有这么走运。他回到南美洲，但 1827 年巴拉圭把他当作间谍予以逮捕。他被监禁了 10 年，期间也允许他作为内科医师给穷人看病。获释后，他搬到了阿根廷，阿根廷政府奖给他一些房地产，让他种植柑橘，正是他将柑橘引种到了阿根廷。道义上，即便是你枚举伟人的时候，千万要注意别将他们混同于那些可能更伟大的人。

洪堡探索了在美洲已濒临崩溃的西班牙帝国。与此同时，探索巴西的还有约翰·申丘里尔斯·冯·霍夫曼塞格（1766～1849）和约翰·巴甫提斯特，里特·冯·斯皮克斯（1781～1826）。

霍夫曼塞格是德国探险家中真正的贵族。他继承了他父亲在萨克森的一座宏伟华丽的拉梅诺城堡。尽管他的父亲霍夫曼作为一个普通人出生在一个足够富裕的家庭，但通过自身的努力却被约瑟夫帝二世授予了贵族身份，接受了“霍夫曼塞格”的贵族头衔。这个生物学家之子于1795～1796年和1798～1801年到访巴西两次。为筹集探险费用，他于1794年以10万泰勒的价格卖掉了拉梅诺城堡，1820年设法仅以66 000泰勒的价格将其赎回。他描述了柽柳猴属（*Saguinus*），发现并描述了这个属的许多个种，以及阔鼻类的其他种。

1817～1820年，斯皮克斯领导了由巴伐利亚科学院组织的一支探险队去亚马孙探险，同时去庆贺奥地利皇帝的女儿与葡萄牙皇太子的婚礼。他已经是科学院标本馆的馆长，这支巴西探险队的工作对丰富馆藏贡献很大。依据所收集的标本出版了好几卷书，包括1823年出版的《巴西猿猴类与蝙蝠类新种》，其中包含狨、柽柳猴（狷毛猴）、伶猴、粗尾猴和其他猴类的新种。

海因里希·库尔（1797～1821）是另一位很早的德国博物学家，他编写了一本关于动物学和比较解剖学的教科书，现今他最好的名声是一些新世界猴的描述人，其中一个种名中还包含了他的名字，即库氏狨（*Callithrix kuhli*）。在参访了欧洲的各标本馆之后，他和他的朋友兼同事——海洋生物学家约翰·康拉德·范哈塞尔特（1797～1823）于1820年一同去爪哇做标本采集旅行。在这里，他们都生了病，几年之内先后离开人世。

在东北非探险的两个德国人分别是出生于法兰克福的威廉·彼得·爱德华·西蒙·拉佩尔（1794～1884）和出生于符腾堡的特奥多尔·冯·豪格林男爵（1824～1876）。前者于1822年和1834年先后两次探险旅行，首先到了苏丹，参访了红海，横跨了努比亚沙漠和科尔多凡，然后到了埃塞俄比亚高原；后者1850～1864年旅行遍及整个埃及、苏丹、索马里和埃塞俄比亚。两个人都采集了灵长类动物标本。拉佩尔给现代人留下的最好记忆是发现了狮尾狒和黑白疣猴。冯·豪格林描述了来自东非大裂谷另一边的狮尾狒——暗纹狮尾狒（*Theropithecus obscurus*）。

出生于布伦瑞克的约翰·卡尔·威廉·伊利格（1775～1813）于1810年搬到柏林，当上了自然博物馆的首任负责人，他于1811年写了《哺乳类和鸟类的繁殖系统》，书中他描述了几个新属，第二年被杰佛罗依所接受。在高级阶元方面，他的确把人类看作动物，把人类放入一个独立的目——直立动物目

(Erecta)，而将其他灵长类动物放在另一个目——具拇指（蹈趾）动物目(Pollicata)。据说，他是一个古怪的兄弟会（即“柏林无法学会”，现在还存在）的成员。该学会创立于 1809 年 11 月 4 日，兼具爱国主义的手足情谊和一起喝啤酒的借口，通常在坎伯啤酒花园每隔一个礼拜的星期六喝一次啤酒。会员包括哲学家黑格尔、动物学家暨探险家利希滕斯坦、洪堡兄弟，以及诗人霍夫曼。

约翰·弗里德里希·埃斯克斯柯尔兹（1793 ~ 1831）是参加环球旅行的另一位博物学家，实际上，他前后参加过两次。一次是 1815 ~ 1818 年在奥托·冯·科策布为船长的“留里克”号上，其间，他描述了密特拉叶猴（*Presbytis mitratus*），另一次是 1823 ~ 1826 年在“普瑞德普利尔特”号上。虽然生于德国，但他一生中的大部分时间是在爱沙尼亚度过的，是塔尔图大学的一名教授。

不管怎样，对于灵长类动物学产生影响的其他德国人还有洛伦兹·奥肯发斯(1779 ~ 1851)，以“奥肯”之名著称，他是一个奇怪的哲学–生物学家，成为了自然哲学运动的一座灯塔。他主张，有 5 个水平或层面上的感觉器官，每一个水平都代表着一个独立的动物纲，所以无脊椎动物只有触觉器官，鱼类有了舌头，爬行类有了鼻子，鸟类有了耳，哺乳类增添了活动性的眼睑，所以具备完全的感觉器官。后来，他还在此基础上，增加了其他器官系统，所有的器官系统都在他的五进制中发展。最后，生命系统被看成是与非生命世界各个方面平行发展而来。但愿是我把这一理论全领会错了，但它的确奇异难懂。斯蒂芬·杰·古尔德在他最早的一本书中描述了这种五进制，可能是 20 世纪唯一能够理解它的人。奥肯的“头体器官–系统方程式”提出了一条同源性研究的基本途径。他坚持认为，就像脑“是”脊索一样，所以头骨“是”脊柱。对于这一想法，居维叶毫不费力地予以嘲笑。据说，奥肯已经以这种方式使得比较解剖学的研究倒退二三十年（直到理查德·欧文发现了真正的器官同源性）。

奥肯对灵长类动物学只有单一的影响——但是一个主要的影响，并且让人感到非常恼火。1816 年，他出版了《动物学教科书》，其中他声称遵循了林奈的双名法，但实际上却给双名法带来了浩劫。伟大的灵长类学家菲利普·赫斯科维兹谈到奥肯的命名系统时说：“如果它还可以叫做一个系统，那就是对乱七八糟的纵容、对好分析的蔑视。”单词命名、双词命名、多词命名、方言命名，以及前后矛盾的类别与阶元，比比皆是。

至此，我们已经明白，应用于黑猩猩的第一个属名是 1812 年杰佛罗依提出的 *Troglodytes*。不幸的是，1806 年，一个名叫“维依罗特”的人已经给鹪鹩(wren) 取了与这一模一样的属名，所以杰佛罗依所取的属名被“优先占用”

了，那么必须另取一个可用名（可是灵长类动物学专家在 19 世纪后期认识到这个属名被优先占用以前都一直沿用着这一属名）。但是，另取一个什么样的可用名？在世纪之交的那段时期，开始使用 1838 年德布兰维尔提出的名称“人猿”（*Anthropopithecus*），然而丹尼尔·吉拉德·埃利奥特发现奥肯已经取了一个名字，于是埃利奥特在他 1913 年颇有影响的一本专著中使用了这个属的名称。这个属名就是 *Pan*。

实际上，奥肯的确是按照双名法的规则使用 *Pan* 这个属名的。他甚至随之还取了一个新的种名——*Pan africanus*（以奥肯典型的作风，他对其他人取的名字不屑一顾）。这可能是促使埃利奥特引进这个属名的原因所在，尽管这本书的其余大部分命名都在渎职玩弄双名法的原理。

Pan 这个名字似乎有点棘手。它简洁明了，自那时起几乎每人都用它，尽管 1956 年国际动物命名法委员会声明奥肯的书不可用。拖延了很长一段时间以后，最后该委员会于 1985 年确认了 *Pan* 这个名称的有效性。

后来，随着探索时代巨轮的滚动，大多数欧洲列国的勇猛子孙投身于非洲和亚洲。荷兰的探险家，包括不折不挠的所罗门·穆勒（1804 ~ 1864），也在当时的荷属东印度群岛采集标本，将标本送回荷兰，由莱顿博物馆的特明克（1778 ~ 1858）及其继承人赫尔曼·施莱格尔（1804 ~ 1884）进行描述。阿尔佛雷德·艾德蒙·布雷姆（1829 ~ 1884）在非洲旅行结出的硕果是 1864 年出版的主要著作《兽类之生活》。这是一本比此前任何一本著作都更为全面的有关哺乳动物的记述，它被周期性地重编、更新、重刊，直到 20 世纪中叶。他当过一段时间汉堡动物园的主管，并于 1869 年创建柏林水族馆，之后负责该馆的建设与运行。

此外，也有美国人的贡献。托马斯·萨维奇博士（1804 ~ 1880）于 1847 年 4 月结束了在利比里亚的传教活动，在回美国途经加蓬河口地区的时候，被“意外地扣留了”，作为其传教同事——威尔逊的客人停留了一个月。在这里，他看到了他相信是“一个猩猩新种”的头骨，得到（或是购买）了几个其他头骨及部分骨骼，记录下了这种动物的特征与行为。他说，在加蓬的姆朋格韦人把这种动物叫做“*engé-ena*”，而黑猩猩（*Troglodytes niger*）被称为“*enché-eko*”。萨维奇参考了巴特尔的“Pongo”，以及被一个名叫托马斯·鲍迪奇的探险家于 1819 年所提到的“*Ingena*”，提出把它称为 *Troglodytes gorilla*，使人想起汉诺的话：“‘野人’……可能是一种猩猩。”

大猩猩注定——在许多方面正如其名称一样——要在 19 世纪后半叶的灵长类动物学中扮演很重要的角色。

5.3 不列颠的灵长类动物：集邮者会弄得你无所适从

英国灵长类动物学的兴起真正地要归功于新加坡建立者的开创性工作。托马斯·斯坦福德·拉弗尔斯先生（1781～1826）14 岁时受雇于东印度公司。他正儿八经地通过努力工作逐级攀升，但真正使他出人头地的是他讲得越来越流利的马来语。1804 年，他成为了威尔士王子岛（即现今的槟城）殖民政府中的一个助理秘书，1807 年当上了全职秘书。1811 年，英国人侵占爪哇，驱逐法国人之后，他被委任为爪哇政府的副官。1817 年，拿破仑被打败后，爪哇又归由荷兰人控制。他官位失效而回家，但就在当年他回头当上了苏门答腊岛本库伦（现今“明古鲁”）的地方长官。1819 年，由于与爪哇岛上的荷兰当局的关系恶化，为了保卫马六甲海峡，他设立了一个自由贸易岗所，因此建立了新加坡。在爪哇和苏门答腊期间，他积累了大量的动植物标本，传说他把这些标本装载运回英国，但因着火而全部烧毁。他想方设法做了很多替代性标本采集，但这意味着这些假定的物种模式标本实际上并非他描述时最初选定的模式标本。就灵长类动物来说，模式标本如下：

Simia syndactyla，现为 *Symphalangus syndactylus*，即合趾猴。

Simia carpolegus，现被认为与 *Macaca nemestrina*（豚尾猴）同物异名。

Simia cristata，现为 *Trachypithecus cristatus*（银色乌叶猴）。

Simia melalophus，现为 *Prebytis melalophos*（黑脊叶猴）。

Simia fascicularis，现为 *Macaca fascicularis*（食蟹猴）。

在 5 个新种中，4 个有效——这一物种命名有效率甚至比林奈还高！

1826 年，他返回英格兰，创建了伦敦动物学会，并成为首任主席，下属的伦敦动物园也成了“学会的花园”。可 6 个月后，他因脑瘤而死。

19 世纪中叶，约翰·爱德华·格雷（1800～1875）的名声和影响可能都不如其他一些人物，但的确是他使“英国的动物学”名声响了起来，巨大地影响了我们对灵长类动物的理解。如果说杰佛罗依在 21 岁时就在巴黎获得了教授职位是早熟，那么格雷在同样幼稚的年龄就提出了一个又一个的新的脊椎动物分类方案，可以认为是更为早熟。以下是他提出的灵长类动物的分类方案：

纲 I. Bimanes（两手纲）

目 1. Primates（灵长目）。缺乏科的命名，仅 1 属：*Homo*（人属）

纲 II. Quadrumanes（四手纲）

目 1. Platyonychae（扁甲目）

科 1. Pithecidae（猿猴科）。下分 3 属：*Mimeles* Leach（黑猩猩属）、*Pithecus* Cuvier（红毛猩猩属）、*Laratus* Gray（长臂猿属）

科2. Cercopithecidae（猕猴科）。（根据第三下臼齿上第五个尖突的存在或缺失而划分为两个类群）。所包含的属如下：*Cercopithecus* Cuv.（长尾猴属）、*Hanno* Gray（长鼻猴属）、*Daunus* Gray（白臀叶猴属）、*Colobolus* Illiger（原文如此，疣猴属）、*Cynocephalus* Desv.（无尾猿属）、*Macaca* Cuv.（猕猴属）、*Paphio* Cuv.（原文如此，狒狒属）、*Simia* Lin.（山魈属）、*Pongo* Lacep（猩猩属）。

科3. Callitricidae（原文如此，狨科）。（根据尾巴是否具有缠绕性而分为两个类群。）包括以下各属：*Mycetes* Illig.（吼猴属）、*Ateles* Geoff.（蛛猴属）、*Cebus* Geoff.（卷尾猴属）、*Callitrix* Geoff.（原文如此，绒属）、*Pithecia* Derv.（僧面猴属）。

目 2. Gampstonychae（原文如此，弯爪目）

科1. Harpaladae（原文如此，狨科）。仅 1 属：*Harpale* Illig.（原文如此，狨属）。

目 3. Heteronychae（异爪目）

科 1. Lemuridae（狐猴科）。包括 *Lemur* Lin.（狐猴属）、*Indri* Geoff.（大狐猴属）。

科2. Loridae（懒猴科）。（根据尾的有无分为两个类群。）包括 *Loris* Geoff.（懒猴属）、*Galago* Geoff.（婴猴属）、*Tarsius* Geoff.（眼镜猴属，该属专为"*Lemur tarsium* Pallas"而设）、*Rabienus* Gray（该属专为"*Lemur spectrum* Pallas"而设）。

你看，粗心大意，错误一大堆（或许是打印方面的错误?）。不过，这项工作很引人注目。他与杰佛罗依一样把人类置于一个单独的目，把红毛猩猩的幼体和成体分别放在了不同的属。更糟的是，他把狨分离出来，另立为一科一属，而将同一类群中其他新世界猴当作是旧世界猴和猿。Leach 不是 *Mimeles*（应该是 *Mimetes*）的命名人，并且不管怎样这个名字已被优先占用了。所谓的"*Lemur tarsium* Pallas"是根本不存在的。诸如此类的错误还很多。可是，格雷在目和属之间插入了一个新的分类阶元，以前其他人使用"科"这个词，相当不规范，而格雷首次始终如一地使用了"科"这个词，给出了一个标准的词尾（瞧，无论如何，几乎是标准的词尾用法）。时至今日，科仍然是目和属之间所必需的一个分类阶元，沿用的词尾-idae 就是格雷于 1821 年给出的。

4 年之后，格雷明显地对于这一分类编排感到不满意，于是又创建了一个：

目 I. Primates（灵长目）

* Anthropomorphous（人形类）

科 1. Hominidae（人科）

\+ 无尾

1. Hominina（人亚族）。*Homo*（人属）
2. Simiina（猿亚族）。*Troglodytes* Geoff.（黑猩猩属）、*Simia* Lin.（猿属）、*Hylobates* Illiger（长臂猿属）

++尾长或短

3. Presbytina（叶猴亚族）。*Presbytes*（原文如此，叶猴属）Eschy
4. Cercopothecina（长尾猴亚族）。*Lasiopyga* Illig.（毛臀猴属）、*Cercopithecus* Lin.（长尾猴属）、*Cercocebus* Geoff.（白眉猴属）、*Macacus*（猕猴属）
5. Cynocephalina（鼯猴亚族）。*Cynocephalus* Brisson（鼯猴属）、*Papio* Brisson（狒狒属）

科 2. Sariguidae（离趾猴科）

+尾端裸露

1. Mycetina（吼猴亚族）。*Mycetes* Illig（吼猴属）
2. Atelina（蛛猴亚族）。*Ateles* Geoff.（蛛猴属）、*Brachyteles* Spix（绒毛蛛猴属）、*Gastrimargus* Spix（大肚皮绒毛猴属）、*Lagothrix* Geoff.（绒毛猴属）

++尾端有毛

3. Callithricina（原文如此，绢猴亚族）。*Cebus* Erxl.（卷尾猴属）
4. Saguinina（柽柳猴亚族属）。*Saguinus* Lacép.（柽柳猴属）、*Nyctipithecus* Spix（夜猴属）、*Pithecia* Geoff.（僧面猴属）、*Brachypus* Spix.（短足猴属）
5. Harpalina（狨亚族）。*Jacchus* Geoff.（普通狨属）、*Midas* Geoff.（迈达斯猴属）

* * Quadrupedoid（四足类）

科 3. Lemuridae（狐猴科）

+头长；臼齿钝

1. Lemurina（狐猴亚族）。*Lemur* Lin.（狐猴属）
2. Lichanotina（狨毛狐猴亚族）。*Indris* Lacép.（大狐猴属）、*Lichanotis* Illig（绒毛狐猴属）

++头圆

3. Loridina（懒猴亚族）。*Loris* Geoff.（懒猴属）、*Nyaticebus* Geoff.（原文如此；蜂猴属）
4. Galagonina（婴猴亚族）。*Otolienus*（原文如此，大婴猴属）Illig.、*Galago* Adams（婴猴属）、*Cheirogallus* Geoff.（原文如此，鼠狐猴属）
5. Tarsina（眼镜猴亚族）。*Tarsius*（眼镜猴属）
6. Cheiromina（狐猴亚族）。*Cheiromys* Cuv.（狐猴属）

科 4. Galeopithecidae（鼯猴科）

科 5. Vespertiliodae（蝙蝠科）

与1821年的分类相比，这是一个很大的进步，实际上比以前任何形式的分类编排都要进步得多。但是，他仍然把鼯猴（colugos）和蝙蝠当作灵长类（当然也有其他人这么认为）；依然有些莫明其妙，如 *Gastrimargus* 和 *Lagothrix*（前者是后者的“次定同物异名”）；仍然将塔玛琳猴和夜猴与粗尾猴放在一起，而不是与狨在一起。仍然是粗心大意。

可是，这一次他将人类放进了灵长目。不仅如此，他还把人类、猿与旧世界猴放进了同一个科——他所指的人科（Hominidae）实际上与现代的狭鼻猴亚目（Catarrhini）相当。多么不同寻常的工作！

格雷没有说“tribes”是什么意思，可通过（从其引言部分）推理可知，他的意思是指“科的一部分”，以-ina结尾。如果这种推理是正确的，那么其现代用法最早源于格雷：现今亚族（subtribes）以-ina结尾，而族（tribes）以-ini结尾。

格雷的父亲塞缪尔·弗雷德里克·格雷是一位植物学家，他写了第一本系统的英国植物区系——《英国植物的自然分类》，但实际上年轻的约翰承担了大部分工作任务。他起初学的是医学（这也是他的论文《脊椎动物》发表在医学杂志的原因所在），然后转向动物学，1824年开始受雇于英国博物馆，薪水每天15先令，职责是作为动物学部负责人的助手，对参观的小孩予以帮助。以后他的工作几乎都在英国博物馆，并在那里写下了497篇科学论文，更不用说数百种的编目和研究报告了。1832年，他被选为皇家学会会员。1840年，他接受了动物学部管理员的职位，后来他一直在这个职位上工作，直到 1874 年圣诞节退休，此后不久（1875 年 3 月 7 日）就去世了。

格雷也是第一个集邮者。在 1840 年 5 月 1 日发行的第一天，他购买了大量的黑便士邮票，保存作为纪念品。1863 年，他出版了邮票编目。实际上，他声明其实他是第一个提出"预付邮资邮票"建议的人。1834 年在一次去伦敦的长途车上，他把自己的设想向罗兰 · 希尔做了解释，而就在次年希尔把格雷的这一建议当作他自己的想法予以发表了。

他不一定被同时代的人所欣赏。他样样都有自己的主张，而对于他这么一个人，各人也有各人的意见。从他早期的两个分类系统来看，他很有创见，具有敏锐的洞察力，但古里古怪，出奇的粗心。他孜孜不倦地工作，对动物学特别是动物分类学有广泛的理解，新的标本一到总是要先经过他的手。他勤勤恳恳地工作，努力争取世界各地的动物标本采集者将他们所采集的标本送到英国博物馆，而不送往它处。

其中比较成功的例子就是获得了布莱恩 · 霍顿 · 霍奇森（1800 ~ 1894）的标本捐赠。霍奇森以英国人的身份在加德满都的尼泊尔朝廷生活了 20 年。其间，他在尼泊尔、拉达克和西藏广泛地收集自然历史标本。捕获活动物是很平常的事，而他会将活的动物在自己的场地上养起来。他热爱当地人，甚至还娶了一个当地的妇女为妻。他对于当地民族的多样性和佛教信仰非常地着迷。可是，他对于这个区域内绝对的君主制感到厌烦，这使得他与坐镇印度的英国上司很不协调，因为他的上司很想与尼泊尔王室维持好的关系，以便在阿富汗战争持续期间后院能够风平浪静。霍奇森的态度被认为是不合外交身份，在一次特别的公然不顺从的插曲之后，1843 年他的外交官身份被撤销。自那以后，他定居于大吉岭，在这里继续进行自然历史标本收集，并把标本送到伦敦的格雷那里。最后于 1858 年回到英格兰，专注于佛教研究，以后还出版了有关佛教方面的著作。尽管作为外交官他有缺陷，但时至今日英国要非常感谢他：是他首次提议，将廓尔喀人招进英国军队。他描述了采自喜马拉雅和尼泊尔塔莱一带的几种灵长类动物和其他许许多多的动物。采自喜马拉雅高山区域的喜马拉雅山长尾叶猴 *Semnopithecus schistaceus* 和 *Macacus pelops*（原文如此，珀罗普斯猕猴），就是由于他的工作才被外人知晓的。而他也感到非常高兴，确信英国博物馆是他所收藏标本的一个好归宿，并且在格雷能够接触到标本以前，他经常相当渴望自己能亲自描述新种。

也有一些人不太买格雷的账，如查尔斯 · 达尔文。在 1837 年 12 月 3 日给伦纳德 · 杰宁斯的一封信中，达尔文说，他感到高兴，杰宁斯是描述他在"贝格尔”号环球旅行期间所收集的鱼类标本的人——他不允许格雷描述这批标本。可是，在其他方面他显然尊重格雷的能力，当格雷获得英国博物馆动物学部负责人职位时，他感到很高兴能为他提供参考。达尔文返回英国后，是格雷于 1847 年力劝达尔文做一个关于藤壶的分类修订；或许格雷以前想自己做，因而他把自己关于这个类群的笔记也给了达尔文，并于 1848 年为他安排了英国博物馆的全部相关标本借用服务。

《物种起源》出版后，格雷攻击达尔文，就像达尔文本人在 1859 年 12 月 14 日写给胡克的一封信中所说的：“你仅仅是巧妙地复制了拉马克的学说，其他什么也不是，并且莱伊尔和其他人已经对拉马克攻击了 20 年，正是因为‘你’（带着一种冷笑和嘲笑）说了同样的事，他们都觉醒并团结起来，群起而攻之。这是惊人的相似。”达尔文、赫胥黎、胡克及他们圈内的人士无不为之惋惜，格雷具有如此广博的知识和经验，其实却仅仅是一匹驮马而已，他完全错过了那张巨幅画面。1860 年 3 月 3 日，达尔文写信给胡克：“很大一部分人，我怀疑更特别的是博物学者，从来不会关心‘任何’形式的一般性问题，英国博物馆的格雷老头可能就是典型。”赫胥黎也深有同感，他在 1858 年给胡克的信中写道：“如果格雷老头只是智力上的问题而不是动物学上的旋风，那他可能就太划算了。”

但是，达尔文和格雷也有一件事情是共同的：他们都憎恨理查德·欧文。欧文是英国博物馆自然历史标本馆的主管，而格雷无论如何都认为 1856 年当主管这个位置空缺的时候自己应该接管，而且他总是被欧文轻视。他乐于赞同达尔文，认为欧文不可信，力劝达尔文利用他对约翰·卢博克先生的影响试图阻止欧文成为伦敦动物学会的主席。

就灵长类动物来说，格雷描述了一个又一个的物种，结果把大多数的种都放入了他自己设立的属内，有时候格雷的描述洞察力很强，对问题的理解也很深刻。由于他一生中都在一个单位工作，很少离开岗位，他经常意识不到别的地方的人所做的事，等他知道时，已经太晚了。他把合趾猴放进他自己建立的属中，可别的某个人已经先做了这件事。他把兰猴描述为一个新种，可其他几个人几年以前就描述过。当他认识到自己的错误时，他通常能够承认错误，并准备让自己之前所杜撰的那些名称石沉大海。

回顾一下 1821～1825 年的那些论文。特别是在这些论文的第二部分，我们是不是可能看到就像达尔文和赫胥黎后来所抱怨的那样，他基本上是一个辛苦工作的灵长类学家，而实际上却没有开阔眼界，缺乏大的奋斗目标？而如果我们现在把他最后一段时期的工作向前看 50 年，我恐怕这个辛勤的工作者赢了——他最后否定了他那最伟大的洞察能力。在 1870 年最后的博物馆编目中，他把人类放回了人类自己所属的一个目——两手目。

理查德·欧文（1804～1892）非常与众不同，不仅是格雷最厌恶的人，而且也可能是整个宇宙中查尔斯·达尔文唯一憎恨的人。他像一个魔鬼天才笼罩着维多利亚时代的科学。他的影响渗透进了你意想不到的各个领域，包括教堂、政治和皇室本身。他没完没了地客气，在长者面前客气，对前来看他的普通民众客气，对于在他的公开演讲会上提问的人客气（不知道他们是否能够避免老是看着他那“令人生畏的鱼眼”），可是，就像尤赖亚·夷普一样，他的过分礼貌和谦卑隐藏着一肚子坏水。

欧文受训于爱丁堡的一所私人解剖学院，该学院由约翰·巴克利掌管。巴克利是笛卡儿门下的一个狂热的二元论者，教育他的学生：生命有一个“至关重要的原理”，与任何物质实体相分离的“灵魂”使得人类的意识有别于动物体内机器般的功能。毕业后，欧文搬到了伦敦，1826 年，就在他 22 岁的时候，成为了皇家外科医学院中的一员，院长约翰·阿伯纳西也是一个二元论者，巴克利已经通知他，这个年轻人（即欧文）很有培养前途。在这个学院，欧文重新组织和重新编目了亨特解剖学标本馆里的全部标本，正是基于这一贡献，他才当上了亨特标本馆的比较解剖学教授。1830 年，他访问法国，出席了杰佛罗依和居维叶之间的辩论会。凭着他在亨特标本馆的地位，以及在伦敦动物园的解剖员兼职工作，他快速而成功地把握住了广泛的比较解剖学领域，之后使自己赢得了“英国的居维叶”的荣誉称号。

欧文的问题并不是简单地认为，没有哪一位科学家的名望可能超过他，而是不允许哪个人的声望接近他。格雷不在话下，当欧文搬进英国博物馆时，就成为了格雷的上司，于是就有了瞧不起格雷、打压格雷的那些事。赫胥黎已经开始构成了一点威胁，但在《物种起源》出版之前，他和达尔文旗鼓相当。达尔文那时总是感觉到来自欧文的敌意，“不是由于我们之间的任何争吵，而就我的判断那是出于对这本书获得成功而产生了嫉妒”。欧文像所有杰出的维多利亚时代的人一样，是一个沙文主义的爱国者，但突然“不列颠尼亚”放弃了原有的规则，让达尔文主义占住了上风，欧文根本不喜欢这样。

1860 年 4 月，一篇匿名的文章刊载在《爱丁堡评论》上——综合评论了 10 种书和论文，包括达尔文的《物种起源》、华莱士的 1 篇论文、胡克的 1 本书、其他作者的 4 本书，以及欧文的 3 本书。作者拐弯抹角地咒骂达尔文，谴责华莱士，把胡克当作达尔文先生的皈依者，几乎没有提到其他作者的 4 本著作，却大量引述了欧文书中的内容，不厌其烦地写着“欧文教授说”，等等。从来没有任何怀疑，这篇评论……是欧文自己写的。甚至就是当时的那个年代，这种行为也几乎被认为是不道德的。

欧文当然有许多好的想法，他对某些事情看得很清楚。像他的前辈杰佛罗依一样，他认识到脊椎动物存在“基本的设计图纸”或“原型”，这是上帝的旨意，所有现代的物种都在这个主题下发生变化。他编造“世界同源”的概念，以阐述这些形态变异，这或许是他留存最久远的遗产——术语“恐龙”的杜撰另当别论。在操作层面上，更为实际的是，他认识到，英国博物馆的自然历史标本几乎已经变成诸如艺术品、古玩和其他文物收藏一样的公共机构的一部分，从他上任的那一刻起，他就推行分离（他所做的每一件事都遭到了格雷的反对）。最后，在格雷过世的一年之后，在南肯辛顿新建了一栋自然历史大楼。

可是，欧文对待进化论者的恶意依然存在。传说，他与赫胥黎辩论，在大猩猩的大脑里是否有小马回，赫胥黎表示欧文简直是在捏造解剖学。达尔文死后，欧文尽其所能试图阻止在他面前竖立和在他的新王国内安放达尔文的雕像。关于这件事，他在给该博物馆的一位托管人的信中，写出了隐含恶意的杰作：

• 达尔文系列著作的伟大价值在于，它例证了生物学家普遍接受的“物种起源”中由“进化所致的第二定律”……在这方面，查尔斯·达尔文与生物学就好比哥白尼与天文学。物种起源与第一法则（或直接创造说）之不相容，也正如日心说与地心说把地球视为稳固不变、至高无上的宇宙中心相冲突一样。它也无异于用“日心说”代替了“地心说”。在“进化”指导下自然历史的快速进步也类似于在“日心说”指导下天文学的进步。

• 可是，达尔文假设的进化方式并不具有普遍性，在某些情况下，拉马克的假说更为适用。因此，达尔文好比哥白尼，哥白尼不仅无知，而且还编造出了行星围绕太阳旋转的邪说。

还有另一位动物学家，其职业生涯与格雷类似，并相互交织。他就是“那个古怪的家伙”——爱德华·布莱斯（1810 ~ 1873）。关于他，克莉丝·布兰登-琼斯写了几篇有趣的研究报告。在克莉丝的报告之前，洛伦·艾斯利还就他做出了某一奇怪而富有挑战性的主张。

布莱斯起初是一位药剂师，但后来他转向了自然历史研究。如前所述，他足以荣幸地被授予重编 1840 年居维叶著作英文版中有关哺乳动物的任务。次年，他被委任为设在加尔各答的孟加拉亚洲学会博物馆馆长。在那里，他一直工作到退休。无疑，是他开创了印度动物学的先河。如果不是他的上司发现他相当难相处，他的工作会更多地受到同事们的欣赏。毫无疑问，他被大幅度地扣发工资，老是得不到提拔和重用，但是这是因为他的古怪行为，还是因为小看他而玩弄他，我们并不清楚，或许两者兼有。甚至在去加尔各答以前，他就与英国博物馆的约翰·格雷及其他人争吵，在亚洲学会他也是吵吵闹闹。1844 年，他被指延误了布莱恩·霍奇森一篇关于飞鼠的论文的发表，结果格雷抢先描述了两个新种。他甚至被指责以牺牲馆藏标本和馆藏记录为代价，描述了太多的新种。

布莱斯那时的某些怪癖在一定程度上似乎还相当讨人喜欢。杜弗雷斯内于 1797 年首次描述印度灰叶猴，他将其命名为 *Simia entellus*，这是维吉尔创作的伟大的罗马史诗《埃涅阿斯纪》中一个西西里岛人的名字——Entellus（恩特勒斯）。（尽管恩特勒斯又老又笨，但在一次拳击比赛中，他向年轻强壮的特洛伊人冠军埃涅阿斯提出了挑战，并赢了。）也许，杜弗雷斯内命名时参考了叶猴脸面枯瘦的外表，正如埃斯克舒尔兹于 1821 年给叶猴命名属名（*Presbytis*，意思是一个老太婆）时那样。但是，布莱斯满腔热情地接受了特洛伊人战争的主题，他于 1844 年以埃涅阿斯的父亲 Anchises（安喀塞斯）、特洛伊老国王 Priam（普里阿摩斯），以及很可笑的希腊士兵 Thersites（瑟赛蒂兹）命名了 3 个印度叶猴的新种。（几乎是一个世纪以后，波科克仍以埃涅阿斯本人的名字命名了叶猴的一个新种。）

当他最后退休，于 19 世纪 60 年代初返回英国的时候，布莱斯发现自己 21 年的缺失，早已跟不上主流。他遭受了精神和身体方面的痛苦，以酗酒驱痛解愁。可是，以他在印度的工作经验可以解释某些事物，达尔文多次参考他的论文——在《物种起源》中，达尔文引用布莱斯文献的次数仅次于胡克。的确，艾斯利认为，实际上布莱斯对“起源”的贡献很大——达尔文有意识或无意识地从布莱斯分别于 1835 年、1836 年和 1837 年发表的 3 篇关于变异（主要是英国的鸟类）的论文中受到启发而形成了“自然选择”的进化思想。在我看来，这 3 篇论文所引发的问题不是进化理论的胚芽，而是一个具有相当广博的野外工作和理论研究知识与经验的人对他的发现的意义努力思索的结果。达尔文可能读过这 3 篇文章，并把其中所隐含的意义存入脑海，可似乎没有理由怀疑达尔文自己所做的声明，没有理由怀疑达尔文真是读了马尔萨斯的书之后，灵感才被激发了。

1859 年，对查尔斯·达尔文提出的大量现实的进化证据和自然选择学说，不同的人反应不一，有人欣喜，有人好奇，有人震惊，有人愤慨，依各人的偏见和兴趣而异。然而，每个人都感觉到他留下了非常重要的东西，每位读者都知道缺了什么。为什么达尔文恰好写了这么一句踌躇的语句，“光芒会照耀人类的起源及其历史”，由此引发我们什么样的思考？

更富有战斗精神的赫胥黎，于1863年发表了3篇随笔，把这件事情公开化。在《关于类人猿的自然历史》一文中，他首先评述了自杜普、泰逊和林奈一直到他自己这个时代的知识积累，进而叙述了他们所认知的自然历史。在《人与低等动物的关系》一文中，他首次将大猩猩、黑猩猩、红毛猩猩、长臂猿与人类进行一一对比，得出了非常清晰的结论，同时还是避免正面冲突：

• 因此，无论研究什么样的器官系统，对于猿器官系统的序列变型的比较可以归结为同样的一个结果——人与大猩猩和黑猩猩的结构差异并不大于大猩猩与低等猿类的结构差异［这里使用的“猿”（ape）的意思是指任何的非人灵长类动物］。

并进一步阐述：

• 假如你还记着“人类与大猩猩之间没有联系”，但也没有忘记“他们之间仍然存在一条明显的分界线”，那么在大猩猩与红毛猩猩，或者红毛猩猩与长臂猿之间依然完全缺失任何的过渡形态。我认为，他们之间的确有明显的界线，尽管界线有些狭窄。人类与类人猿之间的结构差异当然使我们有理由把人类从类人猿中分离出来另立一科；然而因为人类与类人猿之间的差异小于类人猿和同一个目中其他科之间的差异，所以我们就没有正当理由把人类置于一个独立的目。

• 因此，作为系统动物学的伟大创立者林奈的远见卓识得以应验。一个世纪的解剖学研究使我们又回到了他的结论，人类仅仅是与猿、狐猴在同一个目中的一个成员而已，于是林奈所使用的“Primates”（灵长目）这个术语应该保留。这个目现在被分为7个科，具有近乎平等的系统价：第一科是 Anthropini（人科），只包括人类；第二科是 Catarrhini（狭鼻科），包括旧世界猴；第三科是 Platyrrhini（阔鼻科），包括除狨以外的所有新世界猴；第四科是 Arctopithecini，仅包括狨猴；第五科是 Lemurini（狐猴科），包括各种狐猴，但可能要将 Cheiromys 排除，以建立一个独立的第六科——Cheiromyini（指猴科）；第七科是 Galeopithecini（鼯猴科），仅包括 Galeopithecus（鼯猴属），即能飞行的狐猴——这是一个非常奇怪的类型，几乎具有蝙蝠般的技能，像指猴一样皮毛外观似鼠，但体型如狐猴般地相似于食虫目动物。

• 或许没有其他哺乳动物目呈现出如此卓越的系列变异梯度——不知不觉中把我们从动物创造的巅峰引到了普通的动物，距最低等、最小和最缺乏智力的有胎盘类哺乳动物也似乎只有一步之遥。好像大自然本身早已预见到人类的自大与傲慢，用罗马式的猛烈警示人类：你们的智慧及智能所致的巨大成就都应归属为卓越的奴性，人类作为征服者也只不过是尘土而已。

就这样，这次伟大的论战，以这几个短小段落，奠定了人类进化和灵长类动物学一个世纪的学术基础。人类返回到了灵长目，不再是 Bimana/Quadrumana（两手类/四手类）的划分问题。尽管赫胥黎高度漠视由格雷主张的“命名法约定”，毁谤格雷，但他还是认真地对待分类学，并指出旧世界猴和新世界猴之间的差异度几乎与人类和大猩猩之间的差异度一样大。他引入了一个直到 20 世纪 60 年代都一直还有人引述的灵长类学概念——按今天“以人类为中心”的标准不能接受，但在 19 世纪 60 年代那个时期却是绝对必要的理性目标：要削减人类的高大形象，杀一杀人类的盛气威风。

5.4 屠杀我们的亲戚：比赛第一

在英国探险者的行列中，为我们增添灵长类知识的杰出人物当然是阿尔佛雷德·拉塞尔·华莱士（1823～1913）。今天他还活在我们的心中，因为他对“自然选择”进化论的恍然大悟，而当时他正在安汶，由于染上疟疾而显然有些神志不清，是他促成了达尔文延宕已久的著作的出版，也因为他是我们当今所理解的东南亚生物地理学的开创者。

华莱士靠采集标本为生，自然少不了采集灵长类动物标本，他特别地采到了红毛猩猩。我必须承认，我发现他写的《马来群岛》一书中的第四章读起来让人感到非常地郁闷。猩猩一只接一只地倒在他的枪口下，有时几把枪一起开火。发生这种事就是因为他在，他要采标本。然而，他把一只幼猩猩养了三个月，显然他喜欢它，它孩子般的行为使他印象深刻（尤其当他把它与幼猕猴比较时更有趣）。当它因病而死后，他感到伤感：“我非常遗憾地失去了我的小宠物，我曾经希望把它养大，把它带回英国。这几个月以来，它每天给我带来了快乐，它好奇，小脸上表现出无法效仿的滑稽，甚为逗人”。他对野生红毛猩猩的描述非常敏锐，它们的运动方式、摇摆树枝的动作、筑巢行为、独处的特性以及食果的方法都描述得非常精细。

我认为，我们可以说这是时代所造成的。动物就是动物，人们可以用古老的方式对待它们——的确，那时甚至很少有白人想到给予非白人平等的待遇（不过，在这方面华莱士属于少数的一类）。人格分离的时代允许华莱士大量屠杀（各种年龄的）野生猩猩，同时宠爱他的小宠物，因为那个时代允许人们溺爱一条宠物狗，同时鼓励其他狗追赶一只狐狸并把它撕成碎片。人类的本性如此，华莱士是那个时代的一个人。宽恕他吧！

华莱士是一个典型的唯心主义者。不只是年老的时候才这样，而是大约从1866年就开始了。确切无疑有人发现，华莱士曾向他的同事吐露真情，他劝说过年迈而脾气越来越古怪的格雷，进化实际是唯心论的前沿阵线。

在灵长类动物学的探险家时代，谁是那个时代的探险者？毫无疑问，是保罗·贝罗尼·杜·柴璐（1835～1903），一个见闻广博，但言过其实、造谣中伤、靠不住、冒牌，也是最好玩和最有趣的灵长类动物学家。对于他声称做过的，没有人确切地知道他究竟做了多少。当然，如果他做过，他也时常完全误解他所看到的。

杜·柴璐的《在赤道非洲的探索和冒险》（1861）中绘制的一幅大猩猩的雕刻画

甚至对于他的出生地和出生年份，都有一些怀疑。尽管一直认为，他实际出生在留尼汪岛，他的母亲是一个白黑混血儿，但也有人认为，他可能生于巴黎，或者可能生于新奥尔良。他可能出生于1837年，而不是1835年。那个年代，在白种人主导的美洲，种族偏见严重，编造个人出生的理由非常充分。

他的父亲是一个商人，受聘于一家法国公司，作为公司的领事长驻加蓬。小保罗和他一起生活，和那里的非洲村民打成一片，受到过耶稣基督教会传教士的一些教育。他步父亲之后尘，做起了乌木和象牙的生意，但是在当初的一次尝试中，独木舟被打翻，他不仅丢了货物，还差点丢了性命。经过4天的旅行之后，他遇见了一伙来自美国的传教士，传教士们所讲的神话使他确信——美国的大街上铺着黄金，如此激励他去美国发财。

1852年，他到了纽约，并在纽约的《讲坛》上发表了一些文章，引起了公众的广泛关注，致使费城自然科学院与他联系，要派他去加蓬做一次特别的探险。他加入美国国籍后，于1855年回到加蓬，1859年又回到美国。在加蓬期间，他深入内陆，行程至少达8000英里①，一路狩猎，勤勉辛劳。他带回了2000多份鸟类标本和1000多份哺乳动物标本，声称有60多种鸟类和26种哺乳动物（包括两种黑猩猩）在科学上是新的。在英国的一次巡回演讲会上，他的标本被英国博物馆买下了，只留下一些大猩猩剥制标本继续随他巡回演讲，另有3件装裱好的大猩猩标本则被卖给了墨尔本的维多利亚博物馆。

1861年，他出版了《在赤道非洲的探索和冒险——兼记当地人的风俗习惯以及对大猩猩、鳄鱼和其他动物的狩猎》。书一出版，麻烦也就开始了。他使用的地图与这个区域以前的探险家巴斯和彼得曼所用的不一致。布雷姆抨击他对大猩猩的描述不对，对不同的黑猩猩种类的描述有误。在英国博物馆，格雷无情地指责他：他所谓的新种实际上根本没有一个是新的。当然，当格雷攻击他的时候，欧文不得不为他辩护。他也得到了其他各方面的保护。著名的探险家理查德·伯顿赞同他的说法，“番族”是食人族。一个去过奥果韦河的法国探险队发现他的描述非常精确。

杜·柴璐承认所有这些他都可以做得更科学。例如，他的观察仅仅靠罗盘定位。所以，要洗清罪名，澄清事实，必须开展第二次探险。1863～1865年，他返回加蓬，这次他携带了天文观测和照相设备。这次新的探险为他的第二本书《对阿善沟一带的旅行——再次踏进赤道非洲》奠定了基础。虽然不完全是灾难，但他的第二次探险并不像他所希望的那样顺利。开始不久，承载所有设备的独木舟陷入了沼泽，全部的随身设备都丢失了，但他更多次地被派往英国，狩猎

① 1英里=1.609344千米。

是间隙性的。当一些新设备于1864年到达时，他又启程了，但是这次他所考察的内陆区里的一些人对他们有些敌意，他们撤回到了海岸，在路上又一次把他的设备和照片都弄丢了，只有日志还在。可是，日志中包含了他的天文观察记录，所以他至少还能够拿出一些东西说明一切，出版这些记录有助于证明他的无辜。

他另外还写了好几本书，包括一些专门为小孩写的读物。晚年，他把兴趣由气候炎热的国家转向气候寒冷的国家，还探索了北欧荒原。

杜·柴璐个子小，脸面黑，鼻子塌，头顶秃。他的眼睛“小而有神，观察细致，洞察力强”。他很逗乐，也很懂美食，诙谐健谈，擅讲故事。虽然颇受女人喜欢，但从来没有结婚。

在富加穆和洛佩河（现为哇卡国家公园的一部分）之间的“杜·柴璐山丘”，就是以他的名字命名的。

那么，我们从他那里能够得到什么？他的民族志式的观察和描述相当肤浅。他对加蓬部落的描述“没有任何法律，但组织最严密——几乎完全不在乎财产权”是对事实的歪曲。

就灵长类动物学来说，他做出了贡献，但他的贡献的长久价值难以估价。下面是一则例子，描述的是他受到大猩猩攻击时的情况，被他人引用较多：

• 它不惧怕我们。站在那里，用大拳头捶打胸脯，发出深沉的闷鼓般回声，这是它表达蔑视的方式，同时一声接一声的咆哮发泄。在非洲丛林中，大猩猩的咆哮是最单调可怕的声音。开始时，就像生气的狗一样厉声尖叫，而后滑向一阵滚沉式低音，非常地类似于远处滚动的轰雷声……这真使我只想到那些地狱魔鬼——半人半兽，面目险恶可怕，就像我们看过的由老艺术家描绘的阴间恶魔。它向前走了几步，然后停下来，又大声怒吼；再向前迈了几步，最后停在离我们仅6码远的一个地方。就在它又开始吼叫，狂怒地捶击胸脯的时候，我们开枪把它打死了。

精确？许多人误以为捶胸是马上攻击的信号，没有怀疑，懒得检验这一说法，所以他跟许多人一样也就这么认为。但是，我一定不会把那种声音描写成一种低沉的鼓声。至于咆哮，我同意类似狗的吠声，但其低沉的轰雷声确实有问题。它肯定不是像黛安·佛西所谓的那种很少能够听到的“轰鸣声”。是不是可能，他听到的是“打嗝声”（可打嗝声实际上是一种安慰的信号，但没有见过大猩猩打嗝），而只有打嗝声与真正的进攻信号同时发生才可能发生有趣的故事？

就威廉·温伍德·里德来说，根本就不相信杜·柴璐所写的：

• 作为一个认真而勤勉的皮张采集者，杜·柴璐堪比奥杜邦。可是，他在纽约撰写的“关于大猩猩习性”的记述没有增添任何有价值的描述。我已经引用的所谓的事实，其实就是他已经被塑造成了冒险家中的英雄。另外，在其开拓史上，他还记述道：当大猩猩发怒的时候，就用手捶胸，发出的声音在3英里远的地方都能听到，它会用利爪杀死对手，将其头骨和腹部撕裂。5个月的仔细考察之后，我既没有发现大猩猩如擂鼓般地捶胸，也没有发现他以上述方式攻击人。我认为，杜·柴璐对很多大猩猩的描述都是真实的，但并不新颖，如果说也有“一点点新的”，那么一定是太不真实了。

这一年的稍后一些时候，里德还进一步地揭杜·柴璐的伤疤。他参观了恩古姆比，杜·柴璐声明他是在这个村庄狩猎到大猩猩的。里德假装是一个商人，有人问他是不是像杜·柴璐一样想买大猩猩。他说不，只想射杀一只；此时每个人都感到惊奇，问他为什么想做还没有其他任何白人做过的事。里德通过两个不同的翻译（这两个人吵过架，所以不可能串通）分别跟他们进行交流，其中有一个名叫“埃蒂尔”的人，他说他自己打死过大猩猩，而另外的5个人都说他们给杜·柴璐当过向导，带他去过隘坪奇那个地方——

●……虽然他们都极力赞赏杜·柴璐先生，表现出对杜·柴璐深厚的感情，但是他们都一致性地回答，杜·柴璐从来没有打死过大猩猩。

尽管如此，里德似乎还亲自收集了某些有关大猩猩的非常奇特的信息。显然，当雌性个体怀孕的时候，雄性个体为“她”在树上建一个窝，而当雌体分娩后，窝就被放弃了。在发情季节，雄性为争夺雌性而互相打架，非常有趣。但是，里德也获得了一些好的信息，积累了狩猎的经验。“人要非常地勇敢果断，谦虚谨慎，要相当沉静，不能唠叨多嘴。”很明显，只要不被激怒，大猩猩不会攻击人。大猩猩是否通过捶胸发出如鼓般的声音？他们说大猩猩不会，但黑猩猩能够发出如鼓般的声音；而埃蒂尔就此描述说：“黑猩猩的鼓声是用脚踢空心树发出的”，他进而还做了相应的示范动作给里德看。

对于杜·柴璐的书的结论这一章，可以恰当地引述里德的评论。杜·柴璐的叙述表明，他乐意看见非洲人，与他们融洽相处，平等相待，从他们身上学到了很多东西，然而他在第37章的标题用的却是“黑鬼”这个词，这一章的内容很欠考虑，其对黑人的评判令人惊愕，与前述内容很不相称。他第一次去非洲的时候，只有20多岁（他生于1838年），雄心勃勃，狂妄自大。最初我想到里德对杜·柴璐的批评是：“是不是比嘲弄巨人杀手赢得了更好的声誉？”

除了冒险遭遇大猩猩外（是不是真有这么一回事？），杜·柴璐还描述了黑猩猩，并声称发现了两个黑猩猩新种：*Troglodytes calvus*（恩斯克沟-姆鲍瓦）和

T. kooloo-kamba（库路-卡姆巴）。恩斯克沟-姆鲍瓦不同于普通黑猩猩（*T. niger*）或者“正常的恩斯克沟”的特征是：它的头是完全秃的；它在树上建造伞状的庇护所，“一只雄的个体住一处，另一只雌性个体则在附近的另一棵树上”。库路-卡姆巴不像恩斯克沟-姆鲍瓦那么秃顶，脸更圆一些，脸上有腮须，口吻部不太突出，颧骨较高，比恩斯克沟-姆鲍瓦或黑猩猩的面颊都深凹一些。尤其是，哭声也很特别，“类似于音节‘库路’”。

很明显，杜·柴璐所谓的 *Troglodytes calvus* 只不过是一只老年黑猩猩；要不，就像中非的黑猩猩一样，的确似乎在很早的时候就秃顶了，说得更准确一点，他所描述的这只 *T. niger* 还没有成熟。对于猩猩的庇护所的描述，我们可以说，是想象出来的。格雷注意到，普通的黑猩猩“用大树枝和叶子搭建庇护所”。

对于杜·柴璐的看法，托马斯·赫胥黎跟通常一样率直：

- 如果说我避免引用杜·柴璐的工作，那么不是因为我觉察到了他关于类人猿的断言绝无可能，也不想对他的诚实表示怀疑，而是因为以我之见，他的叙述在现今状态下仍不能解释清楚，明显地不能阐明其中的困惑，而且不管是什么样的主题，他的叙述都未能说明最早的出处。
- 它可能是真理，但不是证据。

杜·柴璐把幼小的黑猩猩和大猩猩养起来，他甚至在第二次和最后一次离开非洲的时候还随身带了一只大猩猩幼体上船，可它在路上死了。他对猩猩的描写很有趣，显然对于猩猩，他感到愉快，就像华莱士一样。

5.5 灵长类动物拥护进化

达尔文遵从赫胥黎的劝告，写有关“人类的进化”，于 1871 年出版了《人类的由来及性的选择》。像赫胥黎一样，达尔文说得有点过头：我们是多么的像其他灵长类动物！它们和我们遭受同样的疾病，相互传播；它们的繁殖与我们相像，红毛猩猩的成熟期几乎和我们一样长。达尔文对运动的描述现代而精确：大猩猩跖行及侧向拖脚跑；臂长的猿（long-armed apes）（红毛猩猩?）拄拐式行走；长臂猿（gibbons）直立式奔跑。工具的使用也没有什么不同：据未开化的人说，加蓬的黑猩猩用石头砸开像核桃一样的坚果；僧帽猴懂得用石头打开棕榈坚果；达尔文还亲眼看见一只红毛猩猩把一根棍子用作杠杆。与赫胥黎一样，达尔文反对把“人类”另立一目。

可是，1871 年这本书的标题有两部分。开始一部分写的是对人类进化的争

杜·柴璐的《在赤道非洲的探索和冒险》(1861) 中所绘制的一幅关于“库路-卡姆巴”的雕刻画。他将其描述为一个新种——库路-卡姆巴黑猩猩(*Troglodytes kooloo-kamba*),但描述时所依据的标本却是一只普通黑猩猩

论,但书中三分之二的内容都在介绍性选择的概念。在书的第二部分,灵长类动物也扮演了重要的角色——对灵长类动物的论说具有现代气息。大猩猩、红毛猩猩、长臂猿和吼猴在发声方面雌雄有所不同,雄性“获得了洪亮而具有震撼力的发声以击败对手,取悦雌性?”黑狐猴、褐吼猴、白脸粗尾猴、白眉长臂猿与一些长尾猴和叶猴(虽然在这方面,他没有依据准确的信息)被毛上的差异,以及阿拉伯狒狒的鬃毛和山魈艳俗的面容:“总的情况可能是四足动物雄性个体显著的体色和其他装饰性的特征对其在与其他雄性个体争斗的过程中是有益的,结果是通过性选择获得并遗传下来的。”可是,对于恒河猴的情况,达尔文感到困惑,因为尽管他对于雄性恒河猴在体型、犬齿、腮须和眉脊方面仍比雌性大或明显的事实感到安慰,但雌性却经历周期性的变红。最后,当达尔文回到人类进化

及性选择可能对其产生的影响时，对全书总的结论是："有关其他灵长类动物的社会生活，已知的信息很少。"达尔文知道某些灵长类动物是单配制的（虽然他认为红毛猩猩是季节性的单配制！），另一些是多配制的，而黑猩猩的族群"可能多少是社会性的"。

《人类的由来及性的选择》出版一年之后，达尔文最卓越的成就《情感的表达》随之面世。该书绝非达尔文梳理文献、撬掘布莱斯的大脑、攫取他人之鸡毛蒜皮，而是体现了达尔文对动物敏锐的观察力。第一章阐述了肌肉运动的基础及"表达的一般原理"，转而用自身的经验予以阐明：

• 观看过猴子的人都不会怀疑，猴子对彼此的姿势和表情心领神会，在很大程度上，像伦格（在巴拉圭的一个探险家）所声称的：那些手势和表情与我们人类的一模一样。当一个动物要攻击另一个，或当其害怕其他动物时，通常会使自己呈现出可怕的状态，毛发竖起，全身暴张，龇牙咧嘴，或者……厉声狂叫。

他列举了他所看到的一只黑猩猩和一只狒狒在一起的情形。他也拿着一条蛇的标本进入猴房，观察几个种（特别是其尾部）的立毛情况。他描述了黑猩猩和红毛猩猩高兴（例如被瘙痒）时所发出的"笑"、相伴产生的面部表情及其与僧帽猴和猕猴相对应的面部姿势。对狒狒的和解姿势、哭泣以及打哈欠、生气、失望、沮丧、惊奇和恐惧行为也进行了详细的描述。在达尔文这些观察和试验中，有一个特别的试验具有现代科学实验的韵味——他把一面镜子放在两只小红毛猩猩的面前：

• 起初，他们傻呆呆地盯着自己的影像，还每每地换角度看。而后，他们走近，把舌头伸向影像，似乎在吻，就像几天前第一次被放入同一间屋时他们相互吻对方那样。随后，他们扮各种鬼脸，在镜子面前使自己呈现出不同的姿势。他们按擦镜面，把手放在离镜面的不同距离，站在离镜面不同的距离看。最后似乎感到了惶恐，开始有一点害怕，之后有点发脾气似的，拒绝再看。

真遗憾！从某方面来看，达尔文完全不是在做试验，而只是将镜子和猩猩放在一起而已。可是，就这么简单的做法却足以惊人，并且他的描写还如此地精细。几乎是一个世纪之后，类似的试验才被重做。

最后，达尔文还以其常用的手法使反对者无话可说，从而奠定了动物行为学创始人的地位。他简单而大胆地声明："如今我们人类和其他低等动物的那些主要的冲动行为是先天的或遗传的，也就是说不是通过个体学习所获得的。"这无论如何是常识，每个人都得承认。此后，有点画蛇添足般地提醒读者有关脸红、心率增加、哭泣和笑之类的行为表现。如果这些行为是遗传的，那么它们当然构成了人类和其他灵长类动物之间的链接，何尝不是?!

我们必须承认，若没有压力，达尔文不可能做出诸多的成就，当然如果没有华莱士、胡克、莱伊尔，尤其是赫胥黎这么一个团队，他也不可能做得这么好。加上布莱斯，也许还有格雷。或许时常通过他的肩膀看看欧文所做的对他也没有什么损害。但是，如果说没有赫胥黎，达尔文不可能做得这么好，那么可以肯定，没有达尔文，赫胥黎根本不能够做什么。

生物学必定要进步，有时会大跃进。林奈时代，法国大革命后巴黎这个温床孕育知识分子的时代，以及达尔文时代都是巨大的跨越。我们对灵长类动物的理解也遵循这一模式。灵长类动物学在达尔文前后也迥然不同。

正如我们所知，赫胥黎不仅是最直接的（最炽热的）后达尔文主义者，而且青出于蓝而胜于蓝，他踏进了达尔文本人害怕触及的领域。但是当哗然声逐渐消退以后，生物学开始感觉到了与进化论的融洽。第一个采用进化论的方法进行灵长类研究的是圣乔治·米瓦特。

圣乔治·杰克逊·米瓦特（1827～1900）不仅酷爱科学，而且炽爱建筑学。在 16 岁游览哥特式教堂（特别是位于伯明翰的圣查德教堂）期间，他成为了一个天主教的皈依者。宗教信仰的改变使他上牛津大学的计划付之东流，于是他在伯明翰附近奥斯克特的圣玛丽天主教学院学习三年，而后取得了法学学位。他随之转向解剖学和自然科学，在赫胥黎的指导下学习，赫胥黎把他培养成了一个精细的比较解剖学家。1862～1884 年，他是圣玛丽医院下属医学院的一位讲师。他是一位坚定的达尔文主义者，但作为一个天主教徒，他对于把方方面面的作用都归结为自然选择感到不舒服。他认为，进化是在上帝的指导下进行的，他在 1871 年出版的著作《关于物种的起源》中论述了自己的思想。存在两种不同的作用：能够无中生有的“上帝的超自然作用”，以及由先前存在的形式创造出新的形式的“自然（或物理）作用”，也即进化。但是，大体上来说，进化必定是跳跃式的，由于地球存在的时间还不长，不足以允许缓慢的渐变或引发所有的生物多样性，因为进化的中间阶段要求有用处的新的结构，而这些新的结构将来会变得毫无用处。你瞧，现生的物种就是被一种潜能所创造出来的。圣奥古斯汀是这么说的，圣托马斯·阿奎那也这么说过。正如《圣经》所说：“耶和华上帝用地上的尘土造人，把生命的气息吹进他的鼻孔里，他就成了一个活人。”这意味着人是由自然作用创造出来的，来自于先前存在的东西，而灵魂则是被超自然作用产生的。教皇喜欢这种说法，1871 年授予米瓦特哲学博士学位。

这种试图调和进化论与天主教教义之间矛盾的行为使他付出了沉重的代价。

达尔文在《物种起源》的第六版及以后的版本中都进行了反驳。对于米瓦特混乱的思想，特别是因为他以进化的物质观为理由怀疑盛行的社会道德，指责达尔文，赫胥黎亲自对他进行了教训。但是在晚年的时候，米瓦特越来越不受教堂的约束而独立地思考问题，开始探询天主教的教义是永远不变的，还是应该根据科学的进步进行更新。这就与等级制度不相容，以至他于19世纪80～90年代撰写的3篇论文被列入了天主教可能调查的令人畏惧的作品索引，索引中的文章严重威胁着灵魂不灭的教义。在他签字表白信仰前，不许他行圣礼。而他既没有签字，也没有行圣礼。1900年，他死于糖尿病，他的一些朋友劝说教会当局，他的病情已经冲昏了他的理智，所以最后还是把他埋葬在了圣地。

米瓦特关于狐猴的论文发表于1873年，由于多方面的原因，这篇论文是灵长类学者的重要参考文献。第一，它表明米瓦特绝对精通比较解剖学。第二，在这篇文章中他提出了一个灵长目的定义，直到20世纪中叶仍以认同的方式被人予以引述。第三，更一般地来讲，该文很好地描述了他的模糊思想，既适用于灵长类动物，也适用于一般的进化。

该文前19页是对马达加斯加各种狐猴和婴猴进行详细的骨骼解剖比较，并附有量度和属的鉴别。他对 Lemuroidea（狐猴亚目）的分类非常简要。

Indrisinae（大狐猴亚科）

Indris（大狐猴属），包括 *Propithecus*（冕狐猴）和 *Avahi*（绒毛狐猴）

Lemurinae（狐猴亚科）

Lepilemur（鼬狐猴属）

Lemur（狐猴属）

Hapalemur（驯狐猴属）

Galagininae（婴猴亚科）

Cheirogaleus（鼠狐猴属）

Galago（婴猴属），包括 *Microcebus*（倭狐猴属）和 *Phaner*（叉斑鼠狐猴属）

然而，他没有说明这是不完整的；早在10年前的粗略分类中，他就提到了很有意义的一个亚科 Nycticebinae（懒猴亚科，包括懒猴和树熊猴），以及两个具有深远影响的科，即 Tarsiidae（眼镜猴科或跗猴科）和 Cheiromyidae（指狐猴科）。

接着论述的就是文章的重点部分"Lemuroidea（狐猴亚目）的动物学地位"。在这一部分，他讨论了前人的观点："狐猴（或半猿）是否应该从类人猿亚目

(Anthropoidea，这是一个他自己创造的新术语）中分离出来，另立一个目。”包括米尔恩-爱德华兹在内的许多专家都主张应该分立一目，但米瓦特认为不应该将它们分立：

• 直到最近，动物分类是建立在形态与结构的相似性方面，认识简单，没有从谱系关系方面进行考量。

可是，近年来，进化论（特别是达尔文形式的进化模式）通过“适应的”这个概念的引入，问题复杂化了。“适应的”，意味着由于遗传和其他方面的因素，两个特征之间存在差异是合情合理的，也可能由于生活条件的需要而产生趋同效应。

这个说法现已被广泛接受，动物分类应该反映动物生命的谱系关系，因此最好应该建立在具有遗传意义的特征方面，而对于适应性的特征应该尽可能多地避免。

于是，很自然地提出了 4 个问题：

(1) 对于任何给定的系列特征，是否可能总是、一般或永远准确地判定某些特征是遗传性的，而另一些特征是适应性的？

(2) 现在是否可能仅仅依靠遗传性的特征分类动物？

(3) 是否可能期望，只有那些被认为是源于同一祖先［而这个祖先也不是同一个纲中其他类群（或多或少大小相似）的祖先］的动物才应该被归入同一个目？

(4) 是否可以期望，那些可能被认为是源于同一祖先的动物类群，不应该把它们归入两个或更多的目？

他说，对于第一个问题的回答是非常困难的。某些特征“可能是由于看不见的生命胁迫所就，而非遗传所致”，而另一些特征“可能完全是遗传的，却并没有什么用处”。读着这令人迷惑的词句，我们必须记住，那时遗传学上的“一致性模型”还没有提出，达尔文也没有这么写，或至少没有如此清晰地表明他可能存在概念上的不协调。那时，普遍相信“获得性遗传”，一旦遗传的特征被遗传下来，就会一直遗传下去。米瓦特似乎感到困惑，随着“遗传的/后天的”这种概念分歧，“习性/遗传”又该怎么称谓。

对于第二个问题的回答，他说：不，目前不可能仅仅使用“遗传的”特征进行分类。

他采用一系列的奥威尔式“霸蛮争论”回答了第三个问题。我们不能肯定偶蹄类动物和奇蹄类动物来自同一祖先，而这个祖先不为第三方所共有（排他性的)，“然而，没有人能够否认有蹄类动物组成了一个非常自然的类群”。有人会问，有哪方面的证据？而如果偶蹄动物和奇蹄动物没有一个排他性的共同祖先，那么它们共同组成一个“自然群”的说法又意味着什么？

至于第四个问题，这是一个是否方便的事。如果有太多的种、属、亚科和科，那么我们应该把它们分成两个或更多的目；如果这些分类阶元的数目少，那么我们应该依据它们“是否源于一个共同的祖先”而将它们合并，因为它们“不可否认的”会组成一个群。

对于灵长类，米瓦特提出了以下定义：

• 具爪或指甲，有锁骨，胎生哺乳，眼眶被骨骼包围；至少在生命期的某一阶段有三种类型的牙齿；脑总有后叶和距状裂；前肢的内指或后肢的内趾与其他指、趾相对；大蹰趾趾甲扁平或缺失；盲肠发达；阴茎下垂；睾丸位于阴囊内；两个乳房总是位于胸位。

正如罗伯特·马丁在 1990 年出版的关于灵长类动物的一本关键性的教科书中所讨论的，米瓦特的论文几乎在一个世纪之后还是以赞同的形式，通常以修改的形式加以引用。的确，即使没有一个特征是独有的，它也是相当正确（指狐猴没有胸位乳房）。此外，米瓦特谈到“灵长目所包含的结构形式不会超过这些”；我不清楚作为一个人是怎样做出这种判断的。

最后，米瓦特列出一个特征表以区分狐猴亚目和类人猿亚目，然后发表了自己的意见：“极不可能，它们有一个唯一的共同祖先。”换句话说，它们的情形与有蹄类类似。同样，新世界的类人猿和旧世界的类人猿也不太可能起源于它们所独享的一个共同祖先；它们的起源是各自独立的，“就像它们两者中的任何一方与狐猴或食肉动物的起源之间是相互独立的一样”。对于这一信念，除了列出它们之间的差异，同时也承认它们之间的确拥有值得注意的相似性以外，他没有举出更多的理由。

本杰明·迪斯雷利公然宣称，他自己站在天使的一边，可是当历史的潮流转而对他不利时，各种猿的命运归宿迥异：米瓦特——第一个严肃认真的后达尔文主义灵长类学家。

第6章 丛林蔓道与学府术坛

进入20世纪，对灵长类动物的认知达到了一个新的水平，对待灵长类动物的态度也与时俱进。然而，如何分类仍有不同的意见。怎样研究其行为，也存在各种各样的想法，从其“习性”到其社会生物学问题都有许多方面的涉及。灵长类动物在生物医学实验室找到一个“家”。

在灵长类动物的研究方面，文化差异如何影响一个国家对待灵长类动物的态度？战后，灵长类动物学是在西方和日本分别创立的，独特的文化包袱装载着各自独特的文化传统。灵长类动物学现在身处何方？

罗伯特·耶基斯领着红毛猩猩朱利叶斯进入一个大笼。一只香蕉挂在笼顶，离地6英尺，离最近的墙壁至少5英尺。地面上有两只木箱被放在不同的地方。耶基斯退到一个角落，他想自己最好待在笼里，因为笼还没有建好，而朱利叶斯的逃脱技术非常高超。

在同样的情况下，黑猩猩主要通过尝试和反复修正错误的方法（试错法），学会了获得香蕉的方式，即将这两只箱子搬到香蕉下面的一个地方，把一只箱子放在另一只箱子的上面，爬上去，这样就很容易够着和抓住香蕉。后来，大猩猩“刚果”也是这么设法拿到了香蕉。

朱利叶斯抬头看了看香蕉，然后转身，环视四周。有三次它爬上了左边的墙，有两次爬上了右边的墙，并试图横向中间，但都够不着。它把大箱子推至香蕉的下方，爬上去拿，还是够不着。它的注意力一直没有减弱，注视着香蕉，每次都在想新的办法。

最后，它转向耶基斯。走过去，拉着耶基斯的手，领着他走向笼中央的香蕉下方，从他的身上爬了上去。

6.1 灵长类学领域国家优势的终结

正如19世纪的灵长类学一样，20世纪的灵长类学始于该世纪之前的某个时段。让人很容易想到，它开始于赫胥黎的《人类在自然界中的地位》或达尔文的《情感的表达》。但实际上这是一个渐进的过程，期间有不同的强调和新的理解，如果你喜欢，可以将其比拟为达尔文式的渐进。米瓦特具有丰富的解剖学知识和经验，他的解剖学工作开阔了我们的视野，具有革命性的意义。正是他的多次试图和解才给传统以致命的打击。欧文同样出色的解剖学研究也促进了我们对灵长类动物的认识和理解，尽管他坚持不懈地刁难达尔文主义。可是，随着19世纪走向尽头，我们发现生物学家仍然像以前一样在继续工作，但简要而毫不张扬地采纳了进化的基本观点。他们主要还是做分类学方面的工作：达尔文的挑战，使灵长类学领域的专家也加入了分类学研究的行列，非常令人失望的是，“如何体现和理解行为”这方面的问题一直存在，直到20世纪30年代才得以回答。但早在一战时期，冯·尤克斯屈尔、桑代克和其他学者就一直忙于为动物行为的科学理解做奠基性的工作，而像科勒和耶基斯等心理学家则将他们的兴趣延伸到了非人猿类的研究。

后达尔文时代的另一个变化，就是不再存在任何国家优势。如果说1790～1832年的这一时期属于法国，此后直至19世纪70年代属于英国，那么再以后我们可以列举一些国家的代表性人物——法国的格兰迪迪埃和米尔恩-爱德华兹、德国的马奇、英国的托马斯、美国的米勒——但是没有一个国家占主导地位。

其原因很明显，殖民主义时代已经开始了。在亚洲，英国整合了其对印度、马来半岛和婆罗洲领地的全面控制，荷兰巩固了对荷属东印度群岛的掌控，法国加强了对印度支那的统治，美国更牢固地把握着菲律宾。所有的欧洲列强都联合起来瓜分中国。但是，只有在非洲，殖民兴奋才达到高潮。1884年，奥托·冯·俾斯麦召集14个主要的欧洲列强到柏林开会，瓜分非洲大陆。这14个国家中，只有英国、法国、德国、葡萄牙和意大利是主角。另一个受惠者是比利时国王，他声明，大多数刚果盆地不是他的国家的殖民地，而是他自己的封地。当时，非洲国家本身没有代表参加。

走在殖民主义者前面的是探险家，接踵而至的是行政管理者、士兵、移民、猎人，以及更多的探险家。所有这些人都有兴趣记录或编制他们新土地上的本土财富，这一般也意味着收集动物——特别是灵长类动物。而在各自祖国的家乡，有伦敦、特灵、巴黎、特尤伦、布鲁塞尔、柏林、法兰克福、华盛顿和纽约等自然历史博物馆正等着接管这些标本。正等着描述这些标本的是托马斯、罗斯切尔德、波科克、米尔恩-爱德华兹、罗什布伦、马奇、施瓦茨、海勒、米勒和其他众多的学者。他们大多数人都被培养成了生物学家（虽然某些人实际上只是业余爱好者），而不管他们是不是以上述方式开始的研究，他们都成为了灵长类动物研究专家。

现实的需要催生了灵长类动物学。

阿尔佛雷德·格兰迪迪埃（1836～1921）花了 5 年时间（1865～1870）游历马达加斯加岛，其间他穿越了这个岛的所有区域，行程 5500 千米。1870 年的普法战争结束了他的考察，他被招进法国军队。但他在马达加斯加期间收集了大量的材料，做了大量的笔记，仔细地记录了大量的数据。临终前，他完成了数十篇论文和多卷专论。专论中附有精美的彩色插图。关于该岛的地理学、历史学、人类学、植物学都有专论，尤其是动物学还包括几卷关于狐猴的专论，涉及狐猴的分类、解剖、生态及行为等诸多方面。有些是新种，阿尔佛雷德本人描述了棕尾鼬狐猴（*Lepilemur rufjcaudatus*）、维氏冕狐猴（*Propithecus verreauxi*）、柯氏冕狐猴（*P. coquereli*）、丝绒冕狐猴（*P. candidus*）、爱氏冕狐猴（*P. edwardsi*）。冠冕狐猴（*P. coronatus*）虽是由阿尔佛雷德本人发现的，但描述人却是阿方斯·米尔恩-爱德华兹（1835～1900）。米尔恩-爱德华兹是巴黎博物馆伊西多尔·杰佛罗依的继承人之一。可是不幸的是，某些狐猴卷册只有版图，只给新的分类单元画图、命名，但缺乏描述，神秘的獴狐猴（*Lemur mongoz*）的变种灰冠獴狐猴（*L. m. cinereiceps*）就是其中之一。只是在最近斯泰格·约翰逊及其同事经过野外调查之后，我们才知道，它就是最早提到的狐猴，而我们过去一直都把它当作是白领真狐猴（*Eulemur albocollaris*）。1906 年，皇家地理学会奖给他“开创者勋章”，颂词如下：阿尔佛雷德·格兰迪迪埃，一个经验丰富的法国博物学家，四十年如一日，专注于马达加斯加的探险，他的不朽工作体现在 52 卷四开本的大书之中。

爱氏冕狐猴（*P. edwardsi*）

柯氏冕狐猴（*P. coquereli*）

冠冕狐猴（*P. coronatus*）

维氏冕狐猴（*P. verreauxi*）

格兰迪迪埃再也没能完成他自己预计出版的关于马达加斯加自然历史的一套丛书，

但他的确给我们留下了如此处所描绘的某些冕狐猴（*Propithecus*）的精美彩画

阿尔佛雷德·格兰迪迪埃在马达加斯加的事业后来被他的儿子纪尧姆（1873～1957）继续做下去。纪尧姆大约在世纪之交开始记述狐猴，某些方面的工作做得同样非凡。例如，在对现在已经绝灭的狐猴的残骸的记述过程中，他发现许多大型狐猴至少在1000年以前还活着。

另外，还有三位探险家为马达加斯加灵长类动物的知识做出了贡献。首推维也纳国家自然历史博物馆馆长路德维格·洛伦兹·瑞特·冯利本诺（1856～1943）。他于1889～1895年旅行至马达加斯加和东非，而后返回博物馆描述由他本人和其他人收藏的标本。查尔斯·以马内利·福西斯少校（1843～1923），出身于瑞士，1872年把达尔文的《情感的表达》翻译成德文，并通过在意大利和科西嘉岛洞穴中探险寻找（包括灵长类动物的）化石而开始了自己的职业生涯。后来，他到访马达加斯加，观察了现生的灵长类动物，并在洞穴探索中有惊人的发现。1894年，他因首次描述一种已灭绝的巨型狐猴，把一个完整的巨狐猴（*Megaladapis*）头骨呈现在众目睽睽之下而享受了英国动物学会的大礼遇。最后要说的是沃尔特·考登（1881～1942），他于1906～1907年、1911～1912年代表斯德哥尔摩自然历史博物馆在马达加斯加工作。他是一个博物学家，后来他还考察印度尼西亚中部的苏拉威西岛，写了民族志方面的报道（他对音乐特别感兴趣）。他对动物生活的观察敏锐，描述细致入微，他也是发现鼠狐猴属（*Cheirogaleus*）和倭狐猴属（*Microcebus*）进入蛰伏期的第一人。

6.2 诡异的哺乳动物学

所以，现在我认为，我们应该细想一下动物学最不寻常的职业特征了。乔治·弗里德里希·保罗·马奇（1861~1926），自 19 世纪 90 年代起就主导着德国，不，是整个欧洲的哺乳动物学。怎样描述他呢？亨尼希的术语“自形特征”也许最接近，但这个术语起初并无所指，更不用说用于解释他的非凡特质了。

马奇先在哈雷大学，而后在柏林大学做了简略研究，但都没有拿到学位，就离开了。在私人的自然历史研究所做了几次简短的工作后，1886 年他在柏林亚历山大·洪堡动物博物馆获得了一个职位，起初是作为一个鸟类学自愿者参加工作，然后自 1892 年起进入哺乳动物部，并于 1902 年获得教授职位。他从鸟类学研究中退出后，全身心地投入了哺乳动物的研究，最后给我们留下了丰厚的研究成果。他的第一任妻子——安娜·海尔德，是一位热爱动物的艺术家，他们时常一起参观柏林动物园。正是在动物园里，他领悟到了观看活着的哺乳动物的价值，它们绝不同于博物馆里的那些皮张和头骨。在世纪之交的那段时期内，他的许多新种都是基于动物园中的动物而描述的。大约在 1905 年时，他已是欧洲最受尊重的哺乳动物学家。他应邀参观其他国家的博物馆，一些非常珍贵的标本也送给他分析和描述。所以，他也就成为了把山地大猩猩介绍给科学界的人选。

罗伯特·冯·波里吉（1865~1940）于 1898 年作为帝国殖民军队中的一个上尉，去了德属东非（当时是德国殖民地，主要包括今坦桑尼亚、卢旺达和布隆迪）。1902 年他当上了乌松布拉（现今布琼布拉）军事据点中的长官。8 月 19 日，他北行去拜会卢旺达国王并参访驻防在那里的德国据点。他和手下的一些人到达了维龙加火山群，10 月 17 日他和他的一位朋友英格兰博士决定爬赛宾悠山。爬到 3100 米时，他们在一个非常狭窄的山脊安营，看见一群“大黑猿”，他们打死两只。尸体掉进了一个火山口（沟壑？），5 个小时以后，他们找回了其中一具尸体（雄性，体长 1.5 米，体重 100 千克）。冯·波里吉不知道它们是什么动物。在返回的旅途中，尸体的一部分肉被一只鬣狗吃掉了，但是头骨和部分骨骼还完好无损地被送到了柏林。

这个标本，以及英格兰博士所做的笔记和所拍的照片，首先被送到了柏林动物园的主管鲁兹·赫克那里，而后由他转交给马奇。马奇对其进行了精细的描述，他首先确认这是大猩猩，并将大猩猩的分布范围由以前记录的地方向东延伸了 1500 千米。然后，他将这个完全成熟的雄性个体的头骨与柏林博物馆、解剖学研究所保存的采自喀麦隆的 25 个雄性大猩猩的头骨进行了比较。马奇发现鼻骨尖端的形状、上颚和眶上隆凸的长度、眶下表面的形状都有差别。这些差异中，仅上颚的长度这一项明显而稳定的差异就足以判定其属于一个较大型的头骨系列。但是，在发表论文时，马奇将其命名为波氏大猩猩（*Gollia beringeri*），虽然把 beringe 错写成了 *beringeri*，然而他这种公正合理的物种命名方式却得到了当时国际同行的尊敬。

次年，马奇对大猩猩属进行了修订。除了在喀麦隆、加蓬和法属刚果海岸区似乎都有分布的黑头大猩猩（*Gorilla gorilla*）、红头大猩猩（*Gorilla castaneiceps*），以及被称为 *Gorilla beringeri* 的大猩猩外，他还描述了采自克罗斯河的一个新种——克罗斯河大猩猩（*Gorilla diehli*）。该新种以非常宽而短的颈背面与其他种相区别，而且发表的论文并不错。可是后来我们质疑，他怎么根据一个克罗斯河的标本就做出了分类决定，而这个标本可能碰巧具有比较狭窄而长的颈背面特征，这并非不可能。然而，就大猩猩来说，那段时期，研究材料非常有限，能就个别标本做出分类判定，这就足以说明马奇对分类问题的敏锐特质。

但是，从此情况每况愈下。

还是在后达尔文主义的早期，主要由于海克尔的影响，在德国的大学中就不折不扣地被教以进化论。可是，马奇仅受过培训，其专业以外的生物学知识很少，特别缺乏古生物学方面的知识，所以对进化论知之甚少——当然他也就不接受。他对动物生物地理学的解释是：造物主把不同的物种（或亚种，他后来接受了这个概念）放在了一个属分布区内的不同河谷。当我们查验来自不同流域（即使是邻近流域）的标本时，这些标本也必定是不同的种，而找到其中的差异则是他的事。这不可避免地导致了不同物种和亚种的急剧扩增。这一谬论也开始被其他国家的竞争对手所领悟，逐渐地都不再把他当真了。

在他以后的两篇有关灵长类动物的论文中，凸显了这一物种急剧扩增的现象。其中一篇有关黑猩猩的论文中，他不仅识别出了 12 个以前描述的种，而且还进一步提出了 3 个种，均来自不同的河谷——1 个来自（刚果民主共和国东北部的）阿诺维米，1 个来自伊图里，1 个来自沙沙（伊沙沙）。它们几乎没有什么差别，但由于分布在不同的流域，当然就一定是不同的物种，而马奇要尽职尽责地发现和描述这些差异。甚至更令人吃惊的是，两年后他又发表了一篇论文。在这篇论文中，他描述了第二个东部大猩猩（*Gorilla graueri*）。此外，他还另外描述了（来自喀麦隆的）2 个新的大猩猩、9 个新的黑猩猩（3 个来自喀麦隆，6 个来自“刚果贝尔格”的东部地区）、10 个新的疣猴、2 个新的白眉猴。不错吧！仅一篇文章中就有 24 个新种和亚种。现今，除了格氏大猩猩外，没有一个被认为是新的。类似情况还很多。

我决定弄明白，马奇命名物种的有效率是不是比他同时代的人要低得多。那个时代有 4 个多产的哺乳动物分类学家，即德国的马奇、美国的丹尼尔·吉罗德·埃利奥特（1835～1915）、英国的迈克尔·罗杰斯·奥德菲尔德·托马斯（1858～1929），以及另一个美国人盖里特·史密斯·米勒（1869～1956）。在 20 世纪初及之前的 10 年，虽然这 4 个人处于他们各自职业生涯的不同阶段，但都忙于描述哺乳动物（特别是灵长类动物）的新种和新亚种。马奇的工作几乎完全针对的是非洲的动物，米勒几乎完全针对的是亚洲的动物，而其他两位都既针对非洲也针对亚洲。

采用最近一本书中的名录，仅考虑非洲和亚洲，我计数马奇描述 103 个"新"种和亚种，我认为其中 16 个有效；埃利奥特描述 55 个种，其中 9 个有效；托马斯描述 37 个种，其中 20 个有效；米勒描述 23 个种，其中 10 个有效。（其中，一些论文是与他人合作发表的。）可见，马奇和埃利奥特两人的物种命名有效率是 16%，托马斯 54%，米勒 43%。

这是否意味着，托马斯和米勒比马奇和埃利奥特的分类学工作做得更好或水平更高？我想是的，而且他们之间的水平相差还很大。例如，埃利奥特原来是一个鸟类学家，当他转向研究哺乳动物时，从来就没有很好地理解哺乳动物生物学的基础（如性别与年龄的差异），所以他经常基于年龄和性别特征描述新种。最臭名昭著的例子是，他仅根据两个完全正常的来源于非洲西部的大猩猩的头骨（一个是雄性亚成体，另一个是雌性成体）就做出了分类决定，命名了 *Pseugogorilla mayema*，即一种想象中的"pygmy gorilla"（倭大猩猩或俾格米大猩猩）。（对他的批评并非不公，即便是当时，在不同的博物馆也收藏有雌性头骨和不同年龄的雄性头骨；即使他找不到这些标本，他也应该对雄性"侏儒"头骨基底部敞开的缝合线予以警觉。）但是我们注意到，托马斯和米勒两人也试图描述某些标本相当少的种和亚种，可他们也没有忘记当时物种和亚种的概念还相当不规范。事实上，正是托马斯和米勒随着样本的积累，也积累了更多的经验，认真思考大自然母亲是如何孕育生命的问题，从而点点滴滴，最后推进了物种和亚种概念的形成。

然而，马奇也形成了他的那个流域模型概念，从他的论文来看，似乎他真"知道"这么一个先验：不同流域的标本一定是不同的物种。我们今天可以说，他也有他一定的道理，如果他补充摆出一些事实。或许，不总是那样？是否可能有时候他是对的？

除了他在柏林工作的博物馆外，马奇喜欢经常去的地方是位于特弗伦的刚果博物馆（现今“中非博物馆”）和位于英格兰肯特郡伯清顿的鲍威尔-科顿博物馆。刚果博物馆早在利奥波德王还掌控着刚果时就已经开始建设了，当时该王在刚果公然滥用人权，比利时政府最后不得不管。现今，该博物馆仍继续收集标本，主要收藏的是刚果民主共和国的标本，并已成为一个非常令人愉悦的参访点——位于布鲁塞尔郊区，半小时电车路程，比利时皇家庭院楼台亭榭，花草艳丽，景色迷人。

珀西·贺拉斯·戈登·鲍威尔-科顿少校（1866～1940）是一个很有名望的猎人。他1887～1939年到访了世界上许多不同的地方，特别是非洲。他可以连续射击移动的目标。在技术这方面，他与许多其他的狩猎探险家没有什么不同，但是其他人趋向把自己局限于猎杀大型凶猛的动物，最大的战利品（猎物）被带回餐厅吃掉，其他都不管，而鲍威尔-科顿采集其他人认为不重要的动物，并把尸骸（至少是皮张和头骨）保留下来以供研究。1895年，他创建了一个博物馆以保存这些标本，并邀请专家前来研究。其中之一便是马奇。

很久以前，我第一次短期访问过魁克斯公园，鲍威尔-科顿博物馆就建在该公园里，当时少校的遗孀还活着。她用三明治招待我吃中午饭，还给我讲了一些有关博物馆及其来访者的趣事。“哦！是的。一战前马奇经常来这里”，她告诉我：“我们经常对他说：‘您好！马奇教授，您是来制造更多的新种和亚种的吧？’他通常不以为然：‘是的，是的，我就是来造种的。’他微笑着说。有一天，我们也挺可笑的。我们摆出许多头骨让他鉴定，我认为那些是水羚头骨，都是从采集地成批运来的，每个头骨都有记录卡。大约一小时后，他茫然地从楼上下来：‘我无法理解’，他说：‘这个头骨应该属于另一群，而这群中的一个头骨则应该属于第一群。’当我们查验目录时，我们发现他是对的。是我们把标签搞混了。”她笑了起来，“那天，我们才发现他知道的比我们想象的要多。”

或许，那一次他真的做得好。也没有人否认，马奇的确对哺乳动物总体上有非常好的理解能力，他没有犯过像埃利奥特一样的常识性错误。并且，现在我们看一看他命名的众多物种和亚种，显然其中许多（也许大多数）都将不复存在，然而他确实已经看出了它们之间的差别，认为它们属于不同的种和亚种，这是最重要，最难能可贵的。

如果一个标本来自两个流域之间的某个地方，情况会怎么样？那么很明显，这是一个杂种。不知是在事业发展的哪个时候，马奇有了一个学生——路德维格·朱柯斯基。然而，对朱柯斯基来说，最不公平的是，马奇于 1910 年给了他一个任务，要他描述一个具有很不对称角形的南非水牛标本，这头水牛是在库内纳河（Cunene）和库邦戈河（Cubango）之间被打死的。这两条河流构成了纳米比亚（当时为德属西南非）和安哥拉的边界线。朱柯斯基根据这一个头骨描述了两个新亚种：基于右角描述了库内纳非洲水牛（*Bubalus caffer cunenensis*），基于左角描述了库邦戈非洲水牛（*Bubalus caffer cubangensis*）。他是怎样做出的决定——哪个角代表哪个父群？他没有说。然而，不知怎么地，他却试图给出每一个亚种的实际变异范围。

1964 年，在做博士论文期间，我对柏林博物馆里的哺乳动物标本收藏室进行了两个星期的参访，当时在克劳斯·齐默尔曼教授的办公室给我安排了一张桌子。克劳斯教授几年前就已退休，但像所有科学家一样，真正地对自己所从事的事业感兴趣，继续来博物馆工作。他善良、热情好客、乐于助人、知识渊博而性格坦率。我们谈到了马奇和朱柯斯基。我惊奇地了解到，路德维格·朱柯斯基还活着，他最近已经从莱比锡动物园主管的位置上退休了。为了对黑犀牛做分类修订，他访问过柏林博物馆。"起初"，齐默尔曼说，"我尽量地对他礼貌些；但当我想起那两个亚种的时候，我就不能客气了。"

那两个水牛亚种的描述并不是例外。不久以后，马奇和朱柯斯基也是因为不同亚种（通常描述很不够的亚种）之间的杂交个体具有非对称性的角而描述了一些大羚羊的新亚种。甚至在马奇死后的 20 世纪 20 年代，朱柯斯基还在以图示的方式以阐明非对称性动物就是"半边杂种"。

更糟的是：1920 年，马奇提出了"基本分布区"理论。我没能去看他描述这个古怪可笑概念的那篇论文，而谨此引用施瓦茨在马奇讣告中的一点内容："他相信这些基本分布区是方块状的，以对角线为界，这些方块甚至是由经度和纬度组成的。"仅有一次，我想读一些马奇在 20 世纪 20 年代写的论文，文中他通过莫名其妙的数字描述了某些新种的分布区。

对于进化的概念，我无法弄清朱柯斯基是不是理解，或是因为已经吸收了马奇神秘的创造主义而无法理解。克劳斯·齐默尔曼毫不犹豫，哼着鼻子说："我认为，他们没有听说过这个词。"

虽然，马奇的论文发表于多种杂志，但绝大多数都刊载在《柏林自然调研之友协会会议报告》上。其次是《德国猎人报》，这是德国的一本狩猎杂志。因为他对有角有蹄动物有特别的兴趣，也因为它虽说是杂志，但实际上是报纸，德国狩猎圈以外的人很难获得，因此一位对大羚羊或野牛感兴趣的哺乳动物学家要想查找到他的论文几乎是痴心妄想。

6.3 大猩猩、巨龟及意想不到的财富

如果缺乏莱昂内尔·沃尔特·罗斯切尔德阁下（1868～1937）的职业生涯，动物分类学（包括灵长类学在内）绝对会是另一副样子。他的父亲南森·迈尔，是特灵第一大罗斯切尔德财阀巨头、议员、一家商业银行公司的主管，相当有钱。幼年沃尔特，就像幼年达尔文一样，喜欢采集蝴蝶标本，7 岁时就立志要建一个博物馆。的确，收藏的蝴蝶标本越来越多，加上许多鸟类标本，家里不得不在特灵镇附近租用房屋和棚屋来安放。1889 年，他的父亲给了他一小块地，他在上面建了房屋，包括一座博物馆主体建筑。他雇了一个标本制作师和一个图书管理员。1892 年，这个动物标本馆对外开放。

至此，罗斯切尔德感觉到，这个标本馆已具有动物学研究价值，需要全职研究人员在这里工作，所以他聘请了已经相当有名的德国鸟类学家恩斯特·约翰·奥托·哈特（1859～1933）作为专职研究员。第二年，他又雇请了第二个科学家——德国昆虫学家卡尔·乔丹（1861～1959）。至此，三人研究小组已形成，因为与鲍威尔-科顿不同的是，罗斯切尔德决意要成为研究小组中的一员，他不必把严肃的科学问题留给他的研究人员。

哈特和乔丹对美国鸟类学家当时讨论的怎样对待物种内的地理变异的问题感兴趣，他们和罗斯切尔德共同发表了一系列论文，发展了使用三名法的现代亚种概念。1894 年，他们共同创办了一份杂志《动物学通讯》。这份杂志很快名声大振，特灵圈外的杰出动物学家都向它投稿。其中，最早由“外人”投来的稿件就是哈特和乔丹的慕名者——一个狐猴研究专家——福赛斯·梅杰撰写的关于鼠狐猴的创新性论文。该文用德文出版在第一卷。

罗斯切尔德阁下没有立即放下他日常的工作。以前他一直为他家里的公司工作，1908 年他再也无法忍受，就放弃了。两年后，他辞去了艾尔斯伯里议员的职位，这个职位是 1899 年他父亲退休时由他继承下来的。可是，当他的父亲于 1915 年过世时，他却不能逃脱传给他的贵族身份。

他是一个腼腆的人，讲话轻声细语，几乎听不到，但当人们要求他讲大声点时，他会情不自禁地高声大喊起来。他有自己最幸福的时光和快乐的方式。如果他需要与别人互动，那他宁愿与他的两个馆员或志趣相投的同行谈些动物学方面的东西。他有钱满足自己的怪癖。他想知道，19 世纪早期是哪一种巨龟被人带

到了悉尼，所以他派人去那里为他带一只龟回来（龟还必须是活的）。这只龟在他的庄园里生活了好些年，罗斯切尔德坐在它的背上闲逛时还拍下了照片。他真酷爱巨龟，写了一本关于加拉帕戈斯群岛巨龟分类方面的专著，为此他把活着的龟种全都引进到了他在特灵的庄园。他当年就是把所有现生的食火鸡种类引进到特灵，然后写一本关于食火鸡的专著，附上漂亮的生活彩画。除了巨龟和食火鸡外，他的花园里还快乐地生活着其他动物，如袋鼠、美洲鸵、几维鸟（鹬鸵）、斑马，还有一匹狼和一只澳洲野狗。他对斑马有特别的兴趣，专门培训了几匹，套上马具以供骑乘。其中 4 匹还定期地拉着他的四轮马车在特灵周围转悠，甚至还带他去伦敦白金汉宫的前院。在他的侄女给他写的传记的封面上有一幅著名的照片，照片中用一匹马代替了其中的一匹斑马，这一替代可能只是临时的，但已使他感到非常地恼火。那时候，痴迷于此类故事的粉丝还不会忘记，斑马身上的条纹是保护色，起迷彩作用。沃尔特的弟弟查尔斯对他的孩子开玩笑地说，斑马具有很好的保护色，以至于沃尔特伯伯似乎要坐在没有马的四轮马车上游逛皮卡迪利大街才感到安全。

罗斯切尔德的数百万元被用于去世界偏远地区探险和采集标本。他的弟弟查尔斯有时跟他们一起去。以这种方式，博物馆中增添了数万份标本。但是对于这些标本，罗斯切尔德似乎不在意其地理学问题。在他自己发表的论文中没有附上地图，他习惯于把标本的产地笼统地引述为“刚果”或“新几内亚”。

他没有结婚，但他并非过于腼腆以至对女人没有吸引力。他的确有情妇。20 世纪 20 年代，他的一个情妇——一个出生高贵的贵族小姐敲诈他。因害怕巨大的丑闻伤害他的母亲，罗斯切尔德私下赔付给了这个小姐和她的丈夫一大笔钱。使他痛心的是，他们从他的身上抽取的钱越来越多。最后，为了满足他们所有的要求，他把全部的鸟类标本收藏卖给了美国自然历史博物馆。这实在是伤透了他的心。有人说，如果你在特灵博物馆鸟类馆待到夜深时，甚至至今都还可以听到他寻找那些痛心失去的标本，在木地板上行走时留下的脚步回声。

再者，如果他还活着，目睹他的登记目录（与标本相应的采集地、采集人、栖息地和其他有用的数据全记在上面）所发生的一切最后将无法挽回，可能更会撕碎他的心。他立下遗嘱，把他的博物馆及其收藏捐献给英国（自然历史）博物馆，但英国博物馆接管时是战争期间，军队本身也参与了。汽油限量供应，负责接管的陆军少校不愿意仅仅为了拖运这么多旧书和纸张卡片而申请征用汽油和卡车。一把火一点，这些无价之宝、无法弥补的记录和笔记本便消失在火光之中。如果英国博物馆给予适当地关注，监督这批无价标本的转运，就不会发生这种情况。甚至更不合情理的是，故意毁坏文物的“汪达尔主义”式的事件发生了，博物馆决定将其中的鸟类馆在特灵重新安置，为了腾出空间，在清扫特灵博物馆地下室时，把更多的论文，包括很多保存下来的文件资料，全都移交给了火焰。

罗斯切尔德对动物学倾注了满腔热忱，为了动物学可以不顾一切。但不应忘记他还有另一个生活侧面，其遗产至今仍与我们相伴。他的一个特别的朋友——哈伊姆·魏茨曼确信他从事了犹太复国主义事业。作为他游说的结果，1917 年 11 月 2 日，英国外交大臣——亚瑟·贝尔福给他写了一封信，信的开头称“尊敬的罗斯切尔德勋爵”，而后包括以下关键性段落：

- “国王陛下政府乐见在巴勒斯坦建立犹太民族家园，尽最大的努力促进这一目标的实现。显然，不应该做任何可能损害巴勒斯坦境内现有非犹太人社区内公民权和宗教信仰权，或犹太人在其他国家享有的权利和政治地位的事。”

这封信，被当作是《贝尔福宣言》，几乎就是在 30 年之后，联合国做出决议，建立以色列国。

罗斯切尔德亲自描述过的灵长类动物很少，但许多灵长类动物是在他主办的《动物学通讯》中得到描述的，哈特在其中做了不少的贡献。然而，罗斯切尔德一直对巨猿着迷。1905 年，在马奇的强烈影响下，他写了一篇关于巨猿的很有纪念意义的论文。在这篇论文中，罗斯切尔德讨论了马奇的观点（罗斯切尔德因此成为三名法的一个倡导者，他把马奇命名的 *Gorilla diehli* 降格为 *G. gorilla* 的一个亚种，即 *G. gorilla diehli*）。然后又描述了另一个亚种，免不了称其为马奇大猩猩（*Gorilla gorilla matchiei*）。该亚种的命名是根据他博物馆里的一个标本，以他平时比较随便的方式说是来自“喀麦隆南部”。其实，是采自（喀麦隆的首都）雅温得，并且在他购买以前，它已经被命名为一个独立的种（海克尔将其命名为巨猩猩 *Gorilla gigas*）。然后，他转向黑猩猩的研究，他认为黑猩猩的属名应该是 *Simia*，提出“在 *Simia* 属中，除了被马奇识别的 7 种形态变异外，另外还有几种形态”，他列出了 12 种形态的检索表，包括来自“法属刚果某个区域”的一种新的形态 *Simia raripilosus*。当谈到红毛猩猩的时候，罗斯切尔德认识更好，他主张，雄性个体“具有”和“没有”面颊老茧，只是“一个物种的两型阶段”。甚至做得更好的是，在论文的中间和最后一页，他主张（也许是第一次）命名法应该拨乱反正：所有的动物学家应该把林奈的第 10 版作为一个起点，严格坚持命名优先权。然后，他强烈主张废除“*varietas*”或“variety”这个词，而使用亚种概念，以严格地表示地理差异，因为亚种这个概念有助于地理分布的研究。

当然，使用“三名法”和“命名优先序”的优点，是哈特和乔丹劝告罗斯切尔德的，可是当然也是罗斯切尔德的巨大影响才使“三名法”这个词在英国传播，并通过他与马奇的联系而传遍整个欧洲。

6.4 最后的主分派学者

在灵长类学中，感觉到自己是在做分类工作，属于“繁冗”学派的两个人分别是：雷金纳德·英尼斯·波科克（1863～1947）和恩斯特·施瓦茨（1889～1961）。

波科克本来是研究蜘蛛的，但当他 1904～1923 年在伦敦动物园当部门负责人时，他对哺乳动物的兴趣越来越浓。在动物园里，他有大量的研究材料（活的、死的都有）。在一系列众多的论文中，他详细地描述了各种哺乳动物的外形特征，正是因为这些论文，他获得了英国皇家学会奖。在灵长类的研究方面，他发现了灵长类动物身体中普遍存在的体表腺体的多样性，有一篇题为“狐猴和眼镜猴的外形特征”的论文还堪称经典。文中，他描述了鼻口部（表明眼镜猴与所有的狐猴不同，缺乏鼻镜）、耳、触毛、手、脚、舌下腺、肛腺、雌雄外生殖器及阴茎骨，还描述了狐猴属（*Lemur*）和驯狐猴属（*Hapalemur*）的臂腺与前臂腺。基于鼻和上唇的差异，同时引用哈勃勒克特关于胎盘的工作，以及“眶后隔的存在和其他熟知的特征”，他提出了至今仍在使用的关于灵长目的整个分类系统。他对杰佛罗依为狐猴和眼镜猴取的旧名予以复兴，如原猴亚目 Strepsirrhini（但他仅拼写了一个“r”），他还提出了一个名词——类人猿亚目（Haplorhini）（虽然他应该同样一致地双写“r”）以概括眼镜猴和“似猿灵长类动物”。那么，这篇文章标志着灵长类动物一直沿用至今的两个亚目分类系统的开始。

此后，当波科克描述来自印度动物学调查期间所采集的那些动物标本时，做得并不是相当好。因为一个现今领衔的灵长类分类学家——道格·布兰登-琼斯指出（个人通讯，材料正在准备之中），波科克的工作错误很多，而且经常很武断，所以他时常要重做同样的工作以改正错误，尤其是他自己不了解印度地理，因此他描述的一些亚种似乎只是将地名堆积在一起，含混不清。尽管如此，他晚年（包括灵长类动物研究在内）的工作，汇集成了于 1939 年出版的《英属印度动物区系：哺乳动物》是当时非常有用的信息纲要，很可能是那个时代完整和“现代”的著作。

施瓦茨受过医学和生物学方面的训练，实际上他最后在世界卫生组织工作。

几乎他所有的灵长类动物方面的研究（全是分类的）都发表于20世纪20年代和30年代早期。虽然，他的确有非常敏锐的洞察力，但他留下了过于繁冗的分类遗产，某些人认为很难搞得清楚，而事实上，他的文风简洁，使得读者很少有思考的空间去判定分类依据的质量。1931年，他发表了对马达加斯加狐猴修订的论文，只识别了12个种。20世纪80年代以来，每一个学术评论家似乎都未能更前进一步。早此之前的3年，他对红疣猴的修订甚至更为离奇，一个种划分为很多个亚种，其中之一就是 *verus*——橄榄绿疣猴。说句公道话，德国的哺乳动物学刚刚摆脱“马奇时期”，可以设想施瓦茨简直是一种响应——但这种响应有些过分！

施瓦茨至今可能最值得被人铭记的是，他对倭格米黑猩猩的最早描述。1929年，他描述和命名时，认为是普通黑猩猩（他称为 *Pan satyrus*）的一个亚种，在他有生之年一直都称为 *Pan satyrus paniscus*。可以说，至少他认识到了它的区别性特征，因此值得信赖和称赞。

可是，柯立芝讲述了一个很别样的故事。如果这个故事是真的，那确实对施瓦茨来说，是相当丢脸的事。柯立芝说，1928年，在他为了修订 *Gorilla*（大猩猩属）而参观特弗伦博物馆期间，碰巧拿到了一个黑猩猩的头骨，虽是成体的头骨，但在他看来是非常的小。他转向附近的浅抽屉，又找到其他4个这样的头骨。为了以后对 *Pan*（黑猩猩属）的修订，他测量了这些头骨，并且他把自己的发现告诉了亨利·斯考特登主管。两个星期之后，施瓦茨访问这个博物馆时，斯考特登把柯立芝的发现告诉了他。柯立芝写道，很快施瓦茨测量了其中的一个头骨，写了一点简短的描述，要求斯考特登尽快地在该博物馆的馆刊《非洲动植物学评论》中发表。

这是真的，还是柯立芝55年来记错了？他自己于1933年发表的关于倭格米黑猩猩的论文中，提到了4个特弗伦头骨，而不是5个，所以这里有点误记，如果不是非常重要的话。为了吸引文献中其他有关倭格米黑猩猩报道的注意力，柯立芝继续（从照片上）鉴定了耶基斯作为同一个种已经研究过的“Prince Chim”（奇姆王子）。在结论部分，他说它应该是一个独立的种，即倭格米黑猩猩（*Pan paniscus*），但结论部分的价值显得失色，因为通过这篇论文，他好像也把 *Pan schweinfurthii* 当作一个独立的种。

所以，我不能确信这个故事。如果柯立芝的申明是对的，那么斯考特登也要负责。他不该告诉施瓦茨有关柯立芝的发现，特别是如果柯立芝告诉他“想做黑猩猩的分类修订”。他也不应该允许施瓦茨在博物馆的馆刊上发表那篇论文，特别不应该在柯立芝提出申明后加快设置障碍。在关于俾格米黑猩猩的同一本书中(在这本书中，柯立芝发表了他自己的奇闻轶事)，蒂斯·范登奥登纳尔德提到，施瓦茨发表论文以前在英国博物馆已经看见一个头骨，所以特弗伦博物馆的这些奇特标本在他看来并不是特别的新闻。据蒂斯记载，施瓦茨和斯考特登是朋友，所以斯考特登不会不期望施瓦茨的论文尽快发表。

最后还须弄清的是，柯立芝怎么知道其间所发生的事？斯考特登对于柯立芝所发现的兴趣是否纯属一种礼貌？柯立芝是否真清楚记得施瓦茨的访问是在自己说过后的两个星期之后？我们在可以确切地谴责施瓦茨的不诚实以前，还有各种各样的问题需要回答。

6.5 灵长类行为学起飞

20 世纪 30 年代，灵长类学开始拓展其研究范围。1937 年，哈佛大学组建亚洲灵长类考察队，目的是穿行东南亚，采集灵长类动物标本。此次考察在婆罗洲和泰国停留的时间最长。队员有：哈罗德·柯立芝、阿道夫·舒尔茨、舍伍德·沃什伯恩、小奥古斯都·格里斯沃尔德（一个著名家庭的后裔）、克拉伦斯·雷·卡朋特。

哈罗德·杰弗逊·柯立芝（1904 ~ 1985）是一个动物学家，1929 年他理清了大猩猩的分类。他的专著把马奇/罗斯切尔德完全混乱的分类局面理出了头绪，把大猩猩确定为一个种，下分两个亚种。我认为，他做得有点过头，但他却是“针对所有那些种和亚种是否真实存在”这一严肃问题首先修订大猩猩分类的第一人。我们已经了解到，后来柯立芝申明，他几乎但还不完全是俾格米黑猩猩的描述者。

柯立芝已经是一个经验丰富的野外工作者。1927 年，他参与了哈佛大学组织的中西非医疗探险。1928 ~ 1929 年，参加了对印度支那的凯利-罗斯福探险。探险期间，他的主要任务是采集动物标本。1929 ~ 1946 年，他作为馆长助理，在哈佛大学比较动物学博物馆工作。标本采集旅行之后，他变得比较关心野生动物的保护，成为了二战之后国际自然保护联盟（IUCN）创立幕后的主要推动者之一。

阿道夫·汉斯·舒尔茨（1891 ~ 1976）获得了苏黎世大学人类学博士学位，但 1916 年他搬到了巴尔的摩的约翰霍普金斯大学，而后又转到哈佛大学。1951 年，他返回到苏黎世大学，度过余生。20 世纪 30 年代，他就已经是世界领衔的灵长类形态学家，他已参加了几次在中美洲的标本采集工作。

舍伍德·拉那德·沃什伯恩（1911～2000）是一个很有前途的年轻研究生，也是毕业于哈佛大学。后来，他将机能解剖学与行为学综合起来，成为了“新体质人类学”的奠基人。他特别积极参与推动了把灵长类学作为对人类学有益的一个合适的科目。

克拉伦斯·雷·卡朋特（1905～1975）在斯坦福大学受过动物行为学方面的培训，接受著名心理学家罗伯特·耶基斯的资助，于1931～1932年去巴拿马开始了一系列针对野生灵长类动物的野外研究，可以说这是前所未有的针对非人灵长类动物行为学的专题研究。他简要研究了许多物种——蜘蛛猴、恒河猴、阿萨姆猕猴，但是他发表在《比较心理学专集》上的两项最有名的长篇研究却是：于1934年发表的巴拿马运河巴洛科罗拉多岛吼猴的研究，以及于1940年发表的在泰国北部清迈附近针对长臂猿的研究。

针对长臂猿的研究，是1937年亚洲灵长类动物考察工作的一部分。起初，他试图在美丽而崎岖的“因他农山”研究长臂猿，但很不成功，于是卡朋特干脆把营地搬到了清迈以北大约40英里处的“刀山”的山坡上。1937年3月23日至6月18日，有时是在沃什伯恩或柯立芝的帮助下，他每天都近距离地观察长臂猿。我们知道的关于长臂猿的一般知识，如单配制的社群结构、领域行为、雌雄之间的二重唱等，都是在卡朋特于1937年的观察中清晰描述过的。他比较详细地描述了长臂猿用臂吊荡树枝前进的运动模式和取食方式。他发现，长臂猿的行为随着天气的变化而变化。他注意到，长臂猿非常容易地习惯于他的存在。他努力地劝说当地民众（克伦人和苗人）不要猎杀长臂猿。

事实上，卡朋特（或其助手）从他所研究的21个群体中猎杀了6个个体，每群只猎杀一个，只有一个年轻个体没有被打到，跑掉了。他特别想在第10群和第13群中采集一个标本，因为很明显这两个群中有两个以上的成体，这对于一般性的单配制长臂猿家庭来说显然是例外。第10群有一个雌体但似乎有3个成年雄体，而第13群只有一个雄体却似乎有2个成年雌体（而不是只有一个）。

第13群没问题。看起来是成体实际上只有一个雌体性已成熟，另一个根据其牙齿和骨骼的状态来判断，还远没有成熟。可是，第10群确实是个例外，一个雄体其实还没有成熟，而另两个雄体是成体——一个正处于青壮年，另一个“如果不是很老，也快老了”。卡朋特的解释是，这些青年成体将各自从它们所在的群中分离出去，在别的地方去寻找它们自己的配偶（或者就雄性而言，可能取代占优势的雄性个体），而他的观察实际上也是这样。至于第10群中这两个完全成熟的雄性个体共存的情况，他认为：“可能是那个老年雄性个体已失去了繁殖效能。”

过去几个非专业的观察者谈到长臂猿的大群现象，好像两性成体在一起成群活动。卡朋特进行了仔细观察，每一次都是看了又看，反复细看，结果表明：长臂猿带着幼崽过单配偶制生活，幼崽成熟后一般要离开该群去组建属于它自己的群。仅有一种情况例外，衰老的雄性个体与已成配偶的一对雌雄个体一起生活。他告诫大家，非专业人员观察到的 3 个或更多的成体在一起的情况，可能是没有仔细观察它们的外部形态特征所致，特别是如果长臂猿处于焦虑不安、被干扰和高度兴奋状态时（如它们被猎杀时的那种情形），是不可能观察清楚它们的外形特征的。成年雄性（衰老的个体除外）往往不能忍受与其他成年雄性在一起，而成年雌性也不能容许其他成年雌性混入。

许多灵长类动物学家（包括我自己）都感到惊骇，开始从事野外传统研究的人，对他们所研究的动物很少有同情心，研究做完了，就猎杀它们，多数都被打死。在卡朋特猎杀长臂猿这件事上，可以争辩地说，亚洲灵长类动物考察是按照历史传统所做的老套标本采集旅行。也许应该使我们感到吃惊的是，其间包括了行为学研究的内容，而不应该只是采集了长臂猿动物标本这一事实。至于卡朋特，我们不知道他在采集长臂猿标本这一决定上该负多少责任。他甚至可能是同谋，或亲自参与猎杀（似乎非灵长类动物学家——格里斯沃尔德采集的标本最多）。卡朋特的确需要充分利用施瓦茨从这些长臂猿尸体中获得的系列信息，而且我必须承认我也利用和研究了这些标本，1968 年基于这些标本，我命名了一个新亚种——卡朋特长臂猿（*Hylobates lar carpenteri*）。

卡朋特的导师——罗伯特·默恩斯·耶基斯（1876～1956），被训练成为一个心理学家，从 1902 年开始在哈佛大学工作。纵观其职业生涯，他最感兴趣的是巨猿，但在一战期间，他当上了一个委员会的主席，负责为新兵发明智能测试表，不幸的是，这只是一个美好的设想而已。军队的 α 和 β 测试对于美国智能测试的推广有所助益，不过耶基斯后来拒绝滥用，滥用智能测试在某种程度上会产生伤害。没有人否认，人类的心理能力存在遗传因素，但是坚持智能的不可变性；对于遗传性确切意义的错误理解；智能假设作为单一概念（G 因子），这些都使得人们怀疑，在文明社会，心理学这个领域就这么一个主题，是不是真值得讨论。更不用说，它曾被种族主义者滥用。

闲话太多，言归正传。耶基斯在一战前就开始用非人灵长类动物做研究。1929 年，他在佛罗里达州奥兰治公园建立了灵长类生物学耶鲁实验室。他死后，实验室被搬至佐治亚州，并更名为耶基斯灵长类研究中心。1929 年以前，他在哈瓦那研究了由罗莎莉·阿布鲁女士圈养的一群黑猩猩的行为。由于她的关爱，这群黑猩猩就形成了奥兰治公园实验室的核心。

耶基斯对猿的研究具有开创性，主要内容被概括（对于一本厚达 625 页的书，如果“概括”这个词是合适的）在 1929 年与他妻子（艾达·耶基斯）合著的一本书中。纵观记述猿行为的文献，耶基斯确信有许多有价值的信息可以参考，这些信息主要可以在过去狩猎和探险的一些记录本中找到，很有参考意义，但是往往也不容易找到，并且零散而不规范。所以，从阿布鲁女士所圈养的这群黑猩猩开始，耶基斯亲自开始了有计划有组织地研究。他有两个前辈：科勒和柯茨。

沃尔夫冈·科勒（1887 ~ 1967）是“格式塔”心理学派的奠基人之一。1913 年，他当上了特纳利夫岛类人猿工作站的主管。整个一战期间他都待在那里，对黑猩猩群体进行研究。他负责组织了许多创新性的实验，最著名的就是堆箱子测试，即一个黑猩猩为了拿到高挂上面的香蕉，不得不将一只箱子堆放在另一只箱子的上面。耶基斯用这一方法测试了红毛猩猩，包括富有创意的朱利叶斯，以及一个年轻的大猩猩“刚果”。就猿类来说，科勒是第一个表明“简单的刺激反应模式不起作用”的人。黑猩猩很容易理解（很早就知道），一只悬挂着的香蕉很容易用一根长棍子敲下来。为此，科勒仅把一根短棍放在了围圈里，而把长棍留在外面。在他以后的书中记载，黑猩猩“苏丹”无论如何用短棍也够不着香蕉。多次尝试失败后，苏丹从围圈前面的铁丝网中抽出一根铁丝去钩长棍，但还是够不着。突然，它似乎有了主意，它通过网眼伸出短棍，用短棍将长棍拨到自己面前，将长棍拿进围圈里。在另一次的试验中，苏丹能够想出主意，把一根较细的竹棍插进一根较粗的竹棍的一端，这样就可以加长棍子，获得食物。

不幸的是，因一战后资金枯竭，工作站被迫关闭。

纳粹分子当权后，科勒是相当少见的拒绝向他们低头的德国心理学家之一。因为他直言不讳地抨击他们，他要保住自己的职位是不可能了。1935 年，他移居到了美国，在斯沃斯莫尔学院工作了 20 年。然后，相继到普林斯顿和达特茅斯工作，其间被选为美国心理协会主席。

不太为人所知的是俄国心理学家娜迪亚·尼古拉耶芙娜·雷迪吉娜–柯茨（1890 ~ 1963）的工作。一战前和一战期间，她在实验室里研究了一只年轻黑猩猩乔妮的发育。战后，她嫁给了她的实验室主管亚历山大·柯茨，并生下一个孩子。她将自己的孩子的发育、面部表情和情感与她所研究过的黑猩猩进行比较，首次发现：黑猩猩的早期发育比人类孩子的发育要快得多，但之后就慢下来了，只是稍微有点发育而已，很慢，而此时人类小孩的发育则突飞猛进。她于 1935 年出版的书《幼年黑猩猩与小孩》最近已由法兰斯·德瓦尔译成英语出版发行。

耶基斯讨论了这两项研究（当然尽管当时柯茨夫妇的工作只是部分可以了解），认识到其中的重要意义，但有些轻视，因为缺乏合适的对照。这是不完全公平的，因为他自己的研究同样没有完全的对照。和所有人一样，他应该认识到用猿做对照试验是多么不可能。不过，除了说以外，他还做了大量卓有成效的工作，比较了黑猩猩、红毛猩猩、一只大猩猩和尽可能获得的长臂猿个体，以致他和妻子于 1929 年出版的专著直到今日都还是猿比较心理学的必读书。最有趣的是“奇姆王子”的照片，拍的是耶基斯曾经拥有的最聪明的黑猩猩，无疑是倭黑猩猩（即俾格米黑猩猩）。也是在 1929 年，它以学名 *Pan paniscus* 被首次加以描述和命名，而此前任何人都明白这种猿实际上是什么。

现代灵长类学的 3 个支流（其中 1 个由两半组成）开始分道：解剖学、行为学（心理学是行为学的半个分支，野外研究是另半个分支）和生物医学研究。灵长类学基本上一直都具有解剖学性质；行为学的兴趣在于其总带有诸多的轶事奇闻，而弗雷德里克·居维叶和查尔斯·达尔文严肃、苛刻的洞察风范没能得到跟进。现在终于由耶基斯推进了灵长类心理学，卡朋特也已经开始使野外研究变得严谨起来。耶基斯主张人类和其他灵长类动物之间的系统学关系应予以充分利用。如果不是他自己创立了生物医学灵长类学，这方面的研究应该早已被激活。

可是，二战开始，所有的研究都受到了干扰。

6.6 我们正要说时，却被无礼打断

1945 年以后，至少用了 5 年时间，灵长类学回归其本原。1953 年，灵长类学如久旱遇甘露般地出现了一大卷由奥斯曼·希尔编写的专著——《灵长类：比较解剖与分类学（第一卷：原猴亚目）》。

威廉·查尔斯·奥斯曼·希尔（1901～1975）是现代灵长类学的奠基人之一。受过专业医疗技术训练后，1930 年他去了斯里兰卡（当时称为锡兰，是英属印度的一部分），在科伦坡医科学院谋取了一个解剖学教授的职位。在这里，他可以尽情地享受他对灵长类动物的兴趣。他不仅解剖了那些在动物园里死去的灵长类动物，而且还在自己的房子周围笼养了许多活体，使路人吃惊，有时还使人感到惊愕。他与另一位博物学者——菲利普斯（1892～1980）合作。菲利普斯

是一位职业军人，一战期间打过仗，获得过上校军衔，1920 年退役（但终身保留上校头衔）后，在斯里兰卡当上了茶场主。比尔 · 菲利普斯的房产在纳克尔斯山脉，靠近马特勒的冈玛都瓦，他和奥斯曼 · 希尔一起或各自开始收集和描述懒猴、叶猴和猕猴的新类型，并开始驯养有时还繁育这些动物。菲利普斯对岛上的野生动物有广泛的兴趣，他撰写的《锡兰的哺乳动物》第一版出版于 1934 年，1980 年再版（作为稍加修改的第二版）。该书至今仍是斯里兰卡哺乳动物方面最基本的原始文献。另一方面，奥斯曼 · 希尔的兴趣也得到拓展，首先是将研究延伸至其他叶猴，然后就涉及所有的灵长类动物。

1944 年，奥斯曼 · 希尔离开斯里兰卡，加盟于爱丁堡大学解剖学系。他随身带走了他累积的大多数灵长类动物标本，并把它们捐赠给了皇家苏格兰博物馆。1952 年，他又挪了一个地方，成为了伦敦动物园的一个解剖员。20 世纪 60 年代，他在佐治亚州亚特兰大耶基斯区域灵长类动物研究中心做了短期的工作，而后返回伦敦生活，直到去世。

1953 ~1974 年，由爱丁堡大学出版社出版了他的《灵长类动物》（共 8 卷），有点奇怪，第八卷先于第七卷出版。他死后，爱丁堡出版社似乎渴望继续出版这一系列丛书，委派了两名灵长类专家撰写有关疣猴和长臂猿的专卷，但是没有人得到任何通告，出版社不再出版科学图书了。所以，也就没有了奥斯曼 · 希尔第九卷及后面的续卷。

对于他已出版的这 8 卷，意见各不相同，褒贬不一。有一位经过一点曲折经历后于 20 世纪 90 年代过世的灵长类学专家，早在 70 年代就告诉约翰 · 纳皮尔，奥斯曼 · 希尔使灵长类学倒退了 20 年。而约翰直率地告诉他，与此完全相反，奥斯曼 · 希尔使灵长类学持续地存活了 20 年。也有一位杰出的专门研究新世界猴的哺乳动物学家在评论其第五卷时，用的词语令人瞠目结舌：真是莫名其妙，这样的书竟然能够出版。

我们必须记住，奥斯曼 · 希尔的第一卷完稿时，可能是自 1804 年戈特赫尔夫 · 费舍尔出版的《猴的解剖》以来的第一本同类型的解剖学专著。他没有先例可依，不得不将自己的研究和他人的研究结果融合在一起，并且免不了要受到施瓦茨和其他人的解剖学方案的影响，同时还有大量的化石资料需要整理和消化，所有这些都要考虑当时具体的历史背景。范围这么宽，书稿这么厚，难免会有错误、理解不清、前后矛盾、引述不当或缺乏某些观点等问题。他绘制的地图非常简略，只标记了大致的范围（通常还不准确），并没有标记确切的标本采集地点。然而，我认为有这几卷书总比没有的好，而且后面卷册的质量一卷比一卷好。特别是，他的“猕猴”卷非常有价值，完全可以比得上菲利普·赫什科维兹写的《现生的新世界猴（阔鼻类）》(第一卷)。

奥斯曼·希尔身材矮胖，就我的印象，他的态度相当严肃。他的写作风格可能是有点啰唆和拐弯抹角，有时让我想起晚维多利亚时代小说中一个相当苦命的人。他说话也是有点慢条斯理。我不知道，他出生在哪，生长在哪，但似乎带点伦敦腔。性格古板老套而专注专攻，这不正是一个优秀解剖学家的品性？

6.7 融合：现代灵长类学的诞生

20 世纪 60 年代早期，灵长类学应运而生。那时发生了几件事，领域也刚整合。

第一件事就是美国国家卫生研究院决定资助 8 个国家级灵长类动物研究中心。早在 20 世纪 60 年代初，被国会批准正式建立的时候起，美国国家灵长类研究中心就致力于培育和研究非人灵长类动物作为人类疾病的模型。这 8 个区域性的国家级灵长类动物研究中心如下：

哈佛大学新英格兰灵长类动物研究中心；

佐治亚州亚特兰大埃默里大学耶基斯灵长类研究中心；

路易斯安那州杜兰大学德耳塔灵长类研究中心；

得克萨斯州西南生物医学研究中心西南灵长类研究所；

威斯康星大学麦迪逊分校威斯康星灵长类研究中心；

加利福尼亚大学戴维斯分校戴维斯灵长类研究中心；

俄勒冈卫生科学大学俄勒冈灵长类研究中心；

华盛顿大学华盛顿灵长类研究中心。

这些国家级灵长类动物研究中心的建立引发了对灵长类动物的许多兴趣，但不一定为灵长类动物学本身带来益处。从野外搜集大量的灵长类动物，但直至 10 年以后，对于一些常用的物种的生存问题才予以真正地关切，特别是由于恒河猴的数量急剧减少，继印度之后许多其他栖息地国家禁止了出口。仅在 20 世纪 70 年代，国际灵长类动物保护联盟成立以后，许多研究人员才开始转而思考他们所从事的研究工作的伦理学问题，以及他们是怎样得到这些动物的。生物医学工作者抱怨国际灵长类动物保护联盟所做的任何事情，但联盟所做的事情对他们的许多研究产生了革命性的影响。

还必须说明的是，其间通常很少关注灵长类动物的多样性问题。过去常用的灵长类动物就行了，涉及“这只猴”的某些疾病或外科手术的论文枯燥乏味，令人伤感。这样下去，简直不可能引导有意义的科学。

但也有例外，也有重视灵长类动物多样性的一些好的研究，甚至恰好是这些研究拓展了我们对灵长类动物多样性的认识，并且至今这些工作仍在灵长类研究中心继续推进。这为灵长类动物学的诞生奠定了基础。

第二个基础性的事件，就是 1962 年 4 月 12 ~14 日，由伦敦动物学会举办的关于灵长类动物的具有划时代意义的专题学术研讨会召开。同年，由纳皮尔和巴尼柯特简约编写出版了《关于灵长类动物的专题讨论》。许多人突然认识到，他们对于灵长类动物非常感兴趣，并鼓励约翰 · 纳皮尔。当时，约翰 · 纳皮尔是伦敦皇家自由医院下属医学院的一位解剖学方面的读者（英国的一种学术职位），他在其所在的系里建立了灵长类动物学与人类进化研究中心。这个研究中心成为世界各地对灵长类动物感兴趣的人们向往的圣地。世界最杰出的灵长类动物学家络绎不绝，所以他的门徒得以有机会与欣欣向荣的该领域中大名鼎鼎的人物亲切交谈。

请注意，那是一个灵长类动物学与人类进化研究中心。这还给人以这么一种感觉，灵长类之所以有趣，主要是可当作通往人道的停靠站。人道，是威尔弗雷德 · 李格罗斯 · 克拉克先生（约翰 · 纳皮尔的一个好朋友，偶尔到访该研究中心）编写的《人类的祖先》一书中的基本原理，该书是大学生最普通使用的关于灵长类动物方面的教科书之一。这也正是约翰 · 纳皮尔当初对灵长类动物感兴趣的原因所在。作为一个手外科医生，他对人手的进化感兴趣，并对伦敦动物园的灵长类动物如何使用它们的手做过专门的研究。很快，约翰及其同事就弄清了，非人灵长类动物惯用右手，真是妙不可言。接着要做的第一件事就是教育生物医学方面的研究人员关于灵长类动物的多样性，同时希望他们不要再讲“这只猴”，甚至可以体面地对待它们而不应该把它们关进小笼。

1967 年，约翰 · 纳皮尔响应史密森尼博物院的招聘，离开伦敦皇家自由医院，来到华盛顿，组建一个灵长类动物研究中心。任务完成后，他返回英国，在伊丽莎白女王学院建立了“伦敦办公室”。但是，美国政府的更迭使得史密森尼博物院经费短缺，伦敦办公室最后于 1972 年无奈关闭。约翰回归为普通学者，在伦敦大学伯克贝克学院做灵长类生物学方面的客座教授。其间，他的妻子普鲁已在钻研灵长类解剖学，编写了英国自然历史博物馆灵长类动物系列标本的前三卷（最后两卷由保拉 · 詹金斯编纂完成）。

如果说有人催生了灵长类动物学，那个人就是约翰 · 纳皮尔。可是约翰并非第一次使用灵长类动物学这个术语的人，我认为这个术语的创新归功于霍弗、舒尔茨和斯达克。1956 年他们开始编辑一系列专著，名为《灵长类动物学》。约翰的最重要的贡献在于他对灵长类动物的激情激发了大家的兴趣，他的研究中心成为了众人关注的焦点。当我们考查他在灵长类学历史上的关键作用时，可以了解到，其实他在灵长类动物研究方面的历时相当短。虽然他从 1917 年活到 1987 年，但他对灵长类动物的研究仅仅是在那次关键性的学术研讨会和 1978 年退休这段时间内。期间，他和普鲁写了一本书——《现生的灵长类动物手册》，这意味着他们凭自己的实力巩固了自身作为灵长类学专门研究中心的地位。

约翰也是一个隐生动物学家，他对有毛的两足动物（喜马拉雅雪人和大脚野人）感兴趣，并且思想开明。他和普鲁都写有关灵长类动物的科普书。他时常出现在电视上。他成为灵长类动物学家以前的很早一段时间是一个魔术师，是魔术圈中的一个成员。他原来抽烟，变魔术挣钱，现在不抽烟不变魔术，而是大谈人类制造工具的起源，知识渊博，让电视观众迷惑不解。

罗马诗人特伦斯写下了沙文主义的诗句："我是一个罗马人，我做什么事都不外行。"在灵长类动物学研究中心的墙上大写着一句类似的警示："我是一名灵长类动物学家，研究什么都不外行。"这不正是约翰适应性特征的真实写照？这句警言的上面写着约翰革命性的因果关系："行为→功能→解剖。"约翰不仅是严肃对待行为学的第一人，而且也是将行为学与灵长类生物学其他方面相结合的第一人。约翰将我们带入了灵长类学的第三个重要分支，加上其他两个重要分支，就形成了现代灵长类学的雏形。

前已述及，耶基斯把灵长类行为（实际上是巨猿的心理）的研究引入了一个相当高的水平；卡朋特开创了野外灵长类学研究的先河。几乎同时，朱克曼写了一本关于伦敦动物园新猴山上阿拉伯狒狒的书。书中表明，这群性比完全失衡的狒狒不太可能期望其表现出"与侵扰和性无关"的任何行为。而实际上，朱克曼早在他 1932 年出版的《猴与猿的社会行为》一书中就已经提出，灵长类动物的行为由不断地侵扰所引发，由此导致全年繁育。这本书并非没有影响（如卡朋特写道，他做吼猴的野外研究期间因读该书而引发了一些思考），但总的来说作为灵长类行为学专家的确写得很粗糙。朱克曼活了 89 岁，死于 1993 年，他一直坚持自己的结论（有关这一点，可在日本学者今西的评论中得到证实），对于那些批评他的人，他从来没有放弃机会反击和诋毁。大家可能想到，一个比较好的策略就是："好吧，我错了，但我是开创者"，稍微延伸一点，模模糊糊就是对的了。然而，我们也发现一些冷笑，嘲笑那些怀疑"他是绝对正确"的人。

他在其自传第一卷中讲道：在开普敦上学期间，他经常和一个朋友去桌子山和别处爬山。去乡下爬山，有很多的机会观察狒狒和其他野生动物，可是在野外观看动物所构成的“高”科学并没有给现今的主流科学留下什么印象。

我至少知道与我同时代的一个很有抱负的灵长类学家，他的职业生涯非常郁闷，很不得志，主要是因为朱克曼始终认为“对灵长类动物进行任何野外研究都不太可能”。幸运的是，他找到了其他拥护者，现在已被当作领衔的野外工作者及野外工作事业家。

在西方，直到 1959 年 3 月沃什伯恩安排他当时的一个名叫爱文·德沃雷的学生去内罗毕国家公园研究阿努比斯狒狒，卡朋特开创的工作才得到继承。7 月，他也前去与学生一起工作。研究工作一直持续到第二年的 1 月，其间到访了安博塞利，比较考察这里的黄狒狒。大约与此同时，布里斯托尔大学霍尔也在对主要分布于南非的大狒狒（*Chacma baboons*）进行内容相同但较为粗略的观察。菲利斯·杰（现为菲利斯·多丽瑙）当时也是沃什伯恩的一个学生，在印度对哈努曼长尾叶猴进行了为期 18 个月（1958 年 10 月至 1960 年 4 月）的研究。乔治·夏勒（起初他的导师约翰·埃姆伦与他相伴）于 1959 年 2 月开始了对山地大猩猩的研究。1959 年后期，查尔斯·索斯威克也在印度开始了对恒河猴的研究。马上，所有这些工作都推崇开展灵长类动物行为的野外研究。很快，有关野生猴、猿和狐猴的研究工作如雨后春笋般地开展起来：弗农·雷诺兹与弗兰基·雷诺兹以及珍·古道尔研究黑猩猩，戴维·齐弗斯研究长臂猿，保罗·西蒙兹研究印度帽猴，汤姆·斯特鲁萨克研究长尾黑颚猴……真是数不胜数！

雪莉·沃什伯恩是德沃雷和杰幕后的推动者，他的兴趣是人类进化。事实上，国家科学基金资助德沃雷的课题是“人类行为进化的研究”，其中一篇论文的标题是“狒狒的生态与人类进化”。另一方面，夏勒和索斯威克具有动物学背景，他们的导师约翰·埃姆伦（1908~1997）是一名鸟类学家，思想开明，纵容学生，只要他们喜欢，可以不研究鸟类。同样，汉斯·库默尔是一位专攻行为学的动物学家，对社会行为有特别的兴趣，所以选择苏黎世动物园的阿拉伯狒狒群作为他最初的研究对象，然后转向在自然栖息地中去研究它们。所以这就对了，关于灵长类动物的野外工作一开始就从人类学和动物学这两个方面展开，并一直持续到今天。

然而，对于西方灵长类学家来说，起初并不知道野外研究已经在日本开始了。所以，当 1960 年日本学者今西在西方人类学期刊上发表论文，描述日本的野外研究时，对于某些西方学者来说是新闻，即使日本灵长类学流派的存在并非新闻，但他们所流行的做法当然也成了新闻。今西报道，对日本猕猴的早期（1949 年）研究属自然式探究，但自 1952 年起，野外工作者使用“饵驯”概念（provisionization，现通常使用 provisioning 一词）。他承认在某种意义上，这些猴是“被驯养的”，但其实它们还是野生的。他强调，日本以长期研究为特色，某些群已经被连续观察了 7 年。他批评西方研究人员使用“家庭（family）”这个术语，而推荐采用“种族”（oikia，复数 oikiae）概念。Oikia 这个新术语，意指“不管构成如何，一个动物种内所能找到的最小的社会生活单元”。而“种族”（oikia）本身又是由“种族成员”（oikions）构成，“种族成员”也就是“一个种族中的个体成员”。

嵌金·今西（1902 ~ 1992），酷爱登山，作为一位登山活跃分子而被登山兄弟会所铭记。他也是一名社会人类学家，其原因是，1960 年他在论文中提出了“亚人类”灵长类动物这个概念。同时，他还是严肃面对“非人类物种可能具有文化（即社会传播可调节的行为），而不应该把灵长类动物看作是时下流行的机器人”这一问题的第一人。在他看来，拟人论（anthropomorphism）不是犯罪，而是必要的，有助于对所研究的动物予以真正地理解。他也是一个著名的哲学家，尽管他的思想也是进化的，但与他所认为的达尔文主义世界观相反。他认为，进化是自发的，自然选择不能解释。于是，他提出了第三个概念——种社会（specia）。种社会，就是指“整个物种本身被看作是一个社会，内部具有不变的‘物种水平上的同一性’”。随着种社会生态和谐的相互调适，物种会自发地进化为一个新的物种。因为种社会所包含的个体就是种族中的种族成员，所以一个种社会中的个体也就被称为“种社会成员（specion）”。

1991 年，帕姆·阿斯奎斯出版了一本关于岚山猴群的专著，书的引言部分介绍了日本灵长类学的历史概要。今西和登扎布罗·米亚迪（1901 ~ 1988）于 1950 ~ 1951 年在京都大学组建了一个灵长类动物研究中心，开始对日本猕猴人工饲养群进行研究，后来该研究中心把他们的研究延伸到了东南亚和非洲。位于日本犬山市的著名的日本猴研究中心创建于 20 世纪 50 年代中期，得到了一个很富有的企业家的捐助。今西以前的一个名叫“伊塔尼一郎”（1936 ~ 2001）的学生将该中心发展为一个研究现生灵长类动物的专门基地。同时，在大阪大学组建了一个独立的研究中心，主要指向灵长类动物的心理学研究。

甚至在今西 1960 年发表的那篇论文之前，也有日本学者前往欧洲参观和学习西方的研究方法（如康拉德·洛伦兹方法）。京都研究中心认真观看了卡朋特的工作，卡朋特本人也几次到访日本。日本的《灵长类》杂志于 1957 年创办，从 1959 年开始用英文出版发行。尽管如此，日本和西方这两个灵长类学研究传统的融合还是花了很长的时间。在西方，种群（oikia）和种社会（specia）这两个概念从来就没有引起共鸣。只是到了 20 世纪 70 年代，交流与渗透才真正开始。珍·古道尔是首先认识到野外长期研究重要性的西方学者。她认为，需要对野生的灵长类动物种群进行真正长期地研究，以便每一个个体都能够被识别，在其生命的整个过程或大部分时间内都被跟踪研究。她接受了日本学者的做法，至少在她研究的早期阶段采用了日本人的方法。

当然，学科和学术的交叉与融合现已司空见惯。西方人和日本人一起参加学术会议，彼此参观或现场观摩野外工作站和实验室，甚至西方的灵长类学者受聘于日本的研究中心，或日本的灵长类学者到西方国家供职。

研究领域很快得到巩固。一份专业期刊《灵长类动物学报》于 1963 年创办（已如上述，日本的《灵长类》杂志创办于 1957 年）。国际灵长类学学会建立起来，并于 1966 年在法兰克福召开了首届代表大会。1966 年的代表大会是第一次也是最后一次没有设分会场的学术研讨会，所以每人都听了其他人的报告。会上，有人把一个行为学实验的影片播放给大家看，影片中展现了一只恒河猴被限定在一把很不舒适的“灵长类动物专用椅子”上，神色惊恐、迷茫。面对这种状况，鲁道夫·申克尔公然宣称他感到“厌恶”。约翰·纳皮尔为他说话，而雪莉·沃什伯恩则宣布：“该走了，吃饭时间到了。”就这样，灵长类学真正地开了一个好头，再也不回头。

6.8　灵长类行为学的第二次革命

早期的野外研究大体上是描述和探险性的。野外工作者坐着（或者站着，有一部影片记录汤姆·斯特鲁萨克站在一群跑着、跳着的长尾黑颚猴中）观察他们所研究的动物，不管看到什么都一一地记下来，然后回到家里整理笔记。行为方面的记述可能非常地详尽，但很少有理论，要么就是关于等级序位的一些说法，史蒂夫·加特兰对此做法提出挑战后，出现了一阵短暂的兴奋。但只有 20 世纪 70 年代中期的两场革命才彻底动摇了灵长类行为学的根基：一场革命是珍妮·阿特曼的观察实践，另一场革命是莎拉·布莱弗·赫迪提出了广义适合度概念。

阿特曼革命似乎源于她的忧虑，她和斯图尔特·阿特曼在收集狒狒的行为学数据时产生了偏差，因为当某些有趣的行为出现时，他们比较警觉，而当狒狒的行为比较单调乏味时，他们的注意力涣散，或者走开吃中饭去了。再者，在狒狒群中，有些个体比其他个体更容易被看到或引人注目，所以这些个体在他们的野外笔记中出现的频次较高。珍妮·阿特曼仔细阅读了已经出版的野外研究报道，对已经使用过的研究方法进行分析和分类，然后从逻辑上考虑，哪种研究方法适合哪种研究目的。结果是极其审慎的。首先，她坚持认为，野外工作者必须清楚自己瞄准的是样本的“状态”还是“事件”。然后，她阐明了 7 种不同的取样方式。她很不主张采用“1/0 取样法”，认为随机取样法（就像通常所做的那样，不用思考）主要适用于前期行为预查，而目标动物取样法、矩阵填充法、某些行为的所有事件记录法、序列和瞬时/扫描取样法等中的每一种方法都有其价值，也都有其特定的适用范围。

仔细想一想，是很有道理。她也一直在努力，要找到比简单的“坐着观察”（随机取样）更好的方法。珍妮·阿特曼首次指出，并给不同的方法命了名，主张每一种方法都有其优缺点。此后，她的深刻见解得到提炼，最近由吉姆·帕特森出版的入门教材，对行为学研究方法进行了全面详尽的描述，并举了实例，也包括行为谱记录技术。

不用说，汉密尔顿的广义适合度模型不讨人喜欢，就是行为特征因可能有其遗传基础的想法也很少受到灵长类学家的欢迎，甚至当他们理解其中的含义时也不欣赏。泰弗士的论点是雄性和雌性（及幼儿）有不同的兴趣，因此应该采取不同的策略，甚至产生敌意。威尔逊于 1975 年试图分析研究这一问题，却遭到了强烈抗议，他自己差点被他所在的院系开除。

其中的道理实际上不难想出，某些理由甚至现在都还有共鸣。偶尔，会有心理学家感觉到迫切需要写一篇关于人类智能的文章或一本书以阐明：用标准的智商测量方法，黑人（通常是美国黑人）的得分低于白人（当然特别是美国白人），并声称这种差异是由遗传决定的。因此，他们必须要在不同的学校上学，防止他们通婚，或者从中可想象出任何其他结论。这些说法总会有其较大的影响面，有专家愤怒地反驳。白人至上主义者很活跃，在美国和英国，他们踢打和侵扰黑人；在德国，他们暴打土耳其人；在西澳大利亚，他们投掷燃烧弹，焚烧中国人的餐馆。在一些情况下，那些不希望自己被当作是法西斯主义者的人决不会理会“行为具有遗传基础”的任何想法，哪怕是一点点。20 世纪 60 年代，对于肖克利和延森提出的“基因和智商”，美国反应强烈，以致一些人类学家严肃地声明：人类的心智在出生时是一张白纸，纸上可以书写任何内容。

可是，考虑一下，行为是什么？无疑，不同的人有不同的性格倾向，有的人容易生气，有些人喜欢开怀大笑，有些人常感到沮丧、悲哀。在一定程度上，人们可以学会控制自己的情绪，要知道人是具有最大学习能力的物种。可是，人们性情上的这些差异可以在婴儿早期观察到。看一看同卵双胞胎的表现，他们抬头挺胸、举手顿足、音容笑貌的一致性让你感到不可思议。当你漫步走廊，一个朋友映入眼帘，你要停下来看一看他的动作神态……所有这些与智能遗传没有任何关系，更不用说和优生学有关了。

某些行为特征具有物种特异性，面部表情和发声方面的物种差异性研究最多、最深入。在最基本的层面上，我们是不是要设想不同物种之间在社群组织方面的差异纯粹是由环境决定的？

莎拉·布莱弗·赫迪是汉密尔顿和泰弗士的一个学生。她专注的一个特殊行为是杀“婴”行为。她的研究对象——哈努曼叶猴被认为是温顺甚至是懒散的，其杀“婴”行为归因于社会病态。恰恰相反，赫迪认为，这是一种策略，雄性个体从中得到了补益：雄性侵占一个群，成功地驱逐该群中以前的雄体，杀死群中所有正在吃奶的幼体，然后使哺乳雌体回到发情期，以便使它们受孕，提高其自身的遗传贡献，而且当下一个入侵雄性要将它驱逐时，它自已的后代将断奶，所以就不会有什么危险了。

真正让人感到震撼的不是社会生物学被用于解释灵长类动物——最卓越的学习型动物的行为，也不是对于最引人注目的病态行为——杀“婴”行为好像提供了一个不可否认、似乎合理的解释，而是灵长类学家被迫对“雌性”这个概念予以解释，事实上，是要面对一个坚强的女权主义者。抵制泰弗士论点的理由之一，是它被认为是对父权制的一种道歉。但是，对于自然主义谬论的理解，生物学家之间从来就不像在广大民众间那么特别地流传。

紧接着，沃尔克·索玛精彩地描绘了所争论的故事，很快传遍了大街小巷，“科学与唯心主义”、“是与应该”，以及“纯粹幻想（后现代主义）”成为人们茶余饭后的话题。

或许，最后阐明灵长类行为学理论的书，是 1988 年由罗宾·顿巴撰写的《灵长类的社会系统》。根据适应策略解释野外研究数据现在已经很平常了。某一种行为，或者仅仅笼统地说“行为”要么是遗传的（先天的），要么是环境决定的（学习获得的）在灵长类学界已逐渐销声匿迹。如今，似乎不再有什么人对于“灵长类动物具有遗传决定的行为”这一观念感到不舒服，灵长类动物的行为具有遗传性，并且许多行为它们学会灵活使用，许多行为在某种程度上可以看作是与我们有不同的社会组织形式而已。

6.9 灵长类学的未来?

现已有 4 种灵长类学专业期刊:《国际灵长类学杂志》、《美国灵长类学杂志》、《灵长类动物学报》和《灵长类》。对于那些真正对灵长类动物感兴趣而不仅仅是把他们用作"模型"的生物医学界的专家学者来说，也有自己的专业期刊《医学灵长类学杂志》。此外，普通哺乳动物学或人类学的专业期刊中也经常发表有关灵长类学方面的研究论文。

国际灵长类动物学会每两年开一次会，并行的专题讨论会应接不暇。当然，来回奔波，忙于参加一个又一个的会议，有益于健康，然而是否促进科学的综合却是另一回事。

当灵长类行为学与灵长类生态学相依相伴穿行于崇山峻岭中的时候，灵长类解剖学却在原地踏步；灵长类分类学过去仅被当作集邮，而今却已被认为是所有其他领域不可或缺的关键。随着某些新技术的出现，分类学方面的研究剧增：染色体、蛋白质、氨基酸、RFLP 以至后来的 DNA 测序，每一项都被认为是新鲜和激动人心的（当时的确新鲜和激动人心)，以至于所有其他方法都是落后而无关紧要的（当时的确如此)。对于生物多样性的认识和理解（这是分类学的实际任务)，真正有推动作用的是 20 世纪 50 年代提出但直到 20 世纪 60 年代才得到重视的"亨尼希革命"，以及 20 世纪 80 年代提出但直到 20 世纪 90 年代才受到重视的"系统发生种的概念"。自 1950 年代起，由于新概念的出现，所积累的灵长类动物化石（记录灵长类系统发育过程中的切实证据）的数量可能超过 20 世纪早期任何一个概念提出后的灵长类化石累积数量。

当前，发展灵长类学是一个国际性的任务，需要大家共同努力。我们可以不再只讲西方或日本的灵长类学，中国、越南、印度尼西亚、印度和巴西都已经建立了繁荣昌盛的灵长类学传统，有自己的研究与保护网络体系。几个非洲国家，特别是肯尼亚、乌干达和刚果民主共和国都已经组建了灵长类专家组，在国际上名声很响。大约从 1960 年起，灵长类学已经成为了女性学者占多数的少数几个科学领域之一（日本例外，大多数灵长类学家是男性)。对此，有各种各样的说法，我不妨说上一句：女性主要关心诸如有关女性温柔和养育问题等那些令我感到头疼的假设，而她们每每会使别人激动地说："这个，我早就告诉过你!"

如今的灵长类学身处何方，又将步向何方?

20 世纪 80 年代以来，分类学经历了复兴，可能（不幸）是因为生物多样性危机的缘故。其基础仍是古老的“皮张和头骨”分类学，我很难想象当年的那些五花八门，但事实上对多变量形态测量、DNA 测序、行为等灵长类生活和研究的每一个值得考虑的方面都应该予以正确的引导，使之对分类学产生重要影响。

我们发现，在分类学上供以讨论的客观标准是非常必要的。我曾不断地赞同和支持“系统发生种的概念”：物种是可以鉴别的单元（它们位于进化分枝图的末端，具有稳定的可遗传的差异性特征——可是人们宁愿将它们表述为“可鉴别的单元”）。我同样主张对于属和科的界定需要时深方法：属应该在（第三纪①的）上新世以前就已经分离，科的分离则是在中新世。

领域广开，灵长类分类学专家却寥寥无几。

灵长类的行为描述还需要做大量的工作，一半以上的现生种都缺乏行为研究方面的报道，无论是野外的还是人工饲养条件下的行为记录都没有。比较研究最富予信息量，相关的同域分布的物种在资源利用方面如何不同，比较研究这一问题对于基础生物学的理解和保护计划的制订都很重要。也有许多理论问题需要研究。随着从头发和粪便中提取 DNA 并予以测序分析技术的改进，令人头痛的父权问题将会比较容易研究清楚。已有一些惊喜的发现，“拥有后宫”的雄性阿拉伯狒狒不一定就是“它们的”雌性所生的后代的父亲。莎拉·赫迪提出的印度灰叶猴的雄性策略模型现在终于得到检验，并至少已在一个种群中得到证实。

审视一系列单配偶制物种的父权问题，会感到特别地有趣。大多数鸟类物种是社会性的单配偶制，然而社会性的单配偶制与遗传性的单配偶制不一定（事实上不经常地）是一回事。灵长类动物会是怎么样的？社会性单配偶制的侏儒狐猴存在配偶外父权。白手长臂猿的偷配行为也已被观察到，虽然我们可以期望这意味着配偶外父权，但只有通过 DNA 研究才能得到确认。

长臂猿的研究前景广阔。这是一个古老猿群，包含 4 个亚属——修正为 4 个属，因为它们在中新世结束以前分化清楚。它们具有基本上单一的社会结构，即社会性单配偶制。显然，这是一个比较成功的婚配策略，然而这 4 个属之间性二型的差异（在某种程度上至少是其中的长臂猿属 *Hylobates* 和黑冠长臂猿属 *Nomascus* 之间的差异）提示我们：它们所采取的单配制形式可能存在微妙的差别，或许达到了遗传上单配制的水平。这些差异包括：阴囊的发育及其凸显状态；个体大小（差异可能很小）；冠发型；在二重唱过程中，雄性个体的喊叫是

① 现已更名为：古近纪、新近纪。——译者注

否像雌性个体那么精细和卖力；两性的色型或面型是否不同；若色型不同，那么成熟时，是雄性还是雌性改变颜色？

这是整个性选择领域的部分问题，性选择研究仅在现在才予以严肃地对待。真狐猴属的种类呈现出极好的各自不同的镶嵌型性别双色现象；许多种类，只雄性个体的颜色引人注目，而某些种类，如黑狐猴（*E. macaco*）和红额狐猴（*E. rufus*）（严格意义上，不是 *E. rufifrons*，我在 2001 年的书中预示，*E. rufus* 和 *E. rufifrons* 可能是两个不同的种），雌性个体的颜色也独特、醒目。

尽管灵长类生态学的野外研究走过 30 多个年头，但在许多方面还知之甚少。我注意到，当绘制大猩猩和红疣猴的分布图时，仅稍微有些重叠，在非洲的中东部地区和中西部地区都是如此。为什么？是什么因素决定非洲是一种、两种还是三种疣猴能够共存？如果有三种，那么这个种团的组成是怎样的？一个种是红色的，一个种是橄榄绿色的，一个种是黑白的，还是一个红色的种加上两个黑白的种？为什么在（坦桑尼亚北部的）潘加尼林区分布的是黑白疣猴，沿着（肯尼亚的）塔纳河分布的是红疣猴，而在姆万尼哈纳林区这两者都有分布？最近，有一本书致力于这一主题，这说明对于问题的理解已迈出了重要的步伐，但巨大的差距依然存在。

令人震惊的是，随着新研究的展开，有更多新的研究途径，灵长类动物学家的人数不论是在灵长类动物的栖息地国家还是在工业化国家都开始增至足以应对它们，而同时非人灵长类动物的数量却在减少，许多物种正在消失。

此刻震惊？何时不震惊？!

第7章 我们最亲近的表亲

在生物医学实验室，灵长类动物找到了自己的栖身之处，但处境并不乐观：灵长类动物在为人类探索脑功能奥秘和控制小儿麻痹症方面奉献身躯，但没有得到应有的礼遇，甚或遭到了残酷的虐待。

人和黑猩猩之间是什么样的关系？在解剖学，生物化学，遗传学，…，心智方面，其关系有多近？这种关系又如何反映在分类学上：黑猩猩是否可看作人类的一种。

通过手语和计算机操控器，教会他们与我们交流。我们从猿类的语言能力测试中真正获得了多少有价值的启示？黑猩猩的序位模式、镜像识别反应，以及心智能力是否提醒我们：猿在本质上与我们并没有什么区别？

第八群在一个相对开阔的区域，所有的个体都可以看到。鲍勃·坎贝尔快速扫视了一眼，“不”，他低声说：“梅西不在了。”

远处传来一阵拍胸声。我们可看到第八群中的银背大猩猩拉飞奇，他抬头张望，紧身细听。声音不复出现，他才有所松懈。“走吧，让我们过去瞧瞧是不是萨姆森在拍胸”，鲍勃说：“也看看梅西是否和萨姆森在一起。”

早在黛安·佛西在卢旺达开始她的研究时，萨姆森就已经是第八群的成员，但随着群员的减少，他与其父拉飞奇之间的冲突越来越多，他逐渐地迁出，起初在该区域周围转悠，而后迁到了远处的一个新家域。拉飞奇的处境得到改善，群中有两只雌性（梅西和马乔）和他相伴。萨姆森也曾来到他父亲这一群的附近徘徊，而后又不见了。当第二次接触该群时，黛安发现她找不到梅西；梅西已好几天不在周围。但黛安已听到远处持续的拍胸声，而拉飞奇似乎对这些拍胸声比较关心。

黛安假设：远处的拍胸者可能就是萨姆森？他是否和梅西在一起？关于新群是怎样形成的，黛安迄今只收集了间接的线索。她认为，单身的雄性个体可能有时骚扰一个群，劝说其中的一只雌性离开，和他一起走。这里可能就是一个例证，因此须查明梅西的确不在群中，然后找到远处的拍胸者，并看他是否就是孤单的萨姆森，以及梅西现在是否正好也在那边。

可是，黛安烟抽得很凶，肺功能并不健全。维索科山高耸于她的营地旁，但她从来没有能够爬上去。她当然走不快，也走不到那么远，去看远处的拍胸者。所以，她问鲍勃·坎贝尔，他是不是可以去看一看，是否也带上这个博士毕业5年，在卡瑞索科营地待了几个星期，研究那些积累起来的大猩猩头骨和其他骨骼的年轻分类学家。

鲍勃确定梅西不在群中后，我们赶紧前去寻找拍胸者。鲍勃健步如飞在前，我气喘吁吁跟后。拍胸声每几分钟一次。偶尔，可听到拉飞奇的应答，但应答声已经离我们远了。我们追随着声音，穿过哈吉尼亚林地及泥沼，翻越道道沟壑。拍胸声越来越近。

两三个小时之后，来到了一块植被茂盛区，我们发现自己正好身处沟的一条边上，而沟的另一条边上有一只大猩猩。他四脚着地站在灌木丛中，背上隐约地闪现着银光，与煤黑色的头、臂和腿形成鲜明对比。每隔一会，他就会站起来、吼叫、捶胸。怪兽发出的尖叫听起来总使我感觉到一点悲凉。至于捶胸声，我看过杜·柴璐的描述，我预想如闷鼓声般深沉；夏勒将其比较真实地拟声为“啵呵-啵呵-啵呵”，但是捶胸的急促感令人吃惊，声后还带点颤音。

随后，一个黑色的身影在一片灌木丛中闪现。那是另一只大猩猩，部分身躯隐藏于灌丛，站立显身时不发声。鲍勃定睛一看。是的——那只银背色的就是萨姆森。现在要弄清，和他在一起的是谁？

他转向我，“你能模仿一下捶胸吗？”我低头看了看裤子，因刚才的跋涉而沾满了泥块，我心生一计，双手稍握成杯状，“啵咔-啵咔-啵咔 ”地在大腿上拍打起来。他赞许地点头，咧嘴一笑。我对捶胸声印象深刻，拟声模仿活灵活现。然后，我们注意到，萨姆森也不是无动于衷，他环顾四周，几乎马上又展现了身躯。“对”，鲍勃仍好玩似地低声说：“你能否一直拍着，吸引他的注意力，好让我悄悄地从这条沟下去，爬上对面沟梁，尽可能地靠近他们，以便看清楚，另一只大猩猩我是否认识？”

所以，我坐在那里，对面沟梁上萨姆森的举动看得一清二楚，当他捶胸回应时，我就拍大腿。我向下扫视，已看不见鲍勃的贝雷帽，他悄无声息地沿这片植被浓密的山坡下去了，大约5分钟后，他爬上了对面的沟梁。

或许，萨姆森感觉到情况都不太对劲。大猩猩一般不穿卡其衬衫和蓝色牛仔裤，特别是大猩猩都是捶胸的，而不是拍大腿的。他又站起来，吼叫，捶胸。这次他全身展示，侧身跑，伸出手臂猛击植被。另一只大猩猩正好坐在他击打开的那块植被的灌丛中，这个可怜虫离开原地，沿山坡下行时跌跌撞撞。我看见鲍勃伸长脖子，迅即转头一看，然后转身开始朝我这边走来，这回他没有试图隐藏自己。当他爬回到我这边的沟梁时，咧嘴大笑："不错，正是梅西！"。

我们尽快地往回赶路，好在天黑前回到营地将有关情况告诉黛安。黄昏降临时，刚好回到驻地。精疲力竭，我以前从来没有如此的体验。

鲍勃·坎贝尔主要为人熟知的是一个优秀的摄影师，看过"迷雾中的大猩猩"的人也会从另一场面去认识他。而我记得他，是因为他有不知疲倦的精力，他对大猩猩的热爱和广博的知识，而且就对大猩猩的知识来说他并亚于黛安。如果经过培训，他必将成为一个非常出色的野外工作者。

就这样，我们——不，不是"我们"，而是鲍勃·坎贝尔发现了山地大猩猩一个新群的形成机制。

7.1 猿的语言

灵长类学的故事始于古埃及，古埃及人认为：猴子非常像人，完全相像。18世纪时，蒙博杜勋爵确信猿会讲话，虽然其所持的（些微）证据不足以让人信服，但从那时起，人们总认为猿可能会说话，有些人试图教他们，其中还有人拍了教猿学习说话的影片。当艾伦和碧翠斯·加德纳夫妇观看该影片时，他们感到震撼的不是这只黑猩猩不会说话，而是他用手的表达方式。有研究表明，人与黑猩猩喉的形状差异很大，所以想要黑猩猩发出像我们一样的声音，实际上是最不可能的事。但是，手语呢？

加德纳夫妇教给年幼黑猩猩华秀手语的工作具有划时代的意义。他们使用美式手语教会了华秀近200个手势语，当展现给华秀物品或动作时，每一个手势都表示具体的含义，华秀要跟着做。华秀可能索要吃的东西，或请求被带到某个地方，或想玩，不同的需求就用不同的手势，有时用两个单词的组合予以表达。一听"Time eat?"，华秀就会做出满怀希望的手势，看着培训员。

猿手语的研究领域迅速兴起，研究经费充足。大多数的研究对象是黑猩猩及其手语。然而，当大猩猩科科（Koko）和红毛猩猩彰德（Chantek）被教以手语时，一只名叫拉娜的黑猩猩（则正在耶基斯灵长类研究中心）被训以使用一个特制的计算机操控器。（附带提醒一下，"Chantek"严格地说应为"*cantek*"，印度尼西亚语"漂亮可爱"的意思，但如此称呼一只身材魁梧、满脸横肉的成年猩猩已很不恰当。）

随着兴奋的增长，奢望与过分地吹嘘也越多，其中包括黑猩猩具有使用语法和句法的能力。两个阵营并列在一起：左边是那些主张黑猩猩的确有语言能力的人，右边是持相反观点的人类沙文主义者，因为……原因多种多样，但是球门柱发生了很大的偏移，黑猩猩具有语言能力的球进不了门。

我认为，当人类唯一性的堡垒受到威胁时，恐慌是必然的，人们会下意识地发生反应，就像当年布鲁门巴赫因为虚荣心甚至不允许把人类与猿、猴放在同一个目一样。但是回想起来，“华秀和其他猿有语言吗？”是一个伪命题。我们可以来回移动边界，坚持“语言”这个标准或将语言功能列为人猿区分真正重要的标准，但是现有的先进科学还不足以让我们做得如此精细。在过去的某个时段，非语言和语言之间有演化的轨迹，猿类语言研究认为（或当时认为），非人类的猿类物种沿着这条轨迹获得了某些语言能力，随后停止了。我们需要知道的是，当黑猩猩用手势交流的时候，他们所做的动作是否确切地和我们人类同源。如果同源，他们是在哪些方面落后了，的确不如我们，为什么？他们在哪些方面或许超过人类的能力？令人诧异的是，各方主角似乎都没有询问这些问题。

华秀时代戛然而止。赫伯特·特雷斯及其助手训练了一只名叫尼姆·齐姆斯基（一个很贴切的语言学上的双关语，他与著名的，也有人说是臭名昭著的语言学家——诺姆·乔姆斯基的名字音意关联）的年轻黑猩猩。起初他们以为，尼姆像其他猩猩一样确实在与驯养员交流，已能成功地利用句法。之后，特雷斯重新审查会议胶片，得出了截然不同的结论。

当尼姆把单词组合为较长的表达时，很大程度上是在模仿他的老师。两个单词以上的组合表达仅是重复，缺乏创新。尼姆不是在交流：交流时，人与人轮流着表达，而尼姆随意表达，并多打断对方。他们发现，猿不能造句。

现在，左边角落的反对声出现了。特别是，这么多的驯养员，尼姆不知所措，和谁在一起都觉得不舒服，当然表现不好。可是资助机构的反应是立即而毫不留情的。再也得不到更多的钱用于猿类语言课题的研究了。

回想起来，这也是错误的反应。10 年前，黑猩猩还仅仅是哑巴动物。后来表明他们能够使用符号以表示物体和行动。因此即使他们不会句法，华秀的突破意味着什么？

不过，华秀的突破的确需要改进。耶克斯灵长类动物研究中心是几个仍在运作的猿类语言研究中心之一，苏·萨维奇-鲁姆博夫用普通黑猩猩和倭黑猩猩，采用计算机操控法继续工作。她描述了她的发现过程：黑猩猩实际上不是在指定食物，而是在索要食物。她使用“程式衰减”技术进行试验。“被指定的”食物奖励越来越少，在黑猩猩头上方的一只灯泡亮着时完全停止食物的供给。经过多次测试，黑猩猩最终明白了：要求他们做的是标注物品，而不是索要物品。

最令人印象深刻的是，苏·萨维奇-鲁姆博夫布设了一个特别的装置：两只黑猩猩——谢尔曼和奥斯汀被分别关在隔离的房间里，之间有一个窗户。通过窗户，他们彼此可以从对方那里获得用以获取食物的特别工具（吸取果汁的一块海绵、挑取水果片的一根小杆）。房间里的食物彼此都看不见，只有操控器上的符号可用以指示彼此所需要的工具。只有得到合适的工具，才能获得食物。得到了合适工具的一方，得到食物后，会自然地将食物通过窗户送过去，与朋友分享。而值得注意的是，为萨维奇-鲁姆博夫的著作写序的不是别人，正是赫伯特·特雷斯。

但是，萨维奇-鲁姆博夫及其同事用倭黑猩猩坎兹和潘班尼莎所做的工作最引人注目。他们试图教会一只成年雌性倭黑猩猩使用"耶克斯式的"计算机操控符号，但没有成功。在将她送回其所在的繁育群时，驯养员把注意力转向了她收养的幼猩——坎兹。进一步的实验结果是：坎兹在他母亲的肩膀上注意观察，他的母亲不理解，他却理解了。从来没人教他——他从来没有把手放在符号字上。

试想，小孩是怎样学习语言的。他们不是先说话再理解，而是先理解后说话。猿类的语言研究似乎自始至终都遗漏了这个简单的事实。

有关这只倭黑猩猩的研究进展已在好几篇论文及一本科普书中分别进行了报道和介绍，但更重要的是 1993 年出版的一本专著。与多数其他语言研究不同，该研究是将黑猩猩的语言学习过程与小孩的语言学习过程进行比较。坎兹会述说自己的意图，然后按他说的去做。他（像其他几只经过语言训练的黑猩猩一样，但更可靠）具有交互模式转换的能力，也就是说能听从口令和服从操控器上的指令。最近研究表明，在不同的语义背景中，他会变换发声——特别地，虽然"yes"不是要果汁的意思，但在有香蕉、葡萄的情况下，他发出的声音也特异。显然，在后特雷斯时代，有关猿类的语言还有许多需要了解。

作为对这个新型猿类语言研究模式的一个总结，我能够做的莫过于引用贝茨 1993 年关于"猿类/儿童比较"专著中的评论：

- 多年来，萨维奇-鲁姆博夫及其同事遭遇反对和怀疑，因为他们的读者（是人）很不情愿放弃这个观念：我们是"特殊的"、独特的、有着本质差别的，毫无疑问较卑贱的黑猩猩好。当然，从一个方面来看，他们的反对者是对的：人类的语言能力肯定较黑猩猩好。可是，"较好"是一个相对的术语。柏林墙倒了，分隔人和黑猩猩的那堵墙也倒了。我们将不得不承认相对差异，容忍渗透性的边界。这会很难，但我相信世界会因此变得更好。

伊丽莎白·贝茨（1947～2003），是加利福尼亚大学圣迭戈分校的一位认知科学领域的教授，是蜚声国际的儿童发育与语言习得专家。他的结论源于他自己的研究和苏·萨维奇-鲁姆博夫研究组的成果，是很有说服力的，因而她的评价也具有伦理道德方面的意义。

可是仍然还有两个问题需要思考。第一，因为已有证据表明黑猩猩，包括（特别是？）倭黑猩猩，有这些准语言技能，那么他们在野外生活时运用这些技能吗，或者说这些技能就是其一般认知能力发展的表现吗？第二，黑猩猩仅仅是在这些技能方面不如人类，还是不尽如此——差别何在？

7.2 猿的心智

黑猩猩的认知能力发展情况如何？其他非人猿类也有认知能力吗？猿类的认知能力与其他灵长类动物的认知能力不同吗？

1970 年，盖洛普通过观察和实验发现，与他所研究的猴不一样，黑猩猩能识别镜子中的自我影像。只是在 12 年以后，他才讨论了其中所隐含的意义，推断：在非人类的动物中，可以说只有黑猩猩和红毛猩猩（他同时发现红毛猩猩也具有镜像自我识别能力）具有心智，主张他们有自我意识的能力。“自我意识”暗示着“他人意识”，进而意味着“一个个体能够置身于他人的意识中思考自我”，预测对方可能的行动，于是谋划复杂的策略，以智取胜，迎合其需要，逐渐地掌控他们。

只有黑猩猩和红毛猩猩具有自我意识（如果镜像自我识别的确意味着自我意识），这个神话持续了很长时间。事实并非如此简单。斯瓦兹及其同事新近查阅了相关的文献并将结果制成表格。迄今，在镜子前具有自我指向行为的普通黑猩猩的数目是足够的：163 个。其他猿的数目不足：倭黑猩猩 16 个，红毛猩猩 6 个，大猩猩 21 个。其中，45% 的黑猩猩、50% 的倭黑猩猩、85% 的红毛猩猩和 29% 的大猩猩被观察到具有自我指向行为。在其中的一些试验中，使用了盖洛普标记测试方式（通常是在轻度麻醉的情况下，偷偷地在他们的脸上贴上一些非对称性的标记），通过试验测试的个体的比例，也就是说对这些脸上标记表现出特别兴趣，或多或少地类似于表现一般自我指向行为的受试个体的比例。由此看来，若说所有的大猩猩都没有通过镜像测试，是不对的；相反，若说所有的黑猩猩和红毛猩猩都通过了测试，也是错误的。

接下来，应该将那些能够识别自我的与那些不能识别自我的进行比较。几乎所有的人类个体在年龄非常小的时候都通过了镜像测试，极少数没有通过测试的要么被认为是心理不正常（如孤独症患者），要么被认为是精神错乱。当我们返回到非人类个体的测试时，有正当理由问：何谓正常？当然，从某方面来说，并非 55% 的黑猩猩心理都不正常。如果镜像自我识别能力是由遗传决定的，那么所有非人猿的镜像自我识别能力是多态性的，而首先要做的就是寻找两种状态各自的优点，也许要继续查找谱系，查验哪些个体是杂合性的，继而按类别在其心理和行为方面进行检验。如果镜像的自我识别能力具有遗传基础，那么基因表达的环境阈值是什么？这涉及各种形式的社会经验、与人类接触的情况、是完全野生的还是驯养出来的等诸多方面。

事情还更为复杂。玛丽亚·优杰丽依及其同事检测了 4 只圈养的长臂猿，并概括了他人同样的测试工作。对于受检动物，难以判明其在饲养与经验方面的个体差异，可他们的解剖学差异显而易见——黑冠长臂猿属（白颊长臂猿和红颊长臂猿）和合趾猴（猿）有自我识别表现，但白掌长臂猿这一组却缺乏自我识别能力。

由此引出第一个问题，这些发现是否对每个分类单元都具有典型意义？特别是，我们是否希望白掌长臂猿这一组中所有的成员都不通过镜像测试？如果我们的确有所希望，那么究竟哪一个是原始的状态——通过了镜像测试，还是没有？如果没有通过镜像测试是最初的状态，我们不得不面对三个（黑冠长臂猿属、合趾猴、巨猿）独立发展起来的镜像自我识别能力——所有人科动物的祖先都有镜像自我识别能力，白掌长臂猿这一组丢失了这种能力，其他动物则要么自我识别能力很差，要么自我识别能力丢失得更彻底或更早。我们假定镜像识别能力（如果我们将其等同于自我意识）是有益的，那么白掌长臂猿这一组动物为什么已经丢失这种能力？

镜像测试提出的问题比回答的问题更多。那么说完做完之后，镜像自我识别能力是否必然地等同于自我意识？可能有这种必然性且已有人提出：镜像识别能力是自我意识的必要前提，但并非自我意识本身；相反，镜像识别能力的缺乏并不一定意味着该动物没有自我意识。我们的耳边总是在回荡灵长类心理学家本·贝克 20 多年以前倚着我们的肩膀，低声地提醒："其他灵长类动物也聪明。事实上，所有的动物可能都比我们所认识到的更聪明。"

可是，的确难以否认，巨猿作为一个类群具有认知能力，而其他受试的猴子

(主要是猕猴)却没有。迄今，还没有猴子被成功地教以手语。黑猩猩仅通过观察就可以学会扮演彼此的角色，而恒河猴不能。对此，安妮·鲁森和其他学者给出的可能解释是，猿通过真正的模仿进行学习，这就需要具备“设身处地”的能力。安妮·鲁森记录了红毛猩猩如何处理日常复杂的事务，如从嵌入式包装中取出食品的一系列动作。迪克·伯恩也描述了山地大猩猩的复杂行为，记录了他们折叠荨麻以避免刺痛的一系列动作。像所有其他银背大猩猩年轻个体一样，萨姆森想出了他的最佳策略；像所有其他成年雌性个体一样，梅西做出了选择，是否和他一起走。

7.3 猿的权利

基于以上情况，有人提议：应效仿人权，赋予类人猿（或者最好说是非人巨猿）权利。类人猿项目，是在保拉·卡瓦列里和彼得·辛格编写的一本书中首次提出的，该书的著者有生物学家、律师、伦理学家及其他方面的专家、学者。这个建议就是，联合国《世界人权宣言》中生命权、自由权和免遭折磨的权利适用于所有类人猿，不仅仅是人类。

人们对此反应不一。许多生物学家竟然出乎意料地支持。遗传学家戴维·潘妮后来领衔提出一个议案，要求新西兰在法律上规定类人猿的权利，其内容与上述类人猿项目相当接近。2001 年，贝克也随访编辑出版了各方对类人猿赋权的各种意见。每个人可能都同意，类人猿不应该再被关在医学研究实验室。的确，生物医学界本身也有一个广泛的内部衡量协定，至少在美国的生物医学界是这样做的：应该让生活在实验室的那些类人猿体面退休，让他们颐养晚年。类人猿的自由权更有问题：他们的自然栖息地正在消失，在非洲，他们被猎作“丛林肉”，在亚洲捕捉其幼崽养作宠物。如果圈养是不可避免的，那么圈养过程中怎样才能尽可能地赋予他们自由？可以给予他们什么样的动物园环境，应该以什么样的方式对待他们，如为他们选配伴侣（如须避免繁育出杂交的红毛猩猩）之类的问题？此外，如果可能，是否只允许在其栖息地所在国建立避难所？

就我所知，还没有人调查过任何一个国家的民意以了解普通民众对待这件事的态度，只有阿鲁克在一次类人猿伦理学会议上对 22 位参会者做过调查。问卷调查采取匿名的方式，但那些作答者需要表明自己是保育人员（来自动物园和保育组织）、保护主义者（来自动物保卫组织），还是专业方面的学者。

阿鲁克报道，对于黑猩猩的医药用途，保育人员表示支持，但很少得到其他组人员的赞同，而对于这个结果我不敢确信，因为提的是一个个性化的问题——你愿意牺牲一只黑猩猩取出其心脏，给你的配偶做心脏移植吗？（事实上，相当多的人原则上支持让猿免于损伤性实验，就像人们普遍支持类人猿项目中的其他两条原则一样。）报道还称，在接受调查的人当中，没有人同意将类人猿用于拉斯维加斯的舞台表演；每人都同意人类必须肩负起保护好野生类人猿的责任；大多数人都尽量避免与黑猩猩之间的接触，以降低感染艾滋病的风险；大多数人都把类人猿和小孩置于道义上同等的地位。然而，这些接受调查的人员对于诸如以下方面的问题却意见迥异：是否重新把黑猩猩归入人属？是否允许人类利用类人猿自然保护区？是否在反对买卖冈贝国家公园周围土地的同时，考虑拨发经费，以改善从实验室退休下来的黑猩猩的生活处境？

7.4 猿的分类

重新把黑猩猩归入人属？为什么？——无论如何，首先得弄清，属是什么？

林奈仅把灵长目分为 4 个属：人类单列为一属，其他三个属：猿类和猴类为一属，狐猴与懒猴（加上鼯猴）为一属，蝙蝠为一属。其后的继承者急忙将其中的猿猴属（及其后来的狐猴属）分裂为几个属，而今我们倾向于把灵长目划分为大约 70 个属（或至少我是这么认为的）。当前（或多或少自 20 世纪 60 年代以来），我们赞同这么一个观点，每一个属中的物种必须是源于一个共同的祖先。但是，我们在哪里划定一条界线，用以判定这一群物种属于这一个属，那一群物种属于那一个属，而不是把这一批物种统归为单一的属？在 1998 年以前，我们似乎是通过学术商讨达成一致或根据某位权威人士的加权来进行分类操作的。之后，莫里斯·古德曼和他的团队，以及一些其他支持者提出了一个激进的建议：一个属就是一群物种，它们的共同祖先生活在 700 万 ~1100 万年以前。

人和黑猩猩之间的遗传差异非常小。迄今最完整的调查，是基于 53 个不同 DNA 片段的分析，计算出人和黑猩猩之间的遗传差异只有 1.24%，人、黑猩猩与大猩猩之间的遗传差异分别是 1.62%、1.63%，人、黑猩猩、大猩猩与红毛猩猩之间的遗传差异为 3.08% ~3.12%。该文作者确认，DNA 分子或多或少以一个恒定的速率进化，并用分子钟进行分析计算：如果像通常所认为的那样，红毛猩猩的祖先在 1200 万 ~1600 万年前与人-黑猩猩-大猩猩的共同祖先分歧，那么大猩猩线系是在 620 万 ~840 万年以前分出来的，而人和黑猩猩线系则是在 460 万 ~620 万年前分出的。（这似乎与化石记录相一致——最早的“只是刚刚才”

划入人类线系的成员——图根原人，大约是在600万年前出现的。)

这恰好低于莫里斯·古德曼团队提议的700万年下限。最近，德里克·威德曼等基于他们计算出的1.6%的差异，使用不同的进化速率，也得出分歧时间是480万~700万年。早在2001年，我有点小心翼翼地提出，如果采用较低的分歧时间400万~700万年，那么人与黑猩猩的分离就正好处于属内分化的时间上限。其他的工作者也支持把人类与黑猩猩一起放在同一个属。

有趣的是，德里克·威德曼研究组首次使用非编码的DNA（所谓的“垃圾”DNA，虽然没有人确定那是否真是垃圾）和编码DNA比较人与黑猩猩之间的差异。总体上，我们人类看起来与黑猩猩差别很大。然而，我们和黑猩猩的编码DNA（实际有用的DNA）之间的差别与非编码DNA之间的差别相比小一些，实际上只有0.6%。这意味着：我们用相当小的基因差异产生了相当大的效果。

现在，我赞同把黑猩猩归为人属（*Homo*）。在这个扩充的属中，有3个现生种：黑猩猩（*Homo troglodytes*）、倭黑猩猩（*Homo paniscus*）和智人（或现代人，*Homo sapiens*）。当然，所有那些“化石人”属也都要归入人属，而不要再对南猿属（*Australopithecus*）、傍人属（*Paranthropus*）和其他人属化石争论不休了。

名字有什么意义？即使把玫瑰叫做另外的名字，它仍然芳香。可是你对事物的称呼的确极好地集中体现了你的心智。过去，当我们谈到人时（如讲到人本身，人的进化，人是用乳汁喂养幼崽的动物，或者“宇宙中人是孤独的吗?”），使用的都是“Man”（男人）这个词，会讲到人进化的优选模式是Man变成猎人。曾有不同意见的声音（如伊莱恩·摩根和南希·谭纳）提醒我们：世上也还有女人（Women）。然而，只有当我们开始指向人类或者人种时，我们才真正地开始思考我们这个物种是由两性组成的，才开始探索诸如自然发生的劳动分工的进化模式。所以，对待黑猩猩也应谨慎。难道我们真要把人属中的成员放进实验室，用鲁奇法注射后看其如何反应吗?

那么，用其他灵长类动物又怎么样？别忘了，虽然他们不是黑猩猩，但他们大多数还有精神禀赋，这种精神禀赋甚至在哺乳动物中都得到了不同寻常的发展。非人灵长类动物之所以被用作疾病或手术模型，是因为他们与我们相似。对于他们的研究非常有助于人类的健康，这不足为怪。但是，我们还得记住：相似性是普遍存在的，不仅表现在肉体上，而且体现在心智和情感方面。一个物种与我们越相似，服务于我们的模型效果也越好，但如果根本不考虑这种相似性的普遍性，酝酿的痛苦可能就越多。

关于是否可以用灵长类动物做生物医学研究，有两个极端：一些人极力赞同，另一些人极力反对。黛博拉·布卢姆的著作《猴子的战争》正好反映了这两种截然不同的意见，也表明缺乏交流是多么令人沮丧。然而，即使是那个年代仍不乏深思熟虑的对话。就我个人的感受，自那以后交流对话的机会的确增多了。“用户”圈内普遍支持，要为那些不能领取退休金的黑猩猩建立退休颐养设施，并逐渐减少直至最后完全不用黑猩猩做试验，这就是对话取得成效的例证。

的确，他们不完全是人，但还是我们最亲近的表亲。我们要尊重和善待他们！

结语　保育危机

在非人灵长类动物的保育过程中，人类文化与情感因素对其有何影响？为什么灵长类动物在每份世界极危物种名录中都引人注目，甚至被列于首位？

灵长类的保育接二连三地面临危机：狩猎、生药贸易、林木砍伐、栖息地变迁、内战，而今是丛林肉。每次应对措施（实施新法令或生态旅游）都有一些效果，但由于人口持续膨胀而使危机又一次上演。

为什么这么多的灵长类动物濒临灭绝？

有很多原因：栖息地破坏；猎杀或捕捉，用作食物、药物、研究或宠物；疾病；人口膨胀。其中，任何一个因素本身都构成了相当大的威胁，而多因素的联合作用无疑是致命的。

大多数灵长类动物生活在热带雨林。人们砍伐森林的原因很多。其中之一当然是为了农业或种植业。过去，刀耕火种或刀耕区的建设需要砍伐大片林木，烧毁灌木和大多数小树，大树用作建筑，很大的树则留着不砍。然后，种植各式各样的作物。灰烬和未烧完树的腐烂物可提高土壤的肥力。许多不同的作物掺杂种植可以有效地防止作物病害的扩散。一些作物（如番薯）阔叶蔓生，可遮盖土壤，使泥土免于干裂和倾盆大雨的冲蚀。几年之后，土壤肥力下降，产量降低，地块被荒弃。人们搬至他处重复这一过程。森林又逐渐地生长起来。

只要人口少，这是一种理想的热带雨林农耕模式。雨林在倒木、洪水和象群的共同作用下保持一种动态平衡，刀耕地被放弃后长起来的次生林简直增添了景观上的多样性。但人口增多，农耕周期缩短，农夫返回前林木还来不及再生。

如今通行的是永久性的农耕模式，甚至在热带地区也是这样，农耕地不断挤压雨林边界。一些地是为了生计，但许多是商业性的。甚至在 1975 年，米纳哈沙从空中看起来就像一个巨大的椰子园。

在雨林地区砍伐树木是常有的事。雨林及其周边的居民需要木材建造住房、酒馆、粮仓、篱笆、马车、木船、斧柄、镐柄、铲柄、矛杆、箭杆和其他种种人造物。当然还需要薪柴。人口越多，木材需求量越大。可伐木业近来商机巨大，木材主要从热带国家输出到温带地区比较富裕的国家。最好的木材用于制作高档家具，但用量少。多数产于雨林的木材是以厚木板的形式用作混凝土灌注时的建筑地基；其次就是劈开，制成一次性筷子。

伐木许可法，过去常使整个东南亚国家的环境保护主义者感到绝望。因为它经常衍生官员腐败，而且忽视了本土居民的生计，也不解决区域现实问题。今天，非法伐木更令人担忧。具有讽刺意味的是，由于非法伐木导致了数十亿元收入的流失，印度尼西亚政府坚定地站在了保护主义者的一边。不幸的是，由旧独裁和新民主组成的印度尼西亚过渡政权决定给予这些区域以宽松的自治权，使得已经负责查处或惩治中级官员和不愿意放弃权力的军人的腐败问题的政府有关部门的职能大打折扣。非法伐木有利可图，甚至可发横财，而恪守尽职的警察和护林员则会受到威胁，有时还会被谋杀。

据国际热带木材组织的资料，印度尼西亚 1999 年出口 7680 立方米圆木到马来西亚。同年，马来西亚从印度尼西亚进口了 578 390 立方米圆木。难道这里搞错了？

目前，还出现了一种更具灾难性的威胁：油棕园。工业化的社会依赖于能源，化石燃料的日益紧缺使得人们都往一处想：有什么能源比年年再生的能源更好？还别忘了，生物燃料释放的温室气体很少！

于是，人们更关心的是将农耕地用于种植生物燃料作物，而不是粮食作物，但是在整个热带亚洲大规模地侵占雨林已经使世界各地（包括热带亚洲本身）的环境保护主义者心烦意乱。然而，具有讽刺意味的是，没有任何做法能像毁林开荒那样向大气中倾排大量的温室气体。棕油可持续圆桌会议为参会者谴责、抨击野生棕油的掠夺行为提供了好的机会。然而，对于渴望为火车、汽车提供能源的政府和油料公司或者从家庭到单位都需要燃料的上班族来说，他们怎么能够区分哪些是可持续棕油、哪些是非法掠夺的棕油？更不用说肥皂、人造黄油、食用油和无数其他更传统的生活用品的制造者和使用者。

西非的海岸林很久以前就被大规模地砍伐，被用于农业发展和牧业经营。在西非发生的事现在已开始在中非（如喀麦隆）重演，所不同的是沿着伐木之路的推进，农业快速跟进、迅速传播。

随着伐林之斧砍向森林的深处，也为狩猎打开了方便之门。丛林肉已成为西非和中非人的部分肉食来源。最常见的野味是热带草原中个体较大被誉为“割草机”的啮齿动物——蔗鼠，或小型林栖羚羊——蓝麂羚，但时常也有猴子和猩猩之类的肉食。之前猎杀普通的野味动物仍是为了日常食用，但于今野味也可出售赚钱。猴尸成批地堆放于市场的货摊，猩猩的尸块在市场上也并不鲜见。丛林肉甚至被（非法地）出口到布鲁塞尔和伦敦的特色餐馆。2003年，彼得森和安曼对于这一问题给出了无可争辩的事实。

在亚洲，猎杀灵长类动物是为食其肉，但更真实的威胁是传统医药。例如，“黑猿酒”是一种传统中药，被认为可治愈风湿病。瘦懒猴用作阿育吠陀药：其眼睛有爱的魔力，其腿可治疗麻风病。有一种观念：药长期留传，必定有效。可是，科学的本质是对假说进行检验，而就我所知，大多数传统中药和动物源性阿育吠陀药甚至还没有在老鼠身上做过试验，更不用说临床试验了（鹿茸和熊胆似乎例外）。简而言之，没有证据显示源于猴子、长臂猿或懒猴器官的药物既有效又安全。众所周知，黑叶猴、冠长臂猿和瘦懒猴濒于灭绝并不合乎逻辑。

我记不清曾经有多少次甚至是好心的人对我说的：“可是哪个更重要，人还是猴子？”对于好心人来说，这是一个错误的问题。我多次改述，正确的问题应该是：“哪个更为重要，个人贪婪还是公共事业？”

为生药研究而引发的猴贸易在20世纪60年代达到骇人听闻的地步，最后印度于1977年禁止出口猴，部分原因是出于物种保护，部分原因是人道和博爱主义的推行（因为猴被用于所谓的中子弹试验，而没有用作事先规定的药物研究）。其他一些国家也纷纷效仿。贸易仍在继续，但减少了很多，现在猴贸易供应国是菲律宾等国。1995年，美国进口了9158只猴；到2002年，增加到14710只。欧盟也进口少量猴：2001年，总计1866只。进口到美国和欧盟的80%的猴都是食蟹猴（*Macaca fascicularis*），其余的大多数是猕猴（*Macaca mulatta*）。这两种猴都不是濒危物种，但其贸易的规模不容忽视。

就西方而言，捕捉灵长类动物作为宠物买卖是低水平的贸易，贸易量小。主要的担心是，大多数买了“可爱的小猴”的人不知道怎样对待他们，过度溺爱导致他们患上糖尿病，或见他们难以控制而将其紧关笼中，要么就揍打。在东南亚，更严重的是保护问题。在印度尼西亚首都雅加达有几个规模大得吓人的动物市场，偶尔有些灵长类动物贸易，这里的人都麻木不仁。一只苏门答腊叶猴被紧紧地压进一个笼子里，就像手指戴上手套一样。装有懒猴的笼子高高地堆挤在一处，笼中懒猴难受得龇牙咧嘴。你可能明白，他们活不了多久，而后买主会拿回来，要求替换。警察的确不时地突击搜查，但卖主躲在远处，嗤之以鼻。

无疑，红毛猩猩和长臂猿幼小的时候非常逗人喜爱，但长大以后可爱度就下降了。要得幼崽，必杀其母。当其母被猎杀后，幼崽从树上掉下来如果没有死，也会受创伤，基本活不久。要获得一只红毛猩猩幼崽作为宠物贸易估计须在野外猎杀4～10只（特别的）母猩。即使实际数字要低一些，对于繁殖缓慢的物种来说也是无法忍受的损失。

相当意外的是，还有疾病因素。在中西非，由埃博拉病毒引起的流行病导致黑猩猩和大猩猩死亡率惊人的报道已使整个世界感到惊诧。例如，2003年4月报道，在刚果罗西，2002年以来，可能有2/3的大猩猩死于埃博拉病毒感染。其可能的传染方式仅在最近才得到阐明：人吃了染有埃博拉病毒的黑猩猩、猴子或其他丛林动物肉而被感染，由此导致黑猩猩之间的病毒传播，而西部的大猩猩似乎可能是由于吃了被已感染了病毒的大猩猩品尝过的水果而引发大规模感染和死亡。

说了这么多，是否还有希望？

"人就是人，到处都一样。"这是谁说的？我说的，我认为千真万确。2003年，在雅加达时，我碰见了印度尼西亚动物保护慈善组织的成员，他们像西方或日本的野生动物保护组织一样，专注于野生动物保护事业；专家学者、保育员、野生动物工作者以至环保部长本人都在努力，试图扭转局势。在马来西亚、越南和中国也有热心于野生动物保护的人员和组织。在泰国和斯里兰卡，不可否认，佛教徒的"不杀生"观念对野生动物的保护有所助益。印度尽管困难重重，但在野生动物保护方面确实进展很快，引人注目。

黛安·佛西曾认为，卢旺达的山地大猩猩的保存没有希望了，至少对偷猎缺乏严厉的制裁。然而她死后不到10年，卢旺达发生了可怕的内战，而整个战争期间山地大猩猩的数量实际上已经增加了（被杀死的少之又少）。这是怎么一回事？因为，在此期间，卢旺达非常成功地实施了一个生态旅游项目，该项目可为卢旺达带来一大笔外汇收入，就其实质而言，战争双方都想继承一个完整的经济体。但是，还不仅如此，因为在附近地区大众教育运动的展开（包括免费放映《迷雾中的大猩猩》），使得人们似乎不再倾向于把火山国家公园看成荒芜之地，甚至对大猩猩也获得了好感，以致公园护卫在社区中的地位也显著提高。对于护卫人员来说，多年巡逻，保卫大猩猩和其他动物，已使他们凝聚成了一群乐于奉献的坚强卫士。

我相信，这是一个非常重要的方面。这种形势的确来之不易，全世界范围内，都有野生动物守护者为了捍卫自己的神圣使命，与全副武装的偷猎者做斗争，乃至献出了生命。

意义不仅如此。《大猩猩杂志》全面报道了刚果人民共和国东部地区的人们动物保护意识的觉醒，他们已经越来越厌恶无法无天的行为，控诉政府有关部门的不作为，痛恨自己的自然遗产被抢劫者和叛乱分子剥夺。他们积极主动，设立了具有自身特色的教育或公众意识项目。皮埃尔·卡库乐（随后，他担任了一届国际灵长类学会保护委员会副主席）组建了一个刚果东部地区大猩猩保护与社区发展协会联盟，筹建了忒那大猩猩保护区，还为该联盟组建了一个妇女特别行动组。瓦利卡尔地区的地方酋长创建了恩加山保护区。萨拉姆布韦林区将刚果人民共和国与乌干达的布温迪国家公园连成一片，被鲁丘鲁狩猎区分隔，为保护大猩猩而组建成了一个特别的保护区。在扎伊尔东部的布卡武，是小学生积极主动，开始传播保护理念，实施保护行动。至多，他们需要得到外界的一些资助，甚至也不会太多。

无论如何，这不是刚果的独特之处。如果人们意识到了家门口的东西，许多人都会做出反应，有时还会感到惊异，因为他们以前不知道这些东西多么特别。“你们那个地方有多少头象？”肯尼亚阿拉布口–索科克林区的一个护林员问我。“一头也没有？那有多少野牛？狮子……？水羚……？”。每次回答都是：“没有”。他沉思着，最后轻声说道：“肯尼亚是野生动物的天赋之国。”

即便所有其他方面都有利，如人们珍爱其所拥有的野生动物资源，遵守与野生动物保护有关的法律法规，伐木业得到有效控制，公益事业压倒私人贪婪等，保护主义者还是不能松懈。因为身边就是根本的威胁：人口膨胀。

人口在持续地膨胀。在西欧，医疗技术的改善首先降低了死亡率，而生育率要隔一段时间才开始下降。死亡率下降和随后的出生率下降之间的这一时段，被称为“人口结构的转型期”。在欧洲，人口结构的转型历经了一个多世纪（生育率下降还没有探底），同时人口却增长了几乎 10 倍。澳大利亚也一样，无知者甚至试图鼓吹“老龄社会的恐惧”。不幸的是，美国的人口结构转型花的时间更长。

当我们谈到死亡率下降时，是指现在比以前有更多的八旬老人，也意味着现在一个 20 来岁的人比过去有更好的机会活到 30 来岁，但这很有限，影响相当小。我们主要的意思还是，婴儿死亡率在降低：生命期望的普遍向好是人口膨胀的关键所在。

到访第三世界国家的西方人经常感到困惑，在这些国家很难见到老人，更不用说大批老人了。他们听说，“生命期望值只有 40 岁”，会感到莫名其妙，以为每一个人活到 40 岁就趴下死了。这里，要有点数学知识才好理解，对逝去的灵魂也好告慰：如果平均生命期望是 40 岁，出生时有一半的婴儿在几个星期后就死了，活下来的剩余生命期望是什么？非常浅显，但你可从中悟出点道理。重要的是，生命期望是变化的。在变化过程中，如果人们确实偶然发现他们的孩子在婴儿期不再那么容易死亡，他们就不需要生育那么多的孩子了。

大多数有灵长类动物分布的国家，都处于人口结构转型的初期阶段。从资源保护的角度来考虑，必须要做的就是加速人口的转型进程。泰国已出现了这种情况，一个年富力强的医生——米猜·威拉瓦亚博士，倡导大家齐心协力，推行计划生育，1974 年人口增长率是 3.2%，2003 年降至 0.8%，并仍在下降。（他现在的注意力已转向艾滋病控制，在降低艾滋病的感染率方面也取得了明显的成效）。他在泰国深受爱戴，被誉为“避孕套先生”。

所以，可以有所作为，至少大多数的亚洲和拉美国家已经在生育控制方面开始了行动。非洲要更困难一些，因为许多非洲文化崇尚多子多福。肯尼亚施行计划生育几十年，人口增长率已下降，但非常地慢：20 世纪 80 年代早期是 4.1%，20 世纪 90 年代中期是 2.7%，2004 年是 1.6%。人口还会持续增长，直至生育率降至零。人口基数越大，每年增加的人数就越多。当然，随着生育率的下降，孩子和母亲的健康也将得以改善，由于新校建设可以赶上学龄儿童数量的增长，教育事业也将得到相应地发展。由此，野生动物栖息地中的居民点变少，耕地扩展的速度减慢。

那么，到最后，灵长类动物学家便可以展现笑容了。

注解与参阅

第1章　黑暗之心

1.《黑暗之心》：该小说的主题是一个古老的话题——一个人为贪婪所困，最终被贪婪所毁。浮士德的故事提醒我们，贪婪不一定是为了物质生活，也可能是为了诸如知识和权力等精神方面的东西。这个故事最早的剧本是克里斯托弗·马洛的戏剧《浮士德博士》。我不知道康拉德在选择"马洛"这个名字作为其剧本中的英雄时是否意识到了这一点？

2. 西方科学的传播：参阅 Basalla（1967）。Basalla 有趣地注意到，西方科学兴起于西欧，但成功地被美国人劫持，美国人由此克服了文化自卑感（曾在一战和二战期间的一段时间内，他们有一种文化自卑感）。可是，在他的范例分析中，大多数时间却是在谈论日本。关于这一点，在后面的章节中我还会谈到。

3. A 级：英国的学校证书考试系统分为两级：O 级（O 是 ordinary 的首写字母）是普通级，A 级（A 是 advanced 的首写字母）是高级。15 岁和 18 岁的学生若获得了 O 级证书，就被认为是值得进入 A 级阶段学习。无论什么科目，只有通过所获得的级别，才能被大学考虑录取。澳大利亚有类似的高中毕业证书。

美国的大学生还要不断地"上学"（going to school）。而英国人或澳大利亚人却不是这样：拿到 A 级或高中毕业证书以后，就可以对所有的学校（school）说"再见"了。在英国和澳大利亚，大学（university）绝非"学校"（school）。

4. 海克尔的大猩猩：参阅 Haeckel（1903）。恩斯特·海克尔是德国最热情的达尔文学说宣教者。他的著作廉价地畅销于讲德语的国家，并被翻译成许多其他语种，对于普及推广进化思想贡献很大。他的一句名言是："个体发育重演系统发育。"（指一个生物体在发育过程中要通历其家族的发育过程。）这句话很有影响，但目前也受到了一些批驳。同样，他的名声也受到了某些伤害；他甚至被指责学术造假。关于这一指责，可参阅 Richardson 和 Kueck（2002）。

第2章 猴　　神

1. 马可·马赛提关于克诺索斯墓宫中猴的壁画请参阅 Masetti（2003）。

2. 锡拉岛火山爆发的日期：请参阅 Hammer 等（1987）和 Manning（1999）。前者认为是公元前 1645 年，而后者认为是公元前 1628 年。

3. 把喀麦隆山当作“神的战车”，把汉斯的“gorillas”当作真正的大猩猩：请参阅 Lendering（2003）。

4. 把贝尔纳迪碗上描绘的人当作尼安德特人：请参阅 Heuvelmans（1981）。

5. 纳文堡：关于这里出土的一个巴巴利猕猴头骨的鉴定，请参阅 Napier 和 Jenkins（1997）：我看过该头骨，我认为没错。关于其年代，请参阅 Lynn（1997）。关于其迦太基起源的可能性及其意义请参阅 Raftery（1997）。

6. 塞加拉狒狒：即棕狒狒或东非狒狒（*Papio anubis*），不仅比生长于北非及阿拉伯地区的狒狒（或者其他唯一可比的黄狒狒 *P. cynocephalus*）个头大，而且其眶后缩窄更窄，上颌窝不太明显，脸上部稍狭，眼眶相对较小，牙齿相对于头骨的长度显得小。

7. 塞加拉长尾黑颚猴：即绿猴（*Chlorocebus sabaeus*）和坦塔罗斯猴（*C. tantalus*），两者都比其他种类较大，额部上延更峭——这是这两种塞加拉长尾黑颚猴共同的鉴别特征。收藏得比较好的 UC30807 号标本是一只成年雄性，其面部高度为 40 毫米，与绿猴（40.4±1.29 毫米）、唯一一具可靠的坦塔罗斯猴头骨（41 毫米）比较吻合，而黑长尾猴（*C. aethiops*）的面高为 38.2±1.98 毫米），另一种长尾猴（*C. pygerythrus*）为 38.7±2.24 毫米。由于缺乏坦塔罗斯猴的样本对照，我没有把握将其与绿猴区分开来，但也有一个可能的区分指标：UC30807 号标本的眶间宽为 61 毫米，而绿猴为 57.7±20.7 毫米。但坦塔罗斯猴这具唯一的标本却只有 55 毫米。所以，我选定其为绿猴，还有些不安。

8. 布兰登·琼斯关于塞加拉猴的研究：远征探险及其基本原理兼谈某些初步的发现，已由 Goudsmit（2000）进行了论述。

9. 引述于麦加斯梯尼的《印度》：参阅斯特拉博（Strabo）写的《地理学》（Book XV，Chapter 1，section 37，line 703）。

10. 把斯芬克斯当作狮尾狒：参阅 Jolly 和 Ucko（1969）。

11. 出土于罗马时期遗址中的巴巴利猕猴宠物遗骸：庞培遗址参阅 Bailey 等（1999）；邓斯泰布尔和卡特瑞克堡遗址参阅 Raftery（1997）。

12. 老普林尼（Pliny）：我利用了 Rackham（1956）的资料，但我对其进行了重新翻译。

13. 伊良（Aelian）：我采用了 Scholfield（1959）的翻译。

第3章 灵长类动物的复兴时代

1.《巴勒纳之威廉》：罗马皇帝的女儿梅丽尔与威廉私奔，他们在山洞中躲避追捕者。她梦见一些可怕的野兽来到洞里捣乱，除猿外，其他动物还有熊、野猪、公牛和獾。

2. 基督教、犹太教和伊斯兰教世界在哲学上相互依赖：参阅 Armstrong（1994）写的《一神论宗教的非凡历史》。

3. 中世纪伊斯兰国家对待动物的态度：参阅 Kruk（1995）。

4. 塞维利亚人圣·伊西多尔撰写的《关于动物的词汇》：我已经重新翻译了这些短文。

5. 为什么魔鬼丢失了尾巴：参阅 Janson（1952）第 19 页。

6. 改变欧洲人对待猿的态度：参阅 Janson（1952）第 29 页。

7. 出生于宾根的希尔德加德知道雌猿具有月经周期：参阅 Janson（1952）第 78、79 页。希尔德加德遭受偏头痛的折磨，并将之与其所见事物相联系：参阅 Beyerstein（1988）。

8.《圣托马斯·莫尔之生活》：威廉·罗珀 16 世纪写的传记，其主人翁托马斯先生是他敬佩的岳父。该传记写于 16 世纪 50 年代，但直到 1626 年才出版。

9. 葡萄牙人首次航海通过博哈多尔角，到达冈比亚、尼日尔三角洲和加蓬海岸的日期：参阅 Chaunu（1979）。

10. 14 世纪伊斯兰教与基督教之间的友好关系：参阅 Phillips（1988）。

11. 沃尔特·达·几内亚：参阅 Phillips（1988）。

12. 塞缪尔·珀切斯汇编的历史：参阅 Ravenstein（1901）。Ravenstein 也重建了巴特尔在其受到监禁期间旅行的范围。引述的有关内容，我采用了 Ravenstein 的现代拼法。

13. 关于黑猩猩在加蓬海岸一带的名字：大多摘自 Malbrant 和 Maclatchy（1949）、Jahnston（1905）。至于大猩猩，被称为“*mpungu*”，请参阅 Dennett（1898）。Dennett 说，这个名字是生活在卢安果地区、他称为“Fjort”（正确的应该是 Fiot，其复数形式为 Bafiot）的人们之间的叫法——这也是称呼“上帝”

的词！

14. 关于德波特所述 *Ourang Outang* 的身份，与格斯纳所描述的“*Baaben*”的差距，以及出版情况：参阅 Rijksen 和 Meijaard（1999）第422页。在东南亚本土语言中，对于红毛猩猩（orangutans）的称谓列表，在该书附录1中可以查到。

15. 多毛的印度尼西亚人：参阅 Lumholtz（1920）第98页。

16. 丹尼尔·比克曼船长：这段文字引自 Dobson（1952），因为我没有查到原文。Dobson 也是引述了几种其他文献，相当清晰地描述了红毛猩猩，但是否引自同一个时期的作品并没有说清楚。

17. 杜普所描绘的猿是一只倭黑猩猩：参阅 Reynolds（1967）。那是一只红毛猩猩：参阅 Rijksen 和 Meijaard（1999）。

18. 泰森：Nash（1995）告诉我们，他是一个多么古怪的人物。

第4章　林奈的“异端”学说

1. 英国第一只活着的黑猩猩：参阅多产作家 Anon（1739）的描述。

2. “Chimpanzee”这个单词的起源：参阅 Johnston（1905）第74页。

3. 有点令人费解的布丰：参阅 Jardine（1833）第20、22页；他的风格比真诚更有趣：参阅 Jardine（1833）第20页；他“不信神”：参阅 Jardine（1833）第22、23页。

4. 布丰描述的眼镜猴：参阅 Shekelle 等（2008）。

5. 布丰对黑猩猩的雕刻画是基于一件剥制标本制作出来的：参阅 Camper（1782）。

6. 布丰所谓的侏儒长尾猴是安哥拉侏儒须猴：参阅 Machado（1969）第152~155页。

7. 指猴、马达加斯加大狐猴和“灰狐猴”：参阅 Sonnerat（1782）。

8. 关于《自然系统》的版本：第1、10、12版是特别值得注意的，但是不要问我第11版的情况。我认为第11版是存在的，可是不曾有人提到过它，也不曾有人看见过它。

9. 关于“kakurlacko”：请参阅 Heuvelmans（1981）。

10. 将黑猩猩放入人属：参阅 Goodman（2001）、Watson 等（2001）。

11. 奥德菲尔德·托马斯关于林奈著作中所涉及的动物类型：参阅 Thomas（1911）。托马斯也是声明“格斯纳所谓的‘狼’其实是山魈”的第一人。

12. *Pan satyrus*：参阅 Schwarz（1934）。

13. 斯泰尔斯和奥利曼：查尔斯·华德尔·斯泰尔斯是一位动物学家，而梅布尔·奥利曼却在美国公共卫生服务署卫生学实验室工作。她对命名法直率的兴趣记述于他们长达66页的论文第一段："……这样下去，不仅会给系统动物学造成混乱，而且很可能会丢失人命，因为在细菌学和血清学文献中实验数据的乱用是很危险的。"我经常抱怨某些生物医学工作者对于分类学的随意处置，但我不禁认为：奥利曼声称对黑猩猩、红毛猩猩和巴巴利猕猴名称的误用会人命关天，这有些夸大其词。再者，还需要去伪存真，而我绝对高兴的是，美国公共卫生署的财政部分能够依此建立法案。参阅 Stiles 和 Orleman（1927）。

14. *Sphinx* 新的模式标本：参阅 Delson 和 Napier（1976）。如果原始的模式标本已丢失或从来不存在，或者有争议，你可以指定一个新的模式标本，以解决这一难题；于是，Delson 和 Napier 选择了一只山魈作为林奈所命名的 *Simia sphinx* Linnaeus，1758 的新的模式标本。就这么定了。

15. *Simia Apedia* 的模式标本：参阅 Fooden（1966）。

16. 在《埃及医药》中描绘的猴，以及 *Simia Silenus* 的模式：参阅 Fooden（1975）。

17. *Simia Faunus* 的身份：参阅 Thomas（1911）。

18. *Simia Aygula* 的变迁：参阅 Thomas（1911），他的观点比较有影响并长期主导，认为这指的是爪哇叶猴，而 Napier 和 Groves（1983）做了正确的解释。

19. *Simia Syrichta*：参阅 Thomas（1911）第 129 页对这个名字的解释，将其指向为菲律宾猕猴，而 Cabrera（1923）争辩，它实际上是菲律宾眼镜猴。

20. 19 世纪中叶以前，瑞典人获得博士学位的方法：参阅 Groves 和 Holthuis（1985）。我们叙述这一珍闻，意在进一步提醒那些顽固分子：*satyrus* 这个词不宜再用了，国际动物命名法委员会已于 1929 年将其废除。

21. *Simia Lucifer* Aldrovandi：对于其历史的怪异、变迁、复制及图画问题，请参阅 Heuvelmans（1981）。

22. 布里森著的《动物界九纲的分布暨系统方法纲要》被拒绝用于动物命名的原始文献：参阅 International Commission on Zoological Nomenclature（1998）。

23. *Homo Lar* 被限定为马来白手长臂猿：参阅 International Commission on Zoological Nomenclature（1982）。

24. 高加索人种所居住的国家：参阅 Blumenbach（1775）第 265 页。

25. 对 *Simia troglodytes* 或 *Chimpansi*（黑猩猩）以及 *Satyrus*（萨梯）或

Orang-utan（红毛猩猩）的描述：请参阅 Blumenbach（1775），Bendyshe 译。

第5章　探险家的时代

1. 杰佛罗依“关于哺乳动物自然历史过程”的讲座：参阅 Geoffroy（1828）。

2. 乔治斯·居维叶著《动物界》英文译本：参阅 Griffith（1827）、Blyth 等（1840）。

3. “成体红毛猩猩并非另一种猩猩”：参阅 Griffith（1827）第248页。

4. “我们感觉到没有足够的理由不应该把人属 *Homo* 放在狭鼻类的开头”：参阅 Blyth 等（1840）第43页。

5. 对弗雷德里克·居维叶关于“本能”与“智力”的引述：引自 Flourens（1840）。其对红毛猩猩幼体的观察：参阅 Cuvier（1810）。

6. 对叶猴胃的首次描述：参阅 Duvernoy（1835）。

7. 关于奥肯怪异的世界，请参阅 Gould（1977）。有关其同样怪异的命名系统，请参阅 Hershkovitz（1949）。他的书被公开宣布不能用于物种命名的依据：参阅 International Commission on Zoological Nomenclature（1956）。尽管如此，*Pan* 这个属名却被最终确认有效：参阅 International Commission on Zoological Nomenclature（1985b）。

8. 格雷首次试图对脊椎动物进行分类：参阅 Gray（1821）。第二次试图：参阅 Gray（1825）。

9. 欧文写给英国自然历史博物馆托管人的信，信中谈到是否应该为达尔文竖立雕像：参阅 Padian（2001）。Padian 完整地复制并讨论了这封并不光明正大的书信。

10. 关于爱德华·布莱斯：参阅 Brandon-Jones（1995，1996，1997），以及 Eiseley（1973）。

11. 对赫胥黎“关于人类和猿”的引述：请参阅 Huxley［1863 年（1897 年版）：第145~146页］。

12. 华莱士射杀红毛猩猩：参阅 Wallace（1869）第四章。

13. 格雷对杜·柴璐的攻击：参阅 Gray（1861）。杜·柴璐描述为新种，而格雷尖刻地批评那根本就不是什么新种，并且粗制滥造，缺这少那，达不到描述新种的要求。这些物种包括：*Troglodytes calvus*、*Troglodytes kooloo-kamba*、*Cercopithecus nigripes*、*Otolicnus apicalis*、*Genetta fieldiana*、*Cynogale* 或 *Potamogale*

velox、*Anomalurus beldeni*、*Sciurus nordhoffii*、*Sciurus eborivorus*、*Sciurus wilsonii*、*Sciurus subalbidus*、*Sciurus rubripes*、*Sciurus minutus*、*Tragelaphus albovittatus*、*Potamochoerus albifrons*、*Manatus owenii*（对杜·柴璐这个可怕对手命名的物种，格雷总是格外小心）。格雷基本上是对的，那是一批糟糕的命名；可是，有一个特例，杜·柴璐被证明是对的。他最早描述了巨獭鼬（*Cynogale velox*），但后来认为这是一个高度特化的物种，并将其提升为一个新属 *Potamogale*，迄今这个属名仍有效。

14. 杜·柴璐描述的咆哮无疑是黛安·佛西所谓的“轰鸣声（恐吓性的咆哮）”：参阅 Fossey（1972）第 42 页。

15. 打嗝的声音：参阅 Fossey（1972）第 48 页。

16. 对温伍德·里德资料的引述：参阅 Reade（1863a）第 213、214、219 页，Reade（1863b）第 173 页。

17. 关于 *Troglodytes calvus*：参阅 Du Chaillu（1860a）第 297 页。关于 *T. kooloo-kamba*：参阅 Du Chaillu（1860b）第 360 页。Gray（1861）检查了这些皮张，并不同意这两个“新”种与普通的黑猩猩有任何的不同。他还报道，斯克莱特和杰勒德查看了这两个“新”种的头骨和骨骼，得出了同样的结论。可是，奇怪的是，在较近的年代里很少有人提出，*kooloo-kamba* 究竟有什么特殊的地方；通常，把它当作黑猩猩的一个亚种，可那当然是不可能的——它与普通黑猩猩同域分布，要么是一个独立的种，要么什么也不是。我个人认为，它什么也不是，但与之相关却有一个有趣的“传言”：参阅 Cousins（1980）和 Shea（1984）。

18. 赫胥黎对杜·柴璐的抨击：参阅 Huxley（1897 年版）第 71、72 页。

19. 达尔文拒绝把“人类”放入一个独立的目：参阅 Darwin（1871）第 236～239 页。大猩猩、红毛猩猩、长臂猿和吼猴的“洪亮而具有震撼力的发声”：参阅 Darwin（1871）第 805 页。狐猴的体色及其相似性：参阅 Darwin（1871）第 819～822 页。阿拉伯狒狒的鬃毛和山魈面部的颜色：参阅 Darwin（1871）第 824 页。令人困惑的是，为什么恒河猴雌性进行性炫耀而不是雄性：参阅 Darwin（1871）第 823 页。黑猩猩的族群“可能多少是社会性的”：参阅 Darwin（1871）第 900 页。

20. 达尔文关于猴“能够很好地理解彼此的手势和表情”：参阅 Darwin（1872）第 57 页。猴对蛇的剥制标本的反应：Darwin（1872）第 96、97 页。笑、哭和其他情感：Darwin（1872）第 133～147 页。红毛猩猩在镜子前的反应：

Darwin（1872）第 142 页。动物的冲动行为是可遗传的：Darwin（1872）第 373 页。

21. 米瓦特关于狐猴很有影响力的论文：参阅 Mivart（1873）。

22. 米瓦特给灵长类动物下的定义，直到很近一段时间都仍被带有赞同性的方式引用：参阅 Martin（1990）。

第 6 章　丛林蔓道与学府术坛

1. 关于豪普特曼 · 冯 · 波里吉的冒险活动，以及他的名字是罗伯特而不是奥斯卡：参阅 von Beringe（2002）。

2. 保罗 · 马奇对山地大猩猩的描述：参阅 Matschie（1903）。他对大猩猩属的修订：参阅 Matschie（1904）。他关于黑猩猩离谱的论文：参阅 Matschie（1912）。他甚至更为离谱的一篇论文描述了过多的猿、猴，而碰巧也包括了一个有效的大猩猩新亚种：参阅 Matschie（1914）。

3. 对马奇、埃利奥特、托马斯和米勒所描述的“新种”的命中率，我进行了梳理：参阅 Groves（2001）。

4. 依据一个标本描述了两个亚种：参阅 Zukowsky（1910）。

5. 恩斯特 · 施瓦兹解读的有关马奇的“基本分布区”理论：参阅 Schwarz（1927）第 294 页。

6. 福赛斯 · 梅杰用德文写作的一篇关于鼠狐猴的论文，发表在由罗斯切尔德新创办的一份杂志——《动物学通讯》的第一版：参阅 Forsyth Major（1894）。

7. 米里亚姆 · 罗斯切尔德为她崇敬的沃尔特叔叔撰写的传记：参阅 Rothschild（1983）。

8. 罗斯切尔德关于巨猿的很有分量的论文：参阅 Rothschild（1905）。

9. 波科克的经典论文“关于狐猴和眼镜猴的外形特征”，文中他将灵长类动物划分为原猴亚目（Strepsirrhini）和类人猿亚目（Haplorhini）：参阅 Pocock（1918）。

10. 施瓦兹对马达加斯加狐猴的分类修订：参阅 Schwarz（1931）。他对红疣猴分类的离奇修订：参阅 Schwarz（1928）。柯立芝声称，施瓦兹偷偷发表了对俾格米黑猩猩的描述：参阅 Coolidge（1984）前言第 12 页。柯立芝在他自己关于俾格米黑猩猩的论文中，提到当时在特弗伦博物馆有 4 个头骨而不是 5 个：参阅 Coolidge（1933）。蒂斯 · 范登 · 奥登纳尔德同样只提到 4 个标本：参阅 van den

Audenaerde（1984）第5页。

11. 柯立芝关于大猩猩属分类的专著：参阅 Coolidge（1929）。

12. 罗伯特·耶基斯和艾达·耶基斯关于猿类研究的巨著：参阅 R. M. Yerkes 和 A. W. Yerkes（1929）。科勒的书报道了他对黑猩猩智力的研究：参阅 Köhler（1925）。

13. 对奥斯曼·希尔著作中一个卷册令人吃惊的野蛮评述：参阅 Hershkovitz（1964）。

14. 对朱克曼自传内容的引述：参阅 Zuckerman（1978）第7页。

15. “狒狒的生态与人类进化”：参阅 DeVore 和 Washburn（1963）。

16. 对嵌金·今西关于“种族”（oikia）和“种社会”（specia）概念的引述：参阅 Imanishi（1960）第397、398页。关于日本灵长类学的历史：请参阅 Asquith（1991）。

17. 史蒂夫·加特兰对等级序列观念的挑战：参阅 Gartlan（1968）。

18. 珍妮·阿特曼革命：参阅 Altmann（1974）。此次革命的顶峰体现在吉姆·帕特森行为学必备手册的出版：参阅 Paterson（2001）。

19. 社会生物学革命：参阅 Wilson（1975）。灵长类学被卷入这场革命，踢打尖叫，轰轰烈烈：参阅 Hardy（1977）。对于灵长类社会生物学通常的故事，尤其是杀“婴”行为：参阅 Sommer（2000）。理论灵长类学最终成熟，自此再无借口：参阅 Dunbar（1988）。

20. 阿拉伯狒狒交配策略的遗传检验：参阅 Smith 等（1999）。长尾叶猴交配策略的遗传检验最后验证了赫尔迪的解释：参阅 Launhardt 等（2001）。

21. 鸟类的单配偶制：参阅 Black（1996）编著的主流图书。倭狐猴的偷配父权：参阅 Fietz 等（2000）。白手长臂猿的偷配：参阅 Reichard（1995）。

22. *Eulemur rufus* 和 *E. rufifrons* 之间的差别：参阅 Groves（2001）第77页。将很难使灵长类保护学者确信，这些是独立的物种，尤其难以理解甚至 *E. rufus* 本身也是有区别的。恩斯特·施瓦兹的许多贻害之一，就是对狐猴分类的修订过分地将物种堆集在了一起，这使得几个相当明确的狐猴物种（如 *Eulemur fulvus*、*sanfordi*、*albifrons*、*rufus* 和 *collaris*，以及后来描述的 *albocollaris*）被粗心大意地堆集成了一个名为褐狐猴（*Eulemur fulvus*）的“一揽子物种”。就此又缺乏真正的理由，也从来没有令人信服的证据。例如：这些种表现出不同程度和不同模式的性别双色现象。如果对这方面有了正确理解，我们就必须开始认真地对待它们的分类问题。

23. 关于灵长类学最新的纲要：参阅 Fleage 等（1999）。

第 7 章　我们最亲近的表亲

1. 赫伯特·特雷斯使猿类语言研究基金资助停止的那篇开创性论文：参阅 Terrace 等（1979）。苏·萨维奇–鲁姆博夫的书和特雷斯写的序：参阅 Savage-Rumbaugh（1986）。有关“坎兹”的研究进展：参阅 Savage-Rumbaugh 和 Lewin（1996）。将坎兹（和其他黑猩猩）与人类的小孩进行比较：参阅 Savage-Rumbaugh 等（1993）。坎兹有意义的发声：参阅 Taglialatela 等（2003）。引自伊丽莎白·贝茨的评论见 Savage-Rumbaugh 等（1993）第 222 ~ 242 页。

2. 戈登·盖洛普证明，黑猩猩能够识别镜相中的自我：参阅 Gallup（1970）。他认为这意味着自我意识：参阅 Gallup（1982）。某些大猩猩也能够识别自我，但并非所有的黑猩猩和红毛猩猩都能够识别自我：参阅 Swartz 等（1999）。某些长臂猿也能够明显地识别自我：参阅 Ujhelyi 等（2000）。贝克警告，其他非人动物也可能比我们所认可的更聪明：参阅 Beck（1982）。黑猩猩能够进行话轮转换与角色扮演，但猕猴不会：参阅 Povinelli 等（1992）。

3. 考虑到其他巨猿的人权问题：参阅 Beck 等（2001）。阿鲁克的调查报告见该书。

4. 我们是否应该根据物种分异的时间构建较高级的分类阶元：参阅 Goodman 等（1998）。关于人类与黑猩猩的遗传近度，参阅 Chen 和 Li（2001）；采用编码 DNA 与非编码 DNA 相比，进行分析，二者之间的遗传关系甚至更近，参阅 Wildman 等（2003）。建议将莫里斯·古德曼提出的属的时间界限稍微降低一点：参阅 Groves（2001）。将人类与黑猩猩放入同一个属：参阅 Watson 等（2001）（当然还有 Jared Diamond 的作品）。

5. 在灵长类动物“用户”与那些极力反对用灵长类动物做实验的人们之间令人沮丧的交流，可参阅 Blum（1994）的叙述。

6. 埃博拉病毒可能是怎样在大猩猩种群中传播的：参阅 Walsh 等（2007）。

结语　保育危机

1. 非科学的医药体系：“黑猿酒”，参阅 Tan（1985）；瘦懒猴用作阿育吠陀药材，参阅 Nekaris（2002）。

2. 在罗西，死于埃博拉病毒侵染的大猩猩：请参阅 Kaiser（2003）。

3. 刚果东部地区大猩猩保护与社区发展协会联盟（UGADEC）、忒那大猩猩保护区：参阅 Vwirasihikya（2003）。瓦利卡尔地区的地方酋长创建了恩加山保护区：参阅 Kyungu（2003）。萨拉姆布韦森林保护区的创建：参阅 Kiyengo（2003）。在扎伊尔东部的布卡武，小学生积极主动实施保护行动：参阅 Kyalangalilwa 等（2003）。

参考文献

Alpinus, P. 1591. *De Medicina Aegyptiorum.* Paris: Guliaume Pele.

Altmann, J. 1974. Observational study of behavior: sampling methods. *Behaviour*, 49: 227-265.

Anon. 1739. Animalis rarioris, chimpanzee dicti, ex regno Angola Londinum advecti, brevior description. *Nova Acta Eruditorum*, 15: 564-565.

Arluke, A. 2001. Perspectives on the ethical status of great apes. Pp. 367-378 in B. B. Beck, T. S. Stoinski, M. Hutchins, T. L. Maple, B. Norton, A. Rowan, E. F. Stevens & A. Arluke (eds.), *Great Apes and Humans: the Ethics of Coexistence.* Washington: Smithsonian Institution Press.

Armstrong, K. 1994. *A History of God: The* 4, 000- *Year Quest of Judaism, Christianity and Islam.* New York: Alfred A. Knopf.

Asquith, P. J. 1991. Primate research groups in Japan: orientations and East-West differences. Pp 81-98 in L. M. Fedigan & P. J. Asquith, eds., *The Monkeys of Arashiyama: Thirty-five Years of Research in Japan and the West.* Albany: SUNY Press.

Audenaerde, V. D. T., D. F. E. 1984. The Tervuren Museum and the Pygmy Chimpanzee. Pp 3-11 in R. L. Susman (ed.), *The Pygmy Chimpanzee: Evolutionary Biology and Behavior.* New York: Plenum Press.

Bailey, J. F., Henneberg, M., Colson, I. B., Ciarallo, A., Hedges, R. E. M. & Sykes, B. 1999. Monkey business in Pompeii-unique find of a juvenile Barbary Macaque skeleton in Pompeii identified using osteology and Ancient DNA techniques. *Molecular Biology and Evolution*, 16: 1410-1414.

Basalla, G. 1967. The spread of Western science. *Science*, 156: 611-622.

Beck, B. B. 1982. Chimpocentrism: bias in cognitive ethology. *Journal of Human Evolution*, 11: 3-17.

Beck, B. B., T. S. Stoinski, M. Hutchins, T. L. Maple, B. Norton, A. Rowan, E. F. Stevens & A. Arluke (eds.) 2001. *Great Apes and Humans: the Ethics of Coexistence.* Washington: Smithsonian Institution Press.

Beyerstein, B. L. 1988. Neuropathology and the legacy of spiritual possession. *Skeptical Inquirer*, 12, 3: 248-262.

Black, J. M. (ed.) 1996. *Partnerships in Birds: the Study of Monogamy.* Oxford: Oxford University Press.

Blum, D. 1994. *The Monkey Wars.* Oxford: Oxford University Press.

Blumenbach, J. F. 1775. *De Generis Humani Varietate Nativa.* Göttingen: Frid. Andr. Rosenbuch. (Translated by Thomas Bendyshe, 1865. *The Anthropological Treatises of Johann Friedrich Blumenbach.* London: Longman, Green, Longman, Roberts & Green).

Blyth, E., Carpenter, W. B. & Westwood, J. O. 1840. *Cuvier's Animal Kingdom Arranged According to Its Organization; Forming the Basis for a Natural History of Animals and an Introduction to Comparative Anatomy.* London: William S. Orr and Co.

Boddaert, P. 1785. *Elenchus Animalium.* Vol. I. *Sistens Quadrupedia huc usque nota, eorumque Varietates.* Rotterdam: C. R. Hake.

Brandon-Jones, C. 1995. Long gone and forgotten: reassessing the life and career of Edward Blyth, zoologist. *Arch. nat. Hist.*, 22: 91-95.

Brandon-Jones, C. 1996. Edward Blyth, Charles Darwin, and the animal trade in nineteenth-century India and Britain. *J. Hist. Biol.* 30: 145-178.

Brandon-Jones, C. 1997. Charles Darwin and the repugnant curators. *Ann. Sci.*, 53: 501-510.

Buffon, Count de. 1785. *Natural History, General and Particular.* Translated by William Smellie. 9 volumes. London: W. Trahan & T. Cadell.

Cabrera, A. 1923. On the identification of *Simia syrichta* Linnaeus. *J. Mammal.* 4: 89-91.

Camper, P. 1782. *Natuurkundige verhandelingen over den orang- outang; en eenige andere aap-soorten. Over den Rhinocerus met den dubbelen horen; en over het rendier* [Essay on the Natural History of the Orang-utan and Other Monkey Species. On the Double-horned Rhinocerous; and on the Reindeer]. Amsterdam: Meyer en Warnars.

Cavalieri, P. & P. Singer (eds.) 1993. *The Great Ape Project: Equality Beyond Humanity.* London: Fourth Estate.

Chaunu, P. 1979. *European expansion in the later Middle Ages.* Translated by Katharine Bertram. Amsterdam: North-Holland Publishing Company.

Chen, F-C. & W.-H. Li. 2001. Genomic divergences between humans and other hominoids and the effective population size of the common ancestor of humans and chimpanzees. *American Journal of Human Genetics*, 68: 444-456.

Church, A. J. & Gilman, A. 1892. *Carthage.* London: T. Fisher Unwin.

Coolidge, H. J. 1929. A revision of the genus *Gorilla. Memoirs of the Museum of Comparative Zoology*, 1: 295-381.

Coolidge, H. J. 1933. Pan paniscus. Pigmy chimpanzee from south of the Congo River. *American Journal of Physical Anthropology*, 18: 1-57.

Coolidge, H. J. 1984. Foreword. Pp ix- xiii in R. L. Susman (ed.), *The Pygmy Chimpanzee: Evolutionary Biology and Behavior.* New York: Plenum Press.

Cousins, D. 1980. On the koolookamba- a legendary ape. *Acta Zoologica et Pathologica Antverpiense*, 75: 79-93.

Cuvier, F. 1810. Description d'un orang-outang, et observations sur les facultés intellectuelles. *Annales du Muséum*, 16: 46-65. (Translated as Description of an Ourang Outang; with observations on its intellectual faculties. 1811. *Philosophical Magazine*, 38: 188-199).

Darwin, C. 1871. *The Descent of Man and Selection in Relation to Sex*. London: John Murray.

Darwin, C. 1872. *The Expression of the Emotions in Man and Animals*. London: John Murray.

Delson, E. & Napier, P. H. 1976. Request for the determination of the generic names of the baboon and the mandrill (Mammalia: Primates, Cercopithecidae). *Bull. Zool. Nomen.* 33: 46-60.

Dennett, R. E. 1898. *Notes on the Folklore of the Fjort (French Congo)*. London: J. B. Nichols and Sons.

DeVore, I. & S. L. Washburn. 1963. Baboon ecology and human evolution. Pp 335-367 in F. C. Howell & F. Bourlière (eds.), *African Ecology and Human Evolution*. New York: Wenner-Gren Foundation.

Dobson, J. 1952. John Hunter and the early knowledge of the Anthropoid apes. *Proc. zool. Soc. Lond.*, 123: 1-12.

Du Chaillu, P. B. 1860a. Descriptions of five new species of mammals discovered by him in western equatorial Africa. *Proceedings of the Boston Society of Natural History*, 7: 296-304.

Du Chaillu, P. B. 1860b. Descriptions of mammals from equatorial Africa. *Proceedings of the Boston Society of Natural History*, 7: 358-367.

Dunbar, R. I. M. 1988. *Primate Social Systems*. London: Chapman Hall. Duvernoy, G. L. 1835.

Eiseley, L. 1973. *Darwin and the Mysterious Mr. X*. New York: A Harvest/HBJ Book.

Elliot, D. G. 1913. *Review of the Primates*. New York: American Museum of Natural History.

Erxleben, J. C. P. 1777. *Systema Regni Animalis per Classes, Ordines, Genera, Species, Varietates, cum Synonymia et Historia Animalium*. Leipzig: Weigand.

Fietz, J., H. Zischler, C. Schwiegk, J. Tomiuk, K. H. Dausmann & J. U. Ganzhorn. 2000. High rates of extra-pair young in the pair-living fat-tailed dwarf lemur, *Cheirogaleus medius*. *Behavioural Ecology and Sociobiology*, 49: 8-17.

Fleagle, J. G., C. Janson & K. E. Reed (eds.). 1999. *Primate Communities*. Cambridge: Cambridge University Press.

Flourens, P. M. J. 1840. Éloge historique de F. Cuvier. *Mémoires de l'Académie des Sciences de l'Institut de France*, 18: Ij-XXVIIj.

Fooden, J. 1966. Identification of the type specimen of *Simia apedia* Linnaeus, 1758. *Mammalia*, 30: 507-508.

Fooden, J. 1975. Taxonomy and evolution of liontail and pigtail macaques (Primates: Cercopithecidae).

Fieldiana, *Zoology*, 67: 1-169.

Forsyth Major, C. I. 1894. Ueber die Malagssischen Lemuriden-Gattung Microcebus, Opolemur, und Chirogale. *Novitates Zoologicae*, 1: 2-39.

Fossey, D. 1972. Vocalizations of the mountain gorilla (*Gorilla gorilla beringei*). *Animal Behaviour*, 20: 36-53.

Gallup, G. G. 1970. Chimpanzees: self-recognition. *Science*, 167: 86-87.

Gallup, G. G. 1982. Self-awareness and the emergence of mind in primates. *American Journal of Primatology*, 2: 237-248.

Gartlan, J. S. 1968. Structure and function in primate society. *Folia primatological*, 8: 89-120.

Geoffroy Saint-Hilaire, E. 1796. Mémoire sur les rapports naturels des makis *Lemur*, L. et description d'une espèce nouvelle de mammifère. *Magasin encyclopédique* (2), 1: 20-50.

Geoffroy Saint-Hilaire, E. 1812. Tableau des Quadrumanes, Ou des Animaux composant le premier Order de la Classe des Mammifères. *Annales du Muséum d'Histoire Naturelle*, *Paris*, 19: 85-122.

Geoffroy Saint-Hilaire, E. 1812. Suite au Tableau des Quadrumanes. *Annales du Muséum d' Histoire Naturelle*, *Paris*, 19: 156-170.

Geoffroy Saint-Hilaire, E. 1812. Sur trois dessins de Commerçon, Représentant des Quadrumanes d'un genre inconnu. *Annales du Muséum d'Histoire Naturelle*, *Paris*, 19: 171-175.

Geoffroy Saint-Hilaire, E. 1828. *Cours de l'griffithHistoire Naturelle des Mammifères*, 11*e Leçon*, 6 *juin* 1828.

Gesner, C. 1551-1558. *Thierbuch: das ist Aussfurliche Beschreibung und Lebendinge ja auch eigentiliche Contrafactur und Abmahlung aller Vierfüssigen thieren/so auf der Erden und in Wassern wohnen.* Heidelberg: Johan Kanceller.

Goodman, M. 2001. An objective time based phylogenetic classification of Primates that places chimpanzees and humans in the genus *Homo*. *Ludus Vitalis*, 9, 15: 47-62.

Goodman, M., C. A. Porter, J. Czelusniak, S. L. Page, H. Schneider, J. Shoshani, G. Gunnell & C. P. Groves. 1998. Toward a phylogenetic classification of Primates based on DNA evidence complemented by fossil evidence. *Molecular Phylogenetics and Evolution*, 9: 585-598.

Goudsmit, J. 2000. *De Vondst van Apenmummies in Egypte*: *Expeditie op zoek naar oud DNA*. Amsterdam: Amsterdam University Press by the Egypt Exploration Society (University of Amsterdam).

Gould, S. J. 1977. *Ontogeny and Phylogeny*. Harvard: Belknap Press.

Gray, J. E. 1821. On the natural arrangement of Vertebrose Animals. *London Meducal Repository*. 15: 296-310.

Gray, J. E. 1825. An outline of an attempt at the disposition of Mammalia into Tribes and Families, with a list of the Genera apparently appertaining to each Tribe. *Annals of Philosophy*, N. S., 10: 337-344.

Gray, J. E. 1861. Observations on Mr. D. Chaillu's papers on "the new species of mammals" discovered by him in Western Equatorial Africa. *Proceedings of the Zoological Society of London*, 1861: 273-278.

Griffith, E. (ed.) 1827. *The Animal Kingdom arranged in Conformity with its Organization; by the Baron Cuvier, with additional Descriptions of all the Species hitherto named, and of many not before noticed.* London: Geo. B. Whittaker.

Groves, C. 2001. *Primate Taxonomy.* Washington: Smithsonian Institution Press.

Groves, C. P. & Holthuis, L. B. 1985. The nomenclature of the Orang Utan. *Zool. Meded. Leiden*, 59: 411-417.

Haeckel, E. 1903. *Anthropogenie*, vol. 1. *Keimesgeschichte des Menschen.* 5th edition. Leipzig: T. J. Hambin.

Hammer, C. U., Clausen, H. B., Friedrich, W. L. & Tauber, H. 1987. The Minoan eruption of Santorini in Greece dated to 1645 BC? *Nature*, 328: 517-519.

Hardy, S. B. 1977. *The Langurs of Abu: Female and Male Strategies of Reproduction.* Harvard: Harvard University Press.

Hershkovitz, P. 1949. Status of names credited to Oken, 1816. *Journal of Mammalogy*, 30: 289-301.

Hershkovitz, P. 1964. Primates. Comparative Anatomy and Taxonomy, [volume] V, *Cebidae*, part B., *A Monograph*, by W. C. Osman Hill... A critical review with a summary of the volumes on New World Primates. *American Journal of Physical Anthropology*, 21: 391-398.

Heuvelmans, B. 1981. *Les Bêtes Humaines d'Afrique.* Paris: Plon.

Huxley, T. H. 1863. *Man's Place in Nature.* (Later reprinted as Chapters I- III of *Man's Place in Nature and other Anthropological Essays*, 1897. London: Macmillan and Co.).

Imanishi, K. 1960. Social organization of subhuman primates in their natural habitat. *Current Anthropology*, 1: 393-407.

International Commission on Zoological Nomenclature. 1929. Opinion 114: Under suspension *Simia*, *Simia satyrus* and *Pithecus* are suppressed. *Smithson. Misc. Collect.* 73: 423-424.

International Commission on Zoological Nomenclature. 1954. Opinion 238: Validation, under the plenary powers, of the name *Cercopithecus*, as from Linnaeus, 1758 (Class Mammalia). (Correction of an error in Opinion 104). *Opin. Decl. int. Commn. zool. Nom.* 4: 351- 360. 55: 64-71.

International Commission on Zoological Nomenclature. 1956. Rejection for nomenclatorial purposes of volume 3 (Zoologie) of the work by Lorenz Oken entitle "OkensLehrbuch der Naturgeschichte". *Opin. Decl. int. Commn. zool. Nom.* 14: 1-42. 55: 64-71.

International Commission on Zoological Nomenclature. 1982. Opinion 1219: *Homo lar* Linnaeus, 1771,

Neotype designated: *Hylobates entelloides* I. Geoffroy St. Hilaire, 1842 and *Smia hoolock* Harlan, 1834 (Mammalia, Primates): placed in the Official List. *Bull. Zool. Nomen.*, 39: 183-185.

International Commission on Zoological Nomenclature. 1985a. *International Code of Zoological Nomenclature*, 3rd Edition. London: International Trust for Zoological Nomenclature.

International Commission on Zoological Nomenclature. 1985b. Opinion 1368: The generic names *Pan* and *Panthera*: available as from Oken, 1816. *Bull. Zool. Nomen.* 42: 365-369.

International Commission on Zoological Nomenclature. 1998. Opinion 1894: *Regnum Animale...*, Ed. 2 (M. J. Brisson, 1762): rejected for nomenclatural purposes. *Bull. Zool. Nomen.* 55: 64-71.

International Commission on Zoological Nomenclature. 2000. *International Code of Zoological Nomenclature*, 4th Edition. London: International Trust for Zoological Nomenclature.

Janson, H. W. 1952. *Apes and Ape Lore in the Middle Ages and the Renaissance.* London: Warburg Instute.

Jardine, W. 1833. Memoir of Buffon. *The Naturalist's Library. Mammalia. Vol. I. Monkeys*, 7-24. Edinburgh: W. H. Lizars.

Johnston, Sir H. H. 1905. On the nomenclature of the Anthropoid Apes as proposed by the Hon. Walter Rithschild. *Proc. zool. Soc. Lond.*, 1905: 70-74.

Jolly, C. J. & Ucko, P. J. 1969. The riddle of the sphinx- monkey. In M. Douglas & P. M. Kaberry (eds.), *Man in Africa.* London: Tavistock Publications.

Kaiser, J. 2003. Ebola, hunting push ape populations to the brink. *Science*, 300: 232.

Kiyengo, C S. 2003. The Sarambwe Gorilla Special Reserve. *Gorilla Journal*, 27: 10-11.

Köhler, W. 1925. *The Mentality of Apes.* London: Routledge & Kegan Paul.

Kruk, R. 1995. Traditional Islamic Views of Apes and Monkeys. In R. Corbey & B. Theunissen (eds.), *Ape, Man, Apeman: Changing Views since* 1600, 29-41. Leiden: Leiden University, Department of Prehistory.

Kyalangalilwa, J. F., I. Ntabarusha & B. Barhigenga. 2003. Children fight for conservation. *Gorilla Journal*, 26: 3-4.

Kyungu, J. C. 2003. The Walikale Community Gorilla Reserve. *Gorilla Journal*, 27: 7.

Lacépède, B. G. E. de. 1799. *Tableau des Divisions, Sous-Divisions, Orders et Genres des Mammifères.* Paris: Plassan.

Launhardt, K., C. Borries, C. Hardt, J. T. Epplen & P. Winkler. 2001. Paternity analysis of alternative male reproductive routes among the langurs (*Semnopithecus entellus*) of Ramnagar. *Animal Behavior*, 61: 53-64.

Lendering, J. 2003. *Livius: Articles on Ancient History: Hanno.* http://www.livius.org/ha-hd/hanno/hanno02.html

Linnaeus, C. 1758. *Systema Naturae per Regna Tria Naturae, secundum Classes, Ordines, Genera,*

Species, cum Characteribus, Differentiis, Synonymis, Locis. 10th edition. Stockholm: L. Salvin.

Linné, C. von. 1766. *Systema Naturae per Regna Tria Naturae, secundum Classes, Ordines, Genera, Species, cum Characteribus, Differentiis, Synonymis, Locis.* 12th edition. Stockholm: L. Salvin.

Linné, C. von. 1771. Mantissa Plantarum. Generum editionis VI et Specierum editionis. Vol. 3. Stockholm: L. Salvin.

Lovell, N. C. 1990. Skeletal and dental pathology of free-ranging Mountain Gorillas. *American Journal of Physical Anthropology*, 81: 399-412.

Lumholtz, C. 1920. *Through Central Borneo: an Account of two years' Travel in the Land of the Head-hunters between the years* 1913 *and* 1917. London: T. Fisher Unwin Ltd.

Lynn, C. J. 1997. The date of deposition of the ape cranium. In D. M. Waterman & C. J. Lynn (eds.), *Excavations at Navan Fort* 1961-71, *County Armagh*, 125 (Northern Ireland Archaeological Monographs: No. 3). Belfast: The Stationery Office.

Machado, A. D. B. 1969. Mamíferos de Angola ainda nâo citados ou pouco conhecidos. *Publ. Cult. Co. Diamant. Angola, Lisboa*, 46: 93-232.

Malbrant, R. & Maclatchy, A. 1949. *Faune de l'Équateur Africain Français: Tome II, Mammifères.* Paris: Paul Lechevalier.

Manning, S. 1999. *A test of time: the volcano of Thera and the chronology and history of the Aegean and east Mediterranean in the mid second millennium BC.* Oxford: Oxbow.

Martin. R. D. 1990. *Primate Origins and Evolution: a Phylogenetic Reconstruction.* Princeton: Princeton University Press.

Masetti, M. 2003. Taxonomic and behavioural aspects of the representation of mammals in Aegean Bronze Age art. In E. Kotjabopolou, Y. Hamilakis, P. Halstead, C. Gamble & P. Elefanti (eds.), *Zooarchaeology in Greece: Recent Advances*, 273-281. London: British School at Athens Studies, 9.

Matschie, P. 1903. Über einen Gorilla aus Deutsch-Ostafrika. *Sitzungsberichte Gesellschaft Naturforschender Freunde, Berlin*, 1903: 253-259.

Matschie, P. 1904. Bemerkungen über die Gattung *Gorilla. Sitzungsberichte Gesellschaft naturforschender Freunde, Berlin*, 1904: 45-53.

Matschie, P. 1912. Einiger Schimpansen aus dem Kongo- Staate. *Revue Zoologique Africaine*, 2: 115-124.

Matschie, P. 1914. Neue Affen aus Mittelafrika. *Sitzungsberichte Gesellschaft naturforschender Freunde, Berlin*, 1914: 323-342.

Miller, W. M. 2000. The Mystery of Maatkare. http://www.geocities.com/anubis4_2000/egyptpages/maatkare.htm

Mivart, St. G. 1873. On *Lepilemur* and *Cheirogaleus*, and on the zoological rank of the *Lemuroidea. Proceedings of the Zoological Society of London*, 1873: 484-510.

Muyisa, A. K. & P. K. Vwirasihikya. 2003. AFECOGO and UGADEC join forces. *Gorilla Journal*, 27: 6-7.

Napier, P. H. & Groves, C. P. 1983. *Simia fascicularis* Raffles, 1821 (Mammalia, Primates): request for thye suppression under the plenary powers of *Simia aygula* Linnaeus, 1758, a senior synonym. *Bull. Zool. Nomen.*, 40: 117-118.

Napier, P. H. & Jenkins, P. D. 1997. Monkey skull and mandible of the Iron Age found at Site B. In D. M. Waterman & C. J. Lynn (eds.), *Excavations at Navan Fort* 1961-71, *County Armagh*, 120-121 (Northern Ireland Archaeological Monographs: No. 3). Belfast: The Stationery Office.

Nash, R. 1995. Tyson's Pygmie: the Orang- outang and Augustan 'Satyr'. In R. Corbey & B. Theunissen (eds.), *Ape*, *Man*, *Apeman*: *Changing Views since* 1600, 51-62. Leiden: Leiden University, Department of Prehistory.

Nekaris, K. A. I. 2002. Slender in the night: long unstudied, the slender loris of South Asia emerges from primatology's shadows. *Natural History*, 111, 1: 54-59.

Padian, K. 2001. Owen's Parthian shot. *Nature*, 412: 124-124.

Paterson, J. D. 2001. *Primate Behavior*: *an Exercise Workbook.* 2nd edition. Prospect Heights: Waveland Press.

Peterson, D. & K. Ammann. 2003. *Eating Apes.* Berkeley: University of California Press.

Phillips, J. R. S. 1988. *The Mediaeval Expansion of Europe.* Oxford: Oxford University Press.

Pocock, R. I. 1918. On the external characters of the lemurs and of *Tarsius. Proceedings of the Zoological Society of London*, 1918: 19-53.

Pocock, R. I. 1939. *Fauna of British India*: *Mammalia. - Vol. I. Primates and Carnivora* (*in part*), *Families Felidae and Viverridae.* London: Taylor and Francis.

Povinelli, D. J., K. A. Parks & M. A. Novak. 1992. Role reversal by rhesus monkeys, but not evidence of empathy. *Animal Behaviour*, 44: 269-281.

Rackham, H. 1956. *Pliny*: *Natural History*, vol. 3. London: William Heinemann Ltd.

Raffles, T. S. 1822. Descriptive catalogue of a zoological collection, made on account of the Honourable East India Company, in the Island of Sumatra and its vicinity, under the direction of Sir Thomas Stamford Raffles, Lieutenant- Governor of Fort Marlborough; with additional notices illustrative of the natural history of those countries. *Transactions of the Linnaean Society of London*, 13: 239-274.

Raftery, B. 1997. Implications of the Monkey bones from Site B. In D. M. Waterman & C. J. Lynn (eds.), *Excavations at Navan Fort* 1961-71, *County Armagh*, 121-124 (Northern Ireland Archaeological Monographs: No. 3). Belfast: The Stationery Office.

Ravenstein, E. G. 1901. *The Strange Adventures of Andrew Battell of Leigh*, *in Angola and the Adjoining Regions. Edited*, *with Notes and a Concise History of Kongo and Angola*, *by*

E. *G. Ravenstein*. London：Hakluyt Society.

Reade，W. W. 1863a. *Savage Africa*：*being the narrative of a tour in Equatorial*，*South-Western*，*and North-Western Africa*，*with notes on the habits of the gorilla*，*on the existence of unicorns and tailed men*；*on the slave trade*；*on the origin*，*character*，*and capabilities of the Negro and on the future civilization of Western Africa*. London：Smith，Elder and Co.

Reade，W. W. 1863b. Notes on the Derbyan eland，the African elephant，and the gorilla. *Proceedings of the Zoological Society of London*，1863：169-173.

Reichard，U. 1995. Extra-pair copulations in a monogamous gibbon（*Hylobates lar*）. *Ethology*，100：99-112.

Reynolds，V. 1967. On the identity of the ape described by Tulp in 1641. *Folia primatologica*，5：80-87.

Richardson，M. K. & Kueck，G. 2002. Haeckel's ABC of evolution and development. *Biological Reviews*，77：495-528.

Rijksen，H. D. & Meijaard，E. 1999. *Our Vanishing Relative*：*the Status of Wild Orang-utans at the Close of the Twentieth Century*. Dordrecht：Kluwer Academic Publishers.

Rothschild，M. 1983. *Dear Lord Rothschild*：*birds*，*butterflies*，*and history*. London：Hutchinson.

Rothschild，W. 1905. Notes on anthropoid apes. *Proceedings of the Zoological Society of London*，1904，2：413-440.

Savage，T. S. 1847. Notice of the external characters and habits of Troglodytes gorilla，a new species of orang from the Gaboon River；and Osteology of the same，by J. Wyman. *Boston Journal of Natural History*，5：417-443.

Savage-Rumbaugh，E. S. 1986. *Ape Language*：*from Conditioned Response to Symbol*. Oxford：Oxford University Press.

Savage-Rumbaugh，E. S. & R. Lewin. 1996. *Kanzi*：*The Ape at the Brink of the Human Mind*. New York：John Wiley & Sons Inc.

Savage-Rumbaugh，E. S.，J. Murphy，R. A. Sevcik，K. E. Brakke，S. L. Williams & D. M. Rumbaugh. 1993. *Language Comprehension in Ape and Child*. Monographs of the Society for Research in Child Development，58，Nos. 3-4.

Scholfield，A. F. 1959. *Aelian*：*On the Characteristics of Animals*，vols. 2，3. London：William Heinemann Ltd.

Schreber，J. C. D.，von，1775-1792. *Die Säugethiere in Abbildungen nach Natur mit Beschreibungen*，1-7；1835-1855，Supplementband（J. A. Wagner）1-5. Leipzig.

Schwarz，E. 1927. Paul Matschie. *Journal of Mammalogy*，8：292-295.

Schwarz，E. 1928. Bemerkungen über den rotten Stummelaffen. *Zeitschrift für Säugetierkunde*，3：92-97.

Schwarz, E. 1931. A revision of the genera and species of Madagascar Lemuridae. *Proceedings of the Zoological Society of London*, 1931: 399-426.

Schwarz, E. 1934. On the local races of the chimpanzee. *Annals & Magazine of natural History* (10) 13: 576-583.

Shea, B. T. 1984. Between the gorilla and the chimpanzee: a history of debate concerning the existence of the koolookamba or gorilla-like chimpanzee. *Journal of Ethnobiology*, 4: 1-13.

Shekelle, M., C. Groves, S. Merker & J. Supriatna. 2008. Tarsius tumpara: a new tarsier species from Siau Island, North Sulawesi. Primate Conservation, 23: 55-64.

Smith, D. G., S. Kanthaswamy, M. Disbrow & J. L. Wagner. 1999. Reconstruction of parentage in a band of captive hamadryas baboons. *International Journal of Primatology*, 20: 415-429.

Sommer, V. 2000. The holy wars about infanticide. Which side are you on? And why? Pp 9-26 in C. P. van Schaik & C. H. Janson (eds.), *Infanticide by males and its implicatiobs.* Cambridge: Cambridge University Press.

Sonnerat, P. 1782. *Voyage aux Indes orientales et à la Chine fait par ordre du Roi, depuis* 1774 *jusqu'en* 1781. Paris: chez l'auteur.

Spencer, F. 1995. Pithekos to Pithecanthropus: An Abbreviated Review of Changing Scientific Views on the Relationship of the Anthropoid Apes to Homo. In R. Corbey & B. Theunissen (eds.), *Ape, Man, Apeman: Changing Views since* 1600, 13-27. Leiden: Leiden University, Department of Prehistory.

Stiles, C. W. & Orleman, M. B. 1927. The nomenclature for man, the chimpanzee, the orang-utan, and the Barbary ape. *Treasury Dept., U. S. Public Health Service, Hygienic Laboratory Bulletin*, 145: 1-66.

Swartz, K. B., D. Sarauw & S. Evans. 1999. Comparative aspects of mirror self-recognition in great apes. Pp 283-294 in S. T. Parker, R. W. Mitchell & H. L. Miles (eds.), *The Mentalities of Gorillas and Orangutans.* Cambridge: Cambridge University Press.

Taglialatela, J. P., S. Savage-Rumbaugh & L. A. Baker. 2003. Vocal production by a language-competent *Pan paniscus. International Journal of Primatology*, 24: 1-17.

Tan, B. 1985. The status of primates in China. *Primate Conservation*, 5: 63-81.

Terrace, H. S., L. A. Pettito, R. J. Sanders & T. G. Bever. 1979. Can an ape create a sentence? *Science*, 206: 891-900.

Thijssen, J. M. M. H. 1995. Reforging the Great Chain of Being: The Medieval Discussion of the Human Status of 'Pygmies' and its Influence on Edward Tyson. In R. Corbey & B. Theunissen (eds.), *Ape, Man, Apeman: Changing Views since* 1600, 43-50. Leiden: Leiden University, Department of Prehistory.

Thomas, O. 1911. The mammals of the tenth edition of Linnaeus; an attempt to fix the types of the genera and the exact bases and localities of the species. *Proc. zool. Soc. London*, 1911：120-158.

Tyson, E. 1699. *Orang-outang, sive, Homo sylvestris: or, The anatomy of a pygmie compared with that of a monkey, an ape, and a man.* London：printed for Thomas Bennet and Daniel Brown.

Ujhelyi, M. , B. Merker, P. Buk & T. Geissmann. 2000. Observations on the behaviour of gibbons (*Hylobates leucogenys*, *H. gabriellae* and *H. lar*) in the presence of mirrors. *Journal of Comparative Psychology*, 114：253-262.

von Beringe, V. A. 2002. On the trail of the man who discovered the Mountain Gorilla. *Gorilla Journal*, 24：9-11.

Vwirasihikya, P. K. 2003. An institute for community conservation education. *Gorilla Journal*, 27：4-6.

Wallace, A. R. 1869. *The Malay Archipelago: the Land of the Orang-utan and the Bird of Paradise: a Narrative of Travel with Studies of Man and Nature.* London：Macmillan and Co.

Walsh, P. D. , T. Breuer, C. Sanz, D. Morgan & D. Doran- Sheehy. 2007. Potential for Ebola Transmission between Gorilla and Chimpanzee Social Groups. *American Naturalist*, 169：684-689.

Watson, E. E. , Easteal, S. & Penny, D. 2001. Homo genus：A Review of the Classification of Humans and the Great Apes. In P. V. Tobias, M. A. Raath, J. Moggi- Cecchi and G. A. Doyle (eds.), *Humanity from African naissance to coming millennia : colloquia in human biology and palaeoanthropology*, 307-318. Florence：Firenze University Press.

Wildman, D. E. , M. Uddin, G- Z. Liu, L. I. Grossman & M. Goodman. 2003. *Proceedings of the National Academy of Science*, 100：7181-7188.

Wilson, E. O. 1975. *Sociobiology: the New Synthesis.* Harvard：Belknap Press.

Wurmb, F. Baron van. 1780. Beschryving van de groote Borneoosche Orang Outang of de Indische Pongo. *Verhandelingen der Bataviaasch Genootschap van Kunsten en Vetenschap*, 2：245-261.

Yerkes, R. M. & A. W. Yerkes. 1929. *The Great Apes: a Study of Anthropoid Life.* New Haven：Yale University Press.

Zuckerman, S. 1978. *From Apes to Warlords.* London：Harper & Row.

Zukowsky, L. 1910. Halbseitige Bastarde bei geographischen Rassen von Grosswild aus freier Wildbahn. *Zoologischer Beobachter*, 51：259-272.

译后记

在高悬着的“进步的阶梯”上不断攀升的人类，终于看见了底下那些芸芸众生的生存价值，特别看到了梯脚旁边那些“表亲”呻吟与痛苦的模样。没有了它们，人类还能向上攀爬多高多久？

与“表亲”相比，人类的远祖有太多的“先天不足”，或许是强烈的生存欲望引导着人类智能的特殊发育，又是智能的异速发展推动着人类社会的不断进步。然而，在经济、科技、文化已高速发展的现代社会，人类的智能是否足以应对新的挑战，是否能够拯救那些和我们一起随地球自转繁衍至今但却因我们的持续强大而逐渐丧失了生存空间和自衍能力的生物种群，尤其是与我们根源相同、形态相像的灵长类动物，那可真是人类特别需要尊重的“表亲”?!

科林·格罗夫斯是全面深切地长期关注这一问题的现代动物学家。他自幼酷爱动物，饱读动物学著作，在成长的道路上更是不畏艰辛，丛林蔓道与学府术坛留下了多少难以磨灭的足迹！几十年如一日，走南闯北，东奔西跑，他不仅求教过世界各地众多的“大家”，而且非常乐意与普通的学者经常性地进行学术沟通与交流。特别甘愿亲近那些“非人类的生灵”，因为他既可以从中感悟到“非人类的真情”，又能够活化那满脑子的故事。

终于，一本纵论人类结识“表亲”过程的史著呈现在我们面前：博古通今，以幽默诙谐的笔墨调味那丰富多彩的史料，字里行间闪烁着真知灼见。读着它，你不仅能够系统地通晓灵长类动物学的曲折历程，而且能够品尝到欧洲生物学史抑或整个西方科学史的基本韵味，继而会对西方历代学者的科学思维方式、科学态度与科学精神有更深刻的领悟。本书通过对法国的布丰、杰佛罗依、居维叶、格兰迪迪埃，英国的格雷、欧文、达尔文、赫胥黎、布莱斯、霍奇森、华莱士、米瓦特、罗斯切尔德、纳皮尔，德国的洪堡、奥肯、马奇，瑞典的林奈，甚或出生尚有争议的杜·柴璐等大学者的个人秉性、奇闻逸事、学术争鸣以及某些错综复杂的“恩怨”或“情缘关系”的描述，使我们懂得了人性的普遍性和真理的永恒性。今天，我们在享用科学伟人留给我们的丰厚科学遗产的同时，对于他们的诸多“瑕瑕”或“错漏”是否也能够予以理解和宽容？

译者有幸师从科林，聆听其精湛独到的学术教诲，目睹其宽厚豁达的高尚品格，倍感有责任将该如此绝佳的精品著作翻译推介给我国的学界和普通民众，而在我国全面推进创新型国家建设的大背景下，这种雅俗共赏的西方优秀作品是切实需要、值得推崇的。

译者要做的就是尽可能地保持原著之原汁原味，如原著那样留给读者浮想联翩的广阔空间。尽管译稿经过了多次反复校核，还常向导师请教“不好理解之处”，但由于文中古今地名、人名、生物学专业词汇很多，古英语、德语、法语、拉丁语、希腊语、卢安果语等词汇还不时地点缀其间，翻译工作确实给译者带来了很大的挑战，特别是1961年《国际动物命名法规》第一版正式颁布生效以前，不同学者对“双名法”或“三名法”的理解和使用习惯都不同，造成了很多学术交流和文献利用上的混乱。按照我们现今的物种命名规范，许多老旧文献中的物种名称存在这样或那样的错误，关于这一点，希望读者能够悉心把握。限于译者的专业学识水平，译著中一定存在谬误，恳请读者细心阅读，并不吝指出不当之处。

当然，科林·格罗夫斯、拉塞尔·米特梅尔、安东尼·瑞兰兹的鼓励与版权慨让使译者有了译出该书的激情和动力，是中国科学院动物研究所灵长类学专家暨中国动物学会兽类学分会秘书长李明研究员，以及科学出版社的郭勇斌、王静、马俊、侯俊琳、霍羽升、卜新、张凤琴、赵德静、黄华斌等老师的包容、推介、支持与辛勤劳动才使得译稿得以付梓。必须感谢国家留学基金管理委员会和湖南省教育厅对译者赴澳大利亚国立大学访学的联合资助，以及家人和亲朋好友对我出国访学的诚挚关怀和鼓励，尤其是妻子袁闯和女儿刘心源、刘心海的陪读与照料更增添了我译好本书的信心和勇气。特别感谢吉首大学民族学湖南省重点学科和生态学湖南省重点学科对本译著出版的共同资助，以及罗康隆教授、罗剑平主任和唐宗湘教授在出版过程中给予的鼎力帮扶。

的确，对于每一个想有所作为的人而言，来自多方鼓励而激发的信心及勇气是必不可少的，可目前我们最为关切的还是：对于具有不断攀高天赋的整个人类来说，是否还有勇气和办法回到地面去享受与众生共荣的乐趣与幸福？

最后，仍需指出，随着我们对灵长类动物与人类关系认识的不断深入，书中逐渐把我们必须认作“表亲”的“它们”写成了“他们”，把“它”写成了“他”或“她”。并且，对于“它们”的命名已不再那么混乱，而对于“他们”的称呼已逐步规范。我们还会深刻地认识到：对于大自然来说，人类的一切智慧和成就都应归属为奴性，人类作为征服者也只不过是尘土而已。我们原以为的“猴神”其实是我们的“表亲”。与我们长期失去联系的“表亲”交流，我们是否还能悟出更多？

刘志霄

2012年10月8日